计算机应用基础

尚庆生　主编

科学出版社

北　京

内 容 简 介

本书根据教育部《关于进一步加强高等学校计算机基础教学的意见》编写。全书共7章，内容包括：计算机基础知识、操作系统Windows 7、文字处理软件 Word 2010、电子表格处理软件 Excel 2010、演示文稿制作软件 PowerPoint 2010、多媒体技术基础及计算机网络与Internet。

本书可作为普通高等院校计算机基础课程的教材，也可作为高校教师的教学参考书或其他人员的计算机自学教材。

图书在版编目(CIP)数据

计算机应用基础 / 尚庆生主编．—北京：科学出版社，2014
ISBN 978-7-03-041540-0

Ⅰ．①计… Ⅱ．①尚… Ⅲ．①电子计算机－基本知识 Ⅳ．①TP3

中国版本图书馆CIP数据核字(2014)第177413号

责任编辑：相 凌 程 凤 / 责任校对：胡小洁
责任印制：肖 兴 / 封面设计：华路天然工作室

科 学 出 版 社 出版
北京东黄城根北街16号
邮政编码：100717
http://www.sciencep.com

文林印务有限公司 印刷

科学出版社发行 各地新华书店经销

*

2014年8月第 一 版 开本：787×1092 1/16
2015年8月第二次印刷 印张：15 1/4
字数：361 000

定价：34.00元

(如有印装质量问题，我社负责调换)

前　言

具备一定的计算机应用能力是当前高等教育培养高素质现代人才的重要组成部分。目前，学生入学时大多已经具备了一定的计算机应用能力，但是知识不系统，需要进一步梳理。针对应用型人才培养的需求及加强实践性教学的需要，我们组织编写了本书供大家学习、教学及上机使用。

结合当前人才培养的实际需求和计算机等级考试改革，我们对教材内容做了特别的设计。本书主要围绕着“培养学生计算机软件应用能力和信息获取与处理能力”而设计。在叙述方面更多采用图文并茂的方法，以应用为重点，以实例贯穿知识点。在内容方面，操作系统选择 Windows 7，办公软件选择 Office 2010。

本书由从事多年计算机基础教学、熟知基础教育实际情况的老师编写，尚庆生担任主编，负责确定编写风格、编写大纲，并进行最后统稿与审稿。参与本书编写的老师还有毕欢、孟丽君、陈项、秦艳华、浪花、李星、任佩剑，他们分别参与了第 1～7 章的编写。在编写过程中，一些在校学生和任课老师向本书提出了宝贵意见，在此向他们表示衷心感谢。

本书专门针对经济管理类应用型本科实践性教学编写，书中尽量选择贴合经济管理类专业特点的实例。为了培养学生的学习能力，还专门增加了信息检索的内容。由于内容比较多，每个学校可以根据本校具体情况来选择，在课时分配和章节内容上也可以根据实际情况而定。本书还配有电子教案、练习素材。

由于编写时间仓促，作者的水平有限，书中的不足和错漏之处，敬请读者批评指正。

编　者

2014 年 6 月

目　录

第 1 章　计算机基础知识

人类社会进入了一个全新的时代，即信息时代。在知识体系上，信息技术是以计算机技术、通信技术和电子技术等为主体的交叉学科，其中计算机技术作为信息技术的核心，发挥着巨大的作用。本章讲述计算机基础知识，主要包括计算机的系统组成原理和工作原理，计算机中数制的表示方法和信息的编码，微型计算机发展及组成，使学习者对计算机有一个总体上的认识。

1.1　计算机概述

20 世纪 40 年代诞生的电子数字计算机(简称计算机)是 20 世纪最伟大的发明之一，是人类科学技术发展史的一个里程碑。时至今日，计算机科学技术有了飞速的发展，计算机的性能越来越高，价格越来越便宜，应用越来越广泛。如今，计算机已经广泛应用于国民经济及社会生活的各个领域，计算机科学技术的发展水平、计算机的应用程度已经成为衡量一个国家现代化水平的重要标志。

1.1.1　计算机的发展

在第二次世界大战期间，为了计算复杂的导弹武器的弹道轨迹，美国宾夕法尼亚大学的科学家开始研制世界上第一台电子数字计算机(图 1-1)。

图 1-1　第一台电子数字计算机

第二次世界大战结束后，真空电子管得到普遍使用。1946 年 2 月 14 日，世界上第一台电子数字计算机(Electronic Numerical Integrator and Computer，ENIAC)诞生于美国宾夕法尼亚大学，它主要被美国军方用于计算弹道曲线。ENIAC 长 30.48 米，宽 1 米，占地面积约 170 平方米，重达 30 吨，耗电量 150 千瓦，造价 48 万美元。它包含了 17 468 个真空管、7200 个水晶二极管、70 000 个电阻器、10 000 个电容器、1500 个继电器、6000 多个开关。这个庞然大物能做什么呢？它每秒能进行 5000 次加法运算(据测算，人最快的运算速度是每秒仅 5 次加法运算)，每秒 400 次乘法运算。它还能进行平方和立方运算，正弦和余弦等三角函数运算及其他一些更复杂的运算。以现在的眼光来看，这很微不足道，但这在当时可是很了不起的成就。举例来说，计算从炮弹发射到进入轨道的 40 个点，手工操作机械计算机需 7～10 小时，ENIAC 仅用 3 秒钟，速度提高了 8400 倍以上。这比当时最快的继电器计算机的运算速度要快 1000 多倍，在宾夕法尼亚大学莫尔电机学院揭幕典礼上，ENIAC 的运算速度赢得来宾们的阵阵喝彩。

今天，数千元就能买到一台个人计算机(PC)，其运算速度远远超过了当年的庞然大物，这完全得益于近代半导体电子技术的发展。

图 1-2　戈登·摩尔

1965 年，Intel 公司的创始人之一戈登·摩尔(图 1-2)提出了著名的摩尔定律，其内容如下：集成电路上可容纳的晶体管数目，约每隔 18 个月便会增加 1 倍，性能也将提升 1 倍。这一定律揭示了信息技术进步的速度，在摩尔定律应用的 40 多年里，计算机从神秘不可靠近的庞然大物变成多数人不可或缺的工具，信息技术由实验室进入无数个普通家庭。

按照电子计算机使用电子器件的种类和集成化程度，可将电子计算机的发展划分为四代。

(1)第一代计算机(1946～1958 年)。20 世纪 50 年代，主要采用真空电子管来制作计算机。这些由电子管组成的计算机被称为第一代计算机，其主要特点是：逻辑器件使用电子管，用穿孔卡片作为数据和指令的输入设备，用磁鼓或磁带作为外存储器，用机器语言或汇编语言编写程序。受当时电子技术的限制，运算速度每秒仅几千次，内存容量仅几 KB。第一代计算机体积大，速度慢，功耗高，造价很高，仅限于军事和科学研究，此时的计算机仅仅是计算机专家手中的工具。

(2)第二代计算机(1959～1963 年)。20 世纪 50 年代末期，出现了以晶体管为主要元件的第二代计算机。其主要特点是：用晶体管代替电子管，内存以磁芯存储器为主体，外存开始使用磁盘、磁带，体积大大缩小，在耗电、寿命等方面都有很大改进，运算速度也大大提高，达每秒几十万次，内存容量扩大到几十KB，并且推出了 FORTRAN、ALGOL、COBOL 等高级程序设计语言及相应的编译程序。随着高级语言程序设计的发展和系统软件的出现，对计算机的操作和应用不再专属于少数的计算机专家。

(3)第三代电子计算机(1964～1970 年)。计算机开始采用小规模集成电路和中规模集成电路。这种集成电路工艺可以把几十至几百个电子元件集中在一块几平方毫米的单晶硅片上。因此计算机的体积变小，耗电量减少，性能和稳定性提高，运算速度加快，达每秒几十万次到几百万次。同时，计算机朝标准化、多样化、通用化和系列化方向发展，计算机开始广泛应用于各个领域。

(4)第四代电子计算机(1970 年至今)。计算机开始采用大规模、超大规模集成电路，并出现了以微处理器为核心的价格低廉的微机。这一代的计算机应用范围已经涉及国民经济的各个领域，并且进入了家庭。

1.1.2　计算机的特点及应用

1. 计算机的特点

(1)运算速度快。计算机具有高速运算的能力。例如，导弹轨道的计算、天气预报的计算等，过去人工计算需要几年、几十年，而现在用计算机几分钟就可完成。

(2)计算精度高。科学技术的发展尤其是尖端科学技术的发展，需要高精度的计算。计算机的运算精度极高，实现几十位有效数字运算已不足为奇，某些专用的计算机软件可以进行上百位有效数字的运算，让其他任何计算工具望尘莫及。这里要特别注意的是，计算机的运算精度是由软件决定的，而与计算机的位数没有必然的关系。

(3)记忆能力强。计算机拥有容量很大的存储装置，不仅可以存储程序，还可以存储所处理的原始数据信息、处理的中间结果与最后结果。随着计算机存储容量的不断增大，可存储记忆的信息越来越多。正是因为计算机具有记忆功能，所以能够存储程序并自动执行。

(4) 逻辑判断能力。计算机不仅能够进行算术运算(加、减、乘、除)，而且还能够进行逻辑判断(是与非，真与假的判断)，并根据判断的结果，执行相应的操作。

(5) 自动控制能力。计算机内部操作是根据人们事先编好的程序自动控制进行的，用户根据应用需要，事先编制好程序并输入计算机，计算机就能自动地完成预定的处理任务。

2. 计算机的应用

(1) 数值计算是计算机最重要的应用领域之一，主要用来解决科学研究和工程技术中复杂的数学问题，如航天器飞行轨迹的计算，气象预报中大量云图等气象资料的计算。

(2) 数据处理是指使用计算机对大量的数据进行分类、排序、合并、统计等加工处理，如财务管理、人事管理、银行业务、图书管理、人口统计等。

(3) 自动控制是指在工业生产或其他过程中，自动地对控制对象进行控制和调节的工作方式。使用计算机进行自动控制可以在工业生产中降低能耗，提高生产效率和产品质量，在强辐射、极高极低温度或高污染环境中执行单靠人力无法完成的操作等。

(4) 人工智能是指利用计算机来模仿人的高级思维活动，如智能机器人、专家系统等。这是计算机应用中最诱人也是难度最大且目前研究最为活跃的领域之一。

(5) 计算机辅助系统是指以计算机为工具，配备专用软件以帮助人们更好地完成工作、学习等任务，达到提高工作学习的效率和质量的目的。其主要包括计算机辅助设计(CAD)、计算机辅助制造(CAM)、计算机辅助教学(CAI)等。

(6) 计算机网络应用领域广泛，主要有数据通信、资源共享、实现分布式的信息处理、提高系统的可靠性和可用性等。计算机网络的发展已经使整个世界进入了信息时代，改变了并将继续改变着人类社会的面貌和生活方式。

1.1.3 计算机的分类

计算机的分类有多种，可以根据计算机的工作原理、用途、规模划分为不同的类型。

1. 工作原理

根据工作原理，计算机可以分为两大类：数字电子计算机和模拟电子计算机，而我们通常说的计算机指的是数字电子计算机。

数字电子计算机是一种以数字形式的值(数字量)在机器内部进行运算的计算机。其特点是数的表示方法采用二进制，即只有“0”和“1”两个数字，因而可以用具有两种状态的器件来表示不同的数字，以简化电路、提高运算速度和计算精度，便于存储数据、进行逻辑运算等。

模拟电子计算机是一种以连续变化的模拟量(如电压、电流、转角等)为处理对象的计算机，计算机直接对这些对象进行加工处理。不过现在已很少使用，甚至很少见到模拟电子计算机了。

2. 计算机用途

根据用途，计算机可以分为专用计算机和通用计算机两类。通用计算机用以处理各类事先不能确定的问题，通过运行不同的软件来解决不同的问题。通用计算机既可以用于科学和工程计算，又可用于工业控制和数据处理等。它是一种用途广泛、结构复杂的计算机。在通用计算机中，一般为单处理器，但也有多处理器的，通过并行操作来实现计算机中的高速运算，而且大部分的计算机都具有容错功能，这就提高了通用计算机的可靠性。

专用计算机是为解决某一类特殊问题而设计出来的计算机。比如专为工业的某种控制过程(数控机床控制、控制轧钢等)而设计的计算机。专用计算机功能单一，只能用于某特定问题的处理，但针对性强、效率高，结构比通用计算机简单。

3. 计算机的规模和处理能力

根据计算机的规模和处理能力，通常把计算机分为五类，即巨型计算机、大型计算机、中型计算机、小型计算机和微型计算机。

(1) 巨型计算机，也称为超级计算机或超级电脑，目前它的运算速度可达到万亿次/秒，主要用于大型科学和工程的计算，如各类气象预报、航空航天方面的计算，模拟宇宙大爆炸的计算等。由于巨型计算机具有规模大、体积大和速度快的特点，所以世界上只有少数几家公司能生产。例如，美国的克雷公司，它生产的著名巨型计算机有 Cray-1、Cray-2 和 Cray-3 等。我国也能自行生产巨型计算机，比如银河Ⅰ型亿次机、银河Ⅱ型十亿次机、银河Ⅲ型百亿次机，还有联想公司生产的联想 iCluster1800 万亿次机。

(2) 大型计算机，也称大型主机，在规模、体积和速度方面都比巨型计算机逊色，在应用方面也不常见，一般只有大中型企事业单位和有特殊要求的单位才会配置、使用。目前，美国的 IBM 公司，日本的富士通公司、NEC 公司是大型计算机的主要生产厂家。

(3) 中型计算机，也称小巨型计算机，与大型计算机相比，最突出的特点就是价格低，它向大型计算机的高价格发出了挑战。生产中型计算机的主要公司有美国的 Conver 公司和 Alliant 公司。

(4) 小型计算机，也称小型电脑，主要用于中小企事业单位。生产小型计算机的主要公司有美国的 DEC 公司、DG 公司和 IBM 公司等。

(5) 微型计算机，也称个人计算机，简称 PC。我们目前所见到的和使用最广泛的计算机就是微型计算机，相对于个人和普通家庭来讲，这类计算机在规模、体积、速度和价格方面都比较合理。

1.2　数制与编码

计算机的加工对象是数据。在计算机科学技术中，数据的定义十分广泛，除了数学中的数值外，用数字编码的字符、声音、图形、图像等都是数据。数据有各种各样的类型，即使是数值也有整型、实型、双精度型、逻辑型等之分。计算机所处理的数据都是用二进制编码表示的。

1.2.1　数制的概念

数制就是用一组统一的符号和规则表示数的方法。数制的特点如下：按进位的原则进行计数、逢 N 进 1、采用位权表示法。

1. 数制的相关概念

(1) 基数(也称基)，一个计数制所包含数字符号的个数，用 R 来表示。例如，十进数有 0，1，2，3，…，9 十个数码，其基为 10，依次类推。二进制数的基为 2，八进制数的基为 8，十六进制数的基为 16。

(2) 权，数码所处的不同位置上的值，如十进数 862.15 可表示为

$$862.15=8\times10^2+6\times10^1+2\times10^0+1\times10^{-1}+5\times10^{-2}$$

因此 10^2，10^1，10^0，10^{-1}，10^{-2} 等就称为权(或位权)。依次类推，二进制的权为(从低位到高位)为 2^0，2^1，2^2，2^3，…，2^n，…

📖知识点思考:

八进制数、十六进制数的权如何表示?

2. 几种数制的表示

1) 十进制数

十进制数有如下四个特点:

(1) 有 10 个数码 0～9。

(2) 逢 10 进 1，基数为 10。

(3) 相邻两位之间是 10 倍的关系。

(4) 可以以 10 为基数进行多项式展开，如 $526.4=5\times10^2+2\times10^1+6\times10^0+4\times10^{-1}$。

2) 二进制数

首先我们来说说为什么计算机内部只使用二进制数，而不用其他的数制呢?

二进制数只有两个，分别是“0”和“1”，从物理实现来看，用任何具有两种稳定状态的元器件来表示非常方便，参见表 1-1。

表 1-1　二进制数的常用物理表示

介质	“0”	“1”
发光二极管	暗	亮
电子线路	断开	接通
磁盘	一个方向上的磁化区域	另一个方向上的磁化区域
光盘	凸起的区域	凹陷的区域
纸带	无孔	有孔

📖知识点提示:

由于用来表示二进制数的介质的两种状态不是量的过渡，而是质的差异，所以信息传输和识别的可靠性高。

二进制数运算规则少且简单，容易实现机械操作。

二进制中两个数码“0”和“1”可与逻辑命题的两个值“真”和“假”分别对应，从而可以实现逻辑运算。

二进制数有如下四个特点。

(1) 有 2 个数码 0、1。

(2) 逢 2 进 1，基数为 2。

(3)相邻两位之间是 2 倍的关系。

(4)可以以 2 为基数进行多项式展开，如$(1011011)_2=(1\times2^0+1\times2^1+0\times2^2+1\times2^3+1\times2^4+0\times2^5+1\times2^6)_{10}$。

然而，由于二进制是基数最小的数制，所以二进制数的位数较多，不便于人们书写和识别，如十进制数中的 49，二进制就要用六位数 110001 来表示。因此，为了简化二进制数，在计算机技术领域中，就产生了八进制数和十六进制数。

3)八进制数

八进制数有如下四个特点。

(1)有 8 个数码 0～7。

(2)逢 8 进 1，基数为 8。

(3)相邻两位之间是 8 倍的关系。

(4)可以以 8 为基数进行多项式展开，如$(526.4)_8=5\times8^2+2\times8^1+6\times8^0+4\times8^{-1}$。

4)十六进制数

十六进制数有如下四个特点。

(1)有 16 个数码 0～15，其中 10～15，分别表示为 A～F。

(2)逢 16 进 1，基数为 16。

(3)相邻两位之间是 16 倍的关系。

(4)可以以 16 为基数进行多项式展开，如$(526.4)_{16}=5\times16^2+2\times16^1+6\times16^0+4\times16^{-1}$。

📖知识点提示:

对于二、八、十和十六这几种进制数，还常用在数的后面加上一个后缀字母的方法来标识该数的进位制，在十进制数末尾加字母 D，二进制数末尾加字母 B，八进制数末尾加字母 O，十六进制数末尾加字母 H。如 16D=100000B=20O=10H。

常用数制的表示法比较见表 1-2。

表 1-2　常用数制的表示

二进制数	八进制数	十进制数	十六进制数
0	0	0	0
1	1	1	1
10	2	2	2
11	3	3	3
100	4	4	4
101	5	5	5
110	6	6	6
111	7	7	7
1000	10	8	8
1001	11	9	9
1010	12	10	A
1011	13	11	B
1100	14	12	C
1101	15	13	D
1110	16	14	E
1111	17	15	F

1.2.2 不同数制之间的转换

数制间的转换就是将数从一种数制转换成另一种数制。计算机采用二进制，但在实际解决计算问题时，对数值的输入输出通常使用十进制数，这就有一个十进制数向二进制数或二进制数向十进制数转换的过程。也就是说，在使用计算机进行数据处理时，首先必须把输入的十进制数转换成计算机能接受的二进制数；计算机在运行结束后，再把二进制数转换成十进制数输出。这两种转换过程完全由计算机系统自动完成，不需要人工干预。在计算机中引入八进制数和十六进制数是为了书写和表示上的方便，计算机内部信息的存储和处理仍然采用二进制数。

1. 将非十进制数转换为十进制数

位权法：把各非十进制数按权展开，然后求和。

转换公式：对于 X 进制数 $A = a_{n-1}a_{n-2}\cdots a_1a_0a_{-1}a_{-2}\cdots$

$$(A)_x = a_{n-1}\times x^{n-1} + a_{n-2}\times x^{n-2} + \cdots + a_1\times x^1 + a_0\times x^0 + a_{-1}\times x^{-1} + \cdots$$

【例 1-1】 将 $(1011.1)_2$ 转换成十进制数。

$$\begin{aligned}(1011.1)_2 &= 1\times2^3+0\times2^2+1\times2^1+1\times2^0+1\times2^{-1}\\ &=1\times8+0\times4+1\times2+1\times1+1\times0.5\\ &=8+0+2+1+0.5\\ &=(11.5)_{10}\end{aligned}$$

【例 1-2】 将 $(3CF.6A)_{16}$ 转换成十进制数。

$$\begin{aligned}(3CF.6A)_{16} &= 3\times16^2+12\times16^1+15\times16^0+6\times16^{-1}+10\times16^{-2}\\ &=3\times256+12\times16+15\times1+6\times0.0625+10\times0.00391\\ &=768+192+15+0.375+0.00391\\ &=(975.414)_{10}\end{aligned}$$

【例 1-3】 将 $(347.65)_8$ 转换成十进制数。

$$\begin{aligned}(347.65)_8 &= 3\times8^2+4\times8^1+7\times8^0+6\times8^{-1}+5\times8^{-2}\\ &=3\times64+4\times8+7\times1+6\times0.125+5\times0.0625\\ &=192+32+7+0.75+0.3125\\ &=(232.0625)_{10}\end{aligned}$$

2. 将十进制数转换为非十进制数

将十进制数转换为二进制、八进制、十六进制等非十进制数的方法是类似的，其步骤是将十进制数分为整数和小数两部分分别转化。

(1) 整数部分的转换。将十进制整数转换为非十进制整数采用“除基取余法”，即将十进制整数逐次除以需要转换为的数制的基数，直到商为 0 为止，然后将所得余数自下而上排列即可。

🕮知识点提示：

将十进制整数转换为非十进制整数的规则是：除基取余，先余为低(位)，后余为高(位)。

【例 1-4】 将 $(55)_{10}$ 转换成八进制数。

分析： 只需逐次除以 8 并记录所得余数，当商为 0 时此过程结束，然后将所有余数连起来即可。注意第一次除以所得余数为最低位。

		余数
8	55	7 ↑
8	6	6
	0	

于是 $(55)_{10}=(67)_8$

【例 1-5】 将$(55)_{10}$转换成二进制数。

分析：方法基本同上，只不过将上题的除以 8 换成除以 2。

		余数
2	55	1 ↑
2	27	1
2	13	1
2	6	0
2	3	1
2	1	1
	0	

于是 $(55)_{10}=(110111)_2$

【例 1-6】 将$(55)_{10}$转换成十六进制数。

		余数
16	55	7 ↑
16	3	3
	0	

于是 $(55)_{10}=(37)_{16}$

(2) 小数部分的转换。将十进制小数转换为非十进制小数采用“乘基取整法”，即将十进制小数逐次乘以需要转换为的数制的基数，直到小数部分的当前值等于 0 为止，然后将所得到的整数自上而下排列。简言之，该规则为乘基取整，先整为高(位)，后整为低(位)。

【例 1-7】 将$(0.625)_{10}$转换成二进制数。

分析：只需逐次乘 2 并记录下所得的整数，当小数部分为 0 时，说明完成精确转换，然后将所有整数连起来即可。注意第一次乘以 2 所得整数为最高位。

运算	整数
0.625	
× 2	
1.25	1 ↓
0.25	
× 2	
0.5	0
× 2	
1.0	1

于是 $(0.625)_{10}=(0.101)_2$

3. 二进制数与八进制数、十六进制数的相互转换

由于 $2^3=8$，那么 3 位二进制数就可以用 1 位八进制数来简化，如表 1-3 所示。

表 1-3　二进制数与八进制数之间的对应关系

二进制数	000	001	010	011	100	101	110	111
八进制数	0	1	2	3	4	5	6	7

$2^4=16$，4 位二进制数就可以用 1 位十六进制数来简化，如表 1-4 所示。

表 1-4　二进制数与十六进制数之间的对应关系

二进制数	0000	0001	0010	0011	0100	0101	0110	0111
十六进制数	0	1	2	3	4	5	6	7
二进制数	1000	1001	1010	1011	1100	1101	1110	1111
十六进制数	8	9	10	11	12	13	14	15

📖知识点提示:

二进制数转化为八进制数、十六进制数的方法是：从小数点起分别向左和向右，按 3 位(或 4 位)为一组进行划分，最后不足 3 位(或 4 位)的再添 0，将每一组中的 3 位(或 4 位)二进制数按表 1-3 和表 1-4 转换为八进制数或十六进制数即可，我们简称这种方法为“合三(四)为一”。反过来，将八进制数、十六进制数转换为二进制数可采用“一分为三(四)”的方法，即将八进制数、十六进制数中的每一位按表 1-3 和表 1-4 转换为三位或四位二进制数。具体情况如图 1-3 所示。

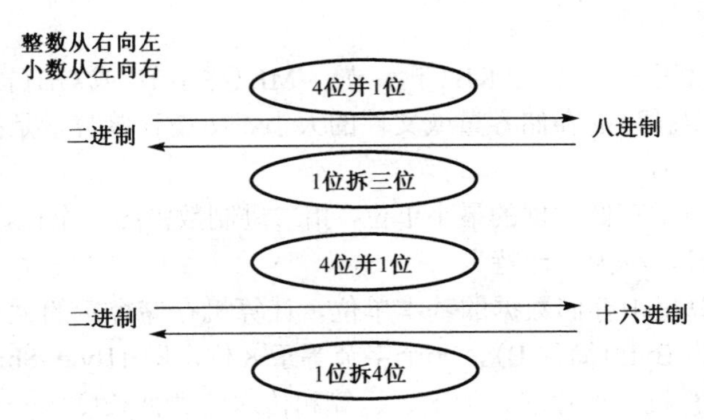

图 1-3　二进制数与八、十六进制数的转换方法

【例 1-8】 将$(100110110111.0101)_2$转换成八进制数。

分析：$(100110110111.0101)_2$二进制数有整数部分，也有小数部分，所以按照整数从右向左，小数从左向右按每 3 位为一组转换成八进制数。

$$(100110110111.0101)_2=(100\quad 110\quad 110\quad 111\,.\,010\quad 100)_2$$
$$=(4\quad 6\quad 6\quad 7\,.\,2\quad 4)_8$$

于是 $$(100110110111.0101)_2=(4667.24)_8$$

【例 1-9】 将$(456.174)_8$转换成二进制数。

分析：按每位八进制数转换成 3 位二进制数。

$$(456.174)_8=(4\quad 5\quad 6\quad .\quad 1\quad 7\quad 4)_8$$
$$=(100\quad 101\quad 110\quad .001\quad 111\quad 100)_2$$

于是 $(456.174)_8=(100101110.0011111)_2$

【例 1-10】 将$(110110111.01)_2$转换成十六进制数。

分析：$(110110111.01)_2$二进制数有整数部分，也有小数部分，所以按照整数从右向左，小数从左向右按每4位为一组转换成十六进制数。

$$(110110111.01)_2=(0001\quad 1011\quad 0111\ .\ 0100)_2$$
$$=(1\qquad B\qquad 7\ .\ 4)_{16}$$

于是$(110110111.01)_2=(1B7.4)_{16}$

【例 1-11】 将$(A9F.1B)_{16}$转换成二进制数。

分析：按每位十六进制数转换成4位二进制数。

$$(A9F.1B)_{16}=(\quad A\quad 9\quad F\quad .\quad 1\quad B\quad)_{16}$$
$$=(1010\quad 1001\quad 1111\quad .0001\quad 1011)_2$$

于是 $(A9F.1B)_{16}=(101010011111.00011011)_2$

1.2.3 计算机中数据的存储与编码

计算机除了能处理数值信息外，还能处理大量的非数值信息。非数值信息是指字符、文字、图形等形式的数据，不表示数量的大小，仅表示一种符号，所以又称为符号数据。

人们使用计算机，主要是通过键盘敲入各种操作命令及原始数据与计算机进行交互对话。然而计算机只能存储二进制数，这就需要对符号进行编码，人机交互时敲入的各种字符由计算机自动转换，以二进制编码形式存入计算机。

1. 计算机中数据的存储单位

在计算机中，通常用B(字节)、KB(千字节)、MB(兆字节)或GB(吉字节)为单位表示存储器(内存、硬盘、软盘等)的存储容量或文件的大小。所谓存储容量是指存储器中能够包含的字节数。

位(bit)是指计算机中存储数据的最小单位，指二进制数中的一个位，其值为“0”或“1”。位的单位为bit(简称b)，称为“比特”。

字节(Byte)是计算机中存储数据的基本单位，计算机存储容量的大小是以字节的多少来衡量的。字节的单位为Byte(简称B)，一个字节等于8位，即1Byte=8bit。

字(Word)是指计算机一次存取、加工、运算和传送的数据长度。一个字通常由一个或若干个字节组成。计算机字长越长，则其精度和速度越高。

📖知识点提示:

存储单位B、KB、MB与GB的换算关系如下:

1B(字节)=8b(位)

1KB(千字节)=1024B(字节)

1MB(兆字节)=1024KB=1024×1024B

1GB(吉字节)=1024MB=1024×1024KB=1024×1024×1024B

2. 数据的编码

在电子计算机中处理的信息包括数值信息和非数值信息，数值是用二进制形式来表现的，而对于非数值信息(字符、图形、声音等)则是通过对其进行二进制编码来处理的。

用二进制数“1”和“0”的组合来表示数据信息的过程称为编码。

计算机的编码包括字符编码、汉字编码和 BCD 码等。其中，字符编码是指 ASCII 码；汉字编码包括输入码(也称外码)、机内码(也称内码)、区位码、国标码、地址码、字形码；BCD 码是二进制编码的十进制数，也称余三码(8421 码)。

1) ASCII 码

ASCII 码是英文 American Standard Code for Information Interchange 的缩写，意为“美国标准信息交换代码”。该编码已被国际标准化组织(ISO)采纳，作为国际通用的信息交换标准代码。ASCII 码用 7 位二进制数表示一个字符，由于 2^7=128，所以共有 128 种不同组合，可以表示 l28 个不同的字符，如表 1-5 所示。

表 1-5　标准 ASCII 字符集

$b_7b_6b_5$ / $b_4b_3b_2b_1$		000	001	010	011	100	101	110	111
		0	1	2	3	4	5	6	7
0000	0	NUL	DLE	SP	0	@	P	‘	p
0001	1	SOH	DC1	|	1	A	Q	a	q
0010	2	STX	DC2	"	2	B	R	b	r
0011	3	ETX	DC3	#	3	C	S	c	s
0100	4	EOT	DC4	$	4	D	T	d	t
0101	5	ENQ	NAK	%	5	E	U	e	u
0110	6	ACK	SYN	&	6	F	V	f	v
0111	7	BEL	ETB	’	7	G	W	g	w
1000	8	BS	CAN	(	8	H	X	h	x
1001	9	HT	EM	)	9	I	Y	I	y
1010	A	LF	SUB	*	:	J	Z	j	z
1011	B	VT	ESC	+	;	K	[	k	{
1100	C	FF	FS	-	<	L	\	l	!
1101	D	CR	GS	.	=	M	]	m	}
1110	E	SO	RS	/	>	N	()^	n	～
1111	F	SF	US		?	O	(¬)-	o	DEL

计算机字符处理实际上是对字符的内部码进行处理。例如，比较字符 A 和 E 的大小，实际上是对 A 和 E 的内部码 65 和 69 进行比较。字符输入时，按一下键，该键所对应的 ASCII 码即存入计算机。把一篇文章中的所有字符录入计算机，计算机里存放的实际上是一大串 ASCII 码。对于一个字符，在 ASCII 编码表中找到它的位置后，将它所在列的高 3 位代码与它所在行的低 4 位代码连在一起便得到该字符的 ASCII 码。例如，B 的 ASCII 码为 1000010，% 的 ASCII 码为 0100101。不难看出，ASCII 码(128 个字符)的大致分布如下：

0000000～0011111(0～31)和 1111111(127)为控制符，共 33 个。

0100000 为空格。

0110000～0111001(48～57)为数字，其低 4 位与其相应二进制数值相同。

1000001～1011010(65～90)为大写英文字母，按从 A 到 Z 的顺序排列。

1100001～1111010(97～122)为小写英文字母，按从 a 到 z 的顺序排列。

其他为标点符号、运算符等，共 32 个。

【例 1-12】 下列字符中，ASCII 码值最小的是

A.a；B.A；C.x；D.Y

📖知识点提示：

因大写字母的ASCII码比小写字母的小，而ASCII码又是把字母按从a到z的顺序排列，故答案为B。从该题型我们应该了解在ASCII码的学习中应该掌握ASCII大小的比较，熟悉ASCII码的分布规律。

2) 汉字编码

国家标准总局于 1981 年颁布了《中华人民共和国国家标准信息交换用汉字编码(GB2312—80)》。该标准根据汉字的常用程度确定了一级和二级汉字字符集，收录了各种常用的图形、符号，并规定了其编码。该标准中汉字和各种图形符号采用称为国标码的编码方式。为了在计算机系统的各个环节中方便地表示汉字，汉字有多种编码方式。已知的汉字的编码包括输入码(也称外码)、机内码(也称内码)、区位码、国标码、地址码、字形码。汉字的不同编码是为了适应不同的需要。例如，由输入设备产生的汉字输入码、用于计算机内部存储和处理的汉字内码、用于显示和打印输出的汉字字形码等。下面我们来详细介绍这几种汉字编码。

(1) 输入码：又称外码，指操作人员从键盘上输入的代表汉字的编码。它由拉丁字母、数字或特殊符号构成。不同的输入方案以不同的符号系统来代表汉字进行输入。五笔字型码、拼音码、仓颉码、自然码等都是其中的代表。

(2) 机内码：当上述的输入码被接受后就由汉字操作系统的“输入码转换模块”将之转换成机内码，机内码是计算机内部存储、处理和传输汉字时所用的代码。ASCII 码的机内码与ASCII码相同，都用 1 个字节表示，最高位都是 0；汉字的机内码用两个字节表示，每个字节的最高位用 1 表示。

(3) 区位码：把汉字编码表排成 94 行 94 列，其中行号为 01～94 又称为区号，列号从 01～94 又称为位号，一个汉字所在的区号和位号简单地组合在一起就构成了这个汉字的区位码，其中前两位为区号，后两位为位号，都用十进制表示，统称区位码。区位码可以唯一确定一个汉字或符号。例如，“啊”的区位码为 1601，表示区号为 16，位号为 01。

(4) 国标码：又称交换码，它是在不同汉字处理系统间进行汉字交换时所使用的编码，国标码采用两个字节来表示，每个字符都被指定一个双 7 位的二进制编码。

(5) 机内码、区位码和国标码三者的相互转换，具体转换方法如下。①把区位码转换成国标码：先转换成 16 进制，然后加上 2020H。②把区位码转换成机内码：先把区位码转换成 16 进制，然后加上 A0A0H。③把国标码转换成机内码，直接用 16 进制的国标码加上 8080H 即可。

(6) 地址码：地址码是指汉字字型信息在汉字字库中存放的首地址。每个汉字在字库中都占有一个固定大小的连续区域，其首地址即是该汉字的地址码。

(7) 字形码：根据字符的输出形状确定的编码，采用点阵形式表示。

【例 1-13】 分别用 8×8 点阵、16×16 点阵表示 125 个汉字需要多少个字节的内存？

📖知识点提示：

首先 1 个汉字需要用 8×8 点阵，那么 125 个汉字就要用 125×8×8 点阵，1 个点阵相当于 1bit 二进制数，然后 8bit=1Byte，因为题目要求是多少字节的内存，所以应该这样求解：(125×8×8)/8=1000Byte。同样，对于 16×16 点阵表示 125 个汉字，需要(125×16×16)/8=4000Byte 的内存。

1.3　计算机系统概述

计算机的种类很多，除了我们比较熟悉的微型计算机以外，还有我们并不是很熟悉的大型机、中型机和小型机等。而微型计算机除了台式机以外，还有笔记本电脑、掌上电脑及单片机等。虽然它们在规模、性能等方面存在很大的差别，但它们的基本结构和工作原理是相同的。

1.3.1　计算机系统的基本组成

计算机系统由计算机硬件系统和计算机软件系统两大部分组成。

计算机硬件是指由电子线路、元器件、机械部件和光电设备等构成的具体计算机物理实体。例如，计算机机箱内的主板、内存、声卡、显卡、硬盘、光驱等，机箱外的键盘、鼠标、显示器、打印机、音箱等都是硬件。

计算机软件是指计算机中运行的程序，以及运行这些程序所使用的数据和相应文档资料的集合。

计算机硬件是计算机的物质基础，人们将没有软件的计算机称为“裸机”，只有裸机是什么事都做不成的，要发挥硬件的作用，必须配备各种各样的软件。从这个角度来说，计算机软件比计算机硬件具有更重要的地位，如果把计算机比作人，那么计算机硬件就相当于人的躯体，而计算机软件就好比人的灵魂。计算机系统的主要组成如图 1-4 所示。

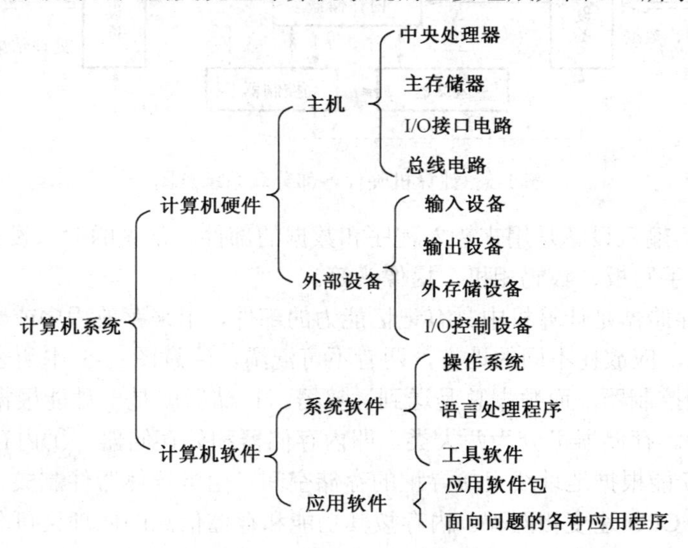

图 1-4　计算机系统的组成

1.3.2　计算机的工作原理

计算机的工作原理可以概括为存储程序和程序控制。把人们预先编写好的程序和运算处理中所需要的数据，通过输入设备送到计算机的内存储器中，即存储程序。在开始执行程序时，控制器从内存储器中逐条读取程序中的指令，并按照每条指令的要求执行所规定的操作。例如，如果要执行的是某种算术运算，则按指令中包含的地址从内存储器中取出数据，再送往运算器执行要求的算术运算操作，然后按地址把结果送往内存储器中，这一过程称为程序控制。这就是“存储程序和程序控制”的基本原理，它是由美籍匈牙利数学家冯·诺依曼于1946年提出来的，当时他对电子计算机装置的逻辑结构提出了三点重要的设计思想。

(1) 电子计算机应由控制器、运算器、存储器、输入设备和输出设备五个基本部分组成。

(2) 在计算机内部采用二进制数来表示指令和数据。

(3) 让指令和数据都放在存储器中，让机器能自动执行程序(存储程序思想)。

几十年来，尽管计算机技术发生了巨大的变化，但其基本的逻辑结构并没有变，其基本工作原理还是没有超出“存储程序和程序控制”这个范围。

1.3.3　计算机的硬件系统

硬件是指构成计算机的物理装置，是看得见、摸得着的一些有形实体。

如图 1-5 所示，计算机由五大部件，即运算器、控制器、存储器、输入设备和输出设备所组成。图中，实箭头表示传输数据和指令信息，在机内表现为二进制数形式。虚箭头表示控制命令信息，在机内呈现高低电平形式，起控制作用。这是两种不同类型的信息，计算机的工作正是通过这两股不同性质的信息流动来完成的。下面围绕图 1-5 说明各部件的作用及它们是如何配合工作的。

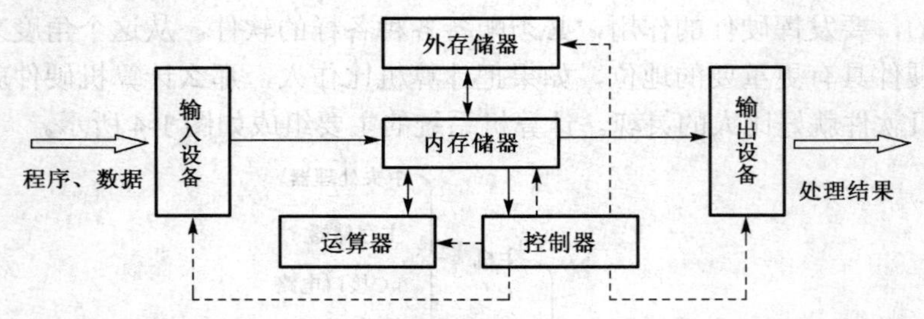

图 1-5　计算机硬件各部分联系示意图

(1) 输入设备。输入设备是用来输入程序和数据的部件。常见的输入设备有键盘、鼠标、麦克风、扫描仪、手写板、数码相机、摄像头等。

(2) 存储器。存储器是计算机中具有记忆能力的部件，用来存放程序或数据。程序和数据是两种不同的信息，应放在不同的地方，两者不可混淆。注意图 1-5 中所表示的信息流动方向：指令总是送到控制器，而数据总是送到运算器。存储器就是一种能根据地址接收或提供指令和数据的装置。存储器可分为两大类，即内存储器和外存储器。①内存储器简称内存，又称主存，是 CPU 能根据地址线直接寻址的存储空间，由半导体器件制成。其特点是存取速度快，基本上能与 CPU 速度相匹配。内存按其功能和存储信息的原理又可分成两大类，即随机存储器(Random Access Memory，RAM)和只读存储器(Red only Memory，ROM)。RAM 在计算机工作时，既可从中读出信息，也可随时写入信息，所以，RAM 是一种在计算机正常工作时可读/写的存储器。值得注意的是，RAM 掉电会丢失信息，因此，用户在操作计算机过程中应养成随时存盘的习惯，以防断电丢失数据。ROM 与 RAM 的不同之处是它在计算机正常工作时只能从中读出信息，利用这一特点常将操作系统基本输入输出程序固化其中，机器一通电立刻执行其中的程序，ROM BIOS 就是指含有这种基本输入输出程序的 ROM 芯片。②外存储器简称外存，它作为一种辅助存储设备，主要用来存放一些暂时不用而又需长期保存的程序或数据。当需要执行外存中的程序或处理外存中的数据时，必须通过 CPU 输入/输出指令，将其调入 RAM 中才能被 CPU 执行处理，所以，外存实际上属于输入/输出设备。内存存取速度快，但价格较贵，容量不可能配置得非常大；而外存响应速度相对较慢，但容量可以做得很大(如一张光盘片容量为 640MB，硬盘容量可达上百 GB)。外存价格比较便宜，并且可以长期保存大量程序或数据，是计算机中必不可少的设备。

(3) 运算器。运算器又称算术逻辑部件(ALU)，是计算机用来进行数据运算的部件。数据运算包括算术运算和逻辑运算，但恰恰是逻辑运算使计算机能进行因果关系分析。一般运算器都具有逻辑运算能力。

(4) 控制器。控制器是计算机的指挥系统，计算机的工作就是在控制器控制下有条不紊协调工作的。控制器通过地址访问存储器，逐条取出选中单元的指令，分析指令，根据指令产生相应的控制信号作用于其他各个部件，控制其他部件完成指令要求的操作。上述过程周而复始，保证了计算机能自动、连续地工作。微型机把运算器和控制器做在一块集成电路芯片上，称为中央处理器(Central Processing Unit，CPU)。它是计算机的核心和关键，计算机的性能主要取决于 CPU。

(5) 输出设备。输出设备正好与输入设备相反，是用来输出结果的部件。要求输出设备能以人们所能接受的形式输出信息，如以文字、图形的形式。除显示器外，常用的输出设备还有音箱、打印机、绘图仪等。

(6) 总线。计算机硬件之间的连接线路分为网状结构与总线结构。绝大多数计算机都采用总线(BUS)结构。系统总线是构成计算机系统的骨架，是多个系统部件之间进行数据传送的公共通路。借助系统总线，计算机在各系统部件之间实现传送地址、数据和控制信息的操作。

1.3.4　计算机的软件系统

软件是计算机系统的重要组成部分。相对于计算机硬件而言，软件是计算机的无形部分，但它的作用是很大的。这好比是人们为了看录像，就必须要有录像机，这是硬件条件；但仅有录像机还看不成录像，还必须要有录像带，这是软件条件。由此可知，如果只有好的硬件，但没有好的软件，计算机是不可能显示出它的优越性的。所谓软件是指能指挥计算机工作的程序与程序运行时所需要的数据，以及与这些程序和数据有关的文字说明和图表资料，其中文字说明和图表资料又称为文档。微型机的软件系统可以分为系统软件和应用软件两大类。

系统软件是指管理、监控和维护计算机资源(包括硬件和软件)的软件。目前常见的系统软件有操作系统、各种语言处理程序、数据库管理系统及各种工具软件等。

应用软件是指除了系统软件以外的所有软件，它是用户利用计算机及其提供的系统软件为解决各种实际问题而编制的计算机程序。由于计算机已渗透到了各个领域，所以应用软件是多种多样的。目前，常见的应用软件有用于科学计算的程序包，字处理软件，计算机辅助设计、辅助制造、辅助教学等软件，图形软件等。

计算机软件系统的基本结构如图 1-6 所示。

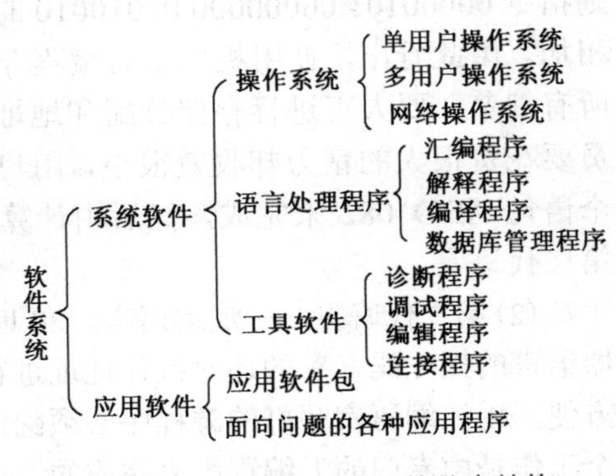

图 1-6　计算机软件系统的基本结构

1. 操作系统

操作系统是自动管理计算机中硬件资源和软件资源的一组大型程序，它是最底层的系统软件，是对硬件系统功能的首次扩充，也是其他系统软件和应用软件能够在计算机上运行的基础。操作系统具有五个方面的功能：内存储器管理、处理机管理、设备管理、文件管理和作业管理。在这里就不详细介绍，只是系统地列出用户应该了解的基本知识点。

操作系统在计算机中的作用是使系统资源得到高效利用，增强计算机处理能力，以及为用户创造良好的工作环境。操作系统有以下分类。

(1) 单用户、单任务操作系统，指一台计算机同时只能由一个用户使用，该用户一次只能提交一个作业，一个用户独自享用系统的全部硬件和软件资源，如 MS-DOS、PC-DOS、CP/M。

(2) 单用户、多任务操作系统，指一台计算机同时只能由一个用户使用，但该用户一次可以运行或提交多个作业，如 Windows 系列。

(3) 多用户、多任务操作系统，指一台计算机可以同时由多个用户同时使用，并且同时可以执行由多个用户提交的多个任务，如 UNIX、Linux。

(4) 网络操作系统，如 Netware、Windows NT、Windows 2000、Linux/UNIX。

操作系统的基本功能有以下三个。

(1) 硬件管理：CPU 管理、存储器管理、I/O 设备管理。

(2) 软件资源管理：程序和数据管理。

(3) 组织协调计算机运行：控制用户的作业排序及运行、作业及外设等的调度、主机与外设的并行操作等。

2. 程序设计语言

程序设计语言是用户用来编写程序的语言，它是人与计算机之间交换信息的工具，将各种计算机语言编写的源程序翻译成计算机能直接执行的目标程序。程序设计语言一般分为机器语言、汇编语言和高级语言三类。

(1) 第一代语言——机器语言。机器语言由二进制序列组成，是 CPU 唯一能够识别的程序设计语言。机器语言的每一条语句都是二进制形式的指令代码，因而它是从属于硬设备的，一般随 CPU 的不同而不同。例如，假定一台机器中加法指令的代码为 00000101，则指令 00000101 00000000 01010010 的含义是将地址为 823 的单元中的数与累加器中的数相加。由此看出，使用机器语言编程非常不方便，它要求程序设计人员非常熟悉计算机的所有细节，要人工进行存储分配和地址计算，程序的质量也就倚重于最底层的设计，程序员要花费很大的精力却收效很小，用户因此会想，如果将上述那么复杂的二进制代码用一个语句 ADD 082 来完成，然后由计算机来对其作必要的处理不是更好吗？于是就产生了第二代语言。

(2) 第二代语言——汇编语言。20 世纪初 50 年代，出现了汇编语言。它用助记符代替机器语言的操作码，有的还对操作地址进行了符号化，称为符号编码。这使编程和修改都大为方便。用汇编语言写好的源程序必须翻译成机器语言的目标程序后才能在机器上运行。但这个工作是由专门的汇编程序来完成的。至此，我们所看到的计算机已经是装配有汇编程序软件的系统了。汇编语言虽然比机器语言前进了一步，但汇编语言还是面向机器的，且因机而异，掌握起来还是比较困难。机器语言和汇编语言都是面向机器的，所以又被称为低级语言。

低级语言的特点是不容易理解和编写，执行速度快，因此常用来编写系统软件和实时性要求较高的程序，如驱动程序、过程控制程序等。

(3) 第三代语言——高级语言。高级语言就是比较接近于人类语言的一种计算机语言。其特点是：容易理解和编写但是执行速度比较慢，常用来编写应用软件。常用高级语言有 BASIC、C 语言、FORTRAN，以及可视化编程语言 Visual Basic (VB)、Visual C (VC) 等

3. 语言处理程序

计算机不能直接执行任何一种高级语言编写的程序，必须经过一个相应的语言处理程序将其翻译成用机器语言表示的程序才能执行。我们把用高级语言编写的程序称为源程序，把翻译的结果称为目标程序。翻译工作通常有两种方式：一种是编译方式，即用编译程序进行翻译；另一种是解释方式，即用解释程序进行翻译。

编译程序将源程序处理产生一个与之功能等同的目标程序，但此时的目标程序由于尚未分配存储器的绝对地址而不能执行，还要用连接程序将目标程序及所需的功能库等连接成一个可执行程序。这个可执行程序才可以独立于源程序直接运行。

4. 数据库管理系统和工具软件

在早期，数据只能放在程序中进行处理，处理能力十分有限，且一个程序中的数据不能为其他程序所共享。高级语言出现之后，可以将数据组织成数据文件的形式，一个数据文件可被一个程序或相关的几个程序调用，但数据仍不能脱离程序而独立存在，其共享性、安全性等仍然十分有限。随着计算机技术的进步，以及信息管理研究和应用的深入，出现了数据库管理系统，使数据处理技术发展到了一个崭新的阶段。

数据库 (Database) 是为了满足一定范围内许多用户的需要，在计算机内建立的一组互相关联的数据集合。数据库系统采用一种称为“数据库管理系统”(Database Management Systems, DBMS) 的软件来集中管理和维护数据库里的数据，对数据的存储、更新、检索(查找)等操作采用统一的处理和控制方式；数据能同时为多个应用程序和用户服务(数据共享)；尽量消除信息的重复存储(减少数据冗余量)；保证数据库中数据的完整性和一致性。例如，一个学校的各个部门，如学籍管理部门、教务部门、院系、宿舍管理部门、学生会等，都经常要在学生档案册里查询各种信息，如果将全校学生的档案数据建成一个学生档案数据库，就会方便得多。

📖知识点提示：

目前的数据库系统正在朝可视化、开放式、多媒体数据信息等方向发展，并具有数据仓库、数据开采、知识发现、决策支持等功能，从而满足社会公众收集、处理、管理信息，以及开采数据、进行有效决策等的需求。

比较常见的数据库管理系统有 dBASE、FoxBASE、Visual FoxPro 系列产品，Oracle、Informix、Sybase，以及 Access、SQL Server 等。

5. 应用软件

应用软件是为满足用户不同领域、不同问题的应用需求的软件。常用应用软件有办公软件、互联网软件、管理信息系统、办公自动化软件、实时控制系统、计算机辅助设计软件、多媒体软件和游戏软件等。

1.3.5　硬件和软件的关系

硬件和软件是一个完整的计算机系统互相依存的两大部分，它们的关系主要体现在以下几个方面。

(1) 硬件和软件互相依存。硬件是软件赖以工作的物质基础，软件的正常工作是硬件发挥作用的唯一途径。计算机系统必须要配备完善的软件系统才能正常工作，且充分发挥其硬件的各种功能。

(2) 硬件和软件无严格界限。随着计算机技术的发展，在许多情况下，计算机的某些功能既可以由硬件实现，也可以由软件来实现。因此，硬件与软件在一定意义上说没有绝对严格的界限。

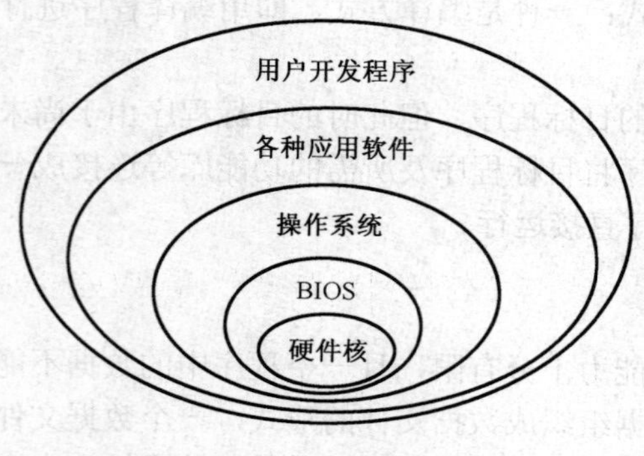

图 1-7　计算机系统层次结构

(3) 硬件和软件协同发展。计算机软件随硬件技术的迅速发展而发展，而软件的不断发展与完善又促进硬件的更新，两者密切地交织发展，缺一不可。

从总体上俯瞰计算机系统，对了解它的组织结构和工作原理是有好处的。如图 1-7 所示，计算机是按层次结构组织的。各层之间的关系是：内层是外层的支撑环境，而外层可不必了解内层细节，只需根据约定调用内层提供的服务即可。

1.4　微型计算机

微型计算机作为计算机的一个种类，绝大多数人都在使用。可以说信息技术的快速发展，微型计算机的贡献是巨大的。

1.4.1　微型计算机的发展史

在计算机的发展历程中，微型计算机的出现开辟了计算机的新纪元。微型计算机因其体积小、结构紧凑而得名。它的一个重要特点是将 CPU 制作在一块集成电路芯片上，这种芯片习惯上称作微处理器。根据微处理器的集成规模和处理能力，又形成了微型计算机的不同发展阶段，它以 2～3 年性能提高 1 倍的速度迅速更新换代。

1. 第 1 阶段(1971～1973 年)

4 位和 8 位低档微处理器时代是第 1 阶段，其典型产品是 Intel4004 和 Intel8008 微处理器，以及分别由它们组成的 MCS-4 和 MCS-8 微机。Intel4004 是一种 4 位微处理器，可进行 4 位二进制的并行运算，它有 45 条指令，速度 0.05MIPS(Million Instruction Per Second，每秒百万条指令)。Intel4004 的功能有限，主要用于计算器、电动打字机、照相机、台秤、电视机等家用电器上，使这些电器设备智能化，从而提高它们的性能。Intel8008 是世界上第一种 8 位的微处理器。基本特点是采用 PMOS 工艺，集成度低(4000 个晶体管/片)，系统结构和指令系统都比较简单，主要采用机器语言或简单的汇编语言，指令数目较少(20 多条指令)，基本指令周期为 20～50 微秒，用于简单的控制场合。

2. 第2阶段(1971～1977年)

8位中高档微处理器时代是第2阶段，其典型产品是Intel8080/8085、Motorola公司的M6800、Zilog公司的Z80等。它们的特点是采用NMOS工艺，集成度提高约4倍，运算速度提高10～15倍(基本指令执行时间为1～2微秒)，指令系统比较完善，具有典型的计算机体系结构和中断、DMA等控制功能。它们均采用NMOS工艺，集成度约9000只晶体管，平均指令执行时间为1～2微秒，采用汇编语言，以及高级语言BASIC、FORTRAN编程，使用单用户操作系统。

3. 第3阶段(1978～1984年)

16位微处理器时代是第3阶段，其典型产品是Intel8086/8088，Motorola公司的M68000，Zilog公司的Z8000等微处理器。其特点是采用HMOS工艺，集成度(20 000～70 000晶体管/片)和运算速度(基本指令执行时间是0.5微秒)都比第2阶段提高了一个数量级。这一时期著名产品有IBM公司的个人计算机。Intel8086和Intel8088在芯片内部均采用16位数据传输，所以都称为16位微处理器，但Intel8086每周期能传送或接收16位数据，而Intel8088每周期只采用8位数据传输。因为最初的大部分设备和芯片是8位的，而Intel8088的外部8位数据传送、接收能与这些设备相兼容。Intel8088采用40针的DIP封装，工作频率为6.66MHz、7.16MHz或8MHz，微处理器集成了大约29 000个晶体管。1981年IBM公司推出的个人计算机采用8088CPU。

1982年，Intel公司在Intel8086的基础上，研制出了Intel80286微处理器，该微处理器的最大主频为20MHz，内、外部数据传输均为16位，使用24位内存储器的寻址，内存寻址能力为16MB。Intel80286可工作于两种方式：一种叫实模式；另一种叫保护方式。

1984年，IBM公司推出了以80286处理器为核心组成的16位增强型个人计算机IBM PC/AT。由于IBM公司在发展个人计算机时采用了技术开放的策略，使得个人计算机风靡世界。

最早个人计算机的速度是4MHz，第一台基于80286的AT机运行速度为6～8MHz，一些制造商还自行提高速度，使80286达到了20MHz，这意味着性能上有了重大的进步。IBM PC/AT微机的总线保持了XT的三层总线结构，并增加了高低位字节总线驱动器转换逻辑和高位字节总线。与XT机一样，CPU也是焊接在主板上的。

4. 第4阶段(1985～1992年)

32位微处理器时代是第4阶段。其典型产品是Intel80386/80486，Motorola公司的M69030/68040等。其特点是采用HMOS或CMOS工艺，集成度高达100万个晶体管/片，具有32位地址线和32位数据总线。每秒钟可完成600万条指令。微型计算机的功能已经达到甚至超过超级小型计算机，完全可以胜任多任务、多用户的作业。同期，其他一些微处理器生产厂商(如AMD等)也推出了80386/80486系列的芯片。

5. 第5阶段(1993～2005年)

奔腾(Pentium)系列微处理器时代是第5阶段。典型产品是Intel公司的Pentium系列芯片及与之兼容的AMD的K6系列微处理器芯片。内部采用了超标量指令流水线结构，并具有相互独立的指令和数据高速缓存。随着MMX(MultiMedia Extensions，多媒体扩展指令集)微处理器的出现，微型计算机的发展在网络化、多媒体化和智能化等方面跨上了更高的台阶。

早期的Pentium75～120MHz使用0.5微米的制造工艺，后期120MHz频率以上的Pentium

则改用 0.35 微米工艺。经典 Pentium 的性能相当平均，整数运算和浮点运算都不错。为了提高电脑在多媒体、3D 图形方面的应用能力，许多新指令集应运而生，其中最著名的三种便是 Intel 的 MMX、SSE 和 AMD 的 3D NOW。MMX 是 Intel 于 1996 年发明的一项多媒体指令增强技术，包括 57 条多媒体指令，这些指令可以一次处理多个数据，MMX 技术在软件的配合下，就可以得到更好的性能。

1996 年年底发布的多能奔腾(Pentium MMX)的正式名称就是“带有 MMX 技术的 Pentium”。从多能奔腾开始，Intel 就对其生产的 CPU 开始锁倍频了，但是 MMX 的 CPU 超外频能力特别强，而且还可以通过提高核心电压来超倍频，超频这个词语也是从那个时候开始流行的。多能奔腾在原 Pentium 的基础上进行了重大的改进，新增加的 57 条 MMX 多媒体指令，使得多能奔腾即使在运行非 MMX 优化的程序时，也比同主频的 Pentium CPU 要快得多。

1997 年推出的 Pentium Ⅱ处理器结合了 Intel MMX 技术，能以极高的效率处理影片、音效及绘图资料，首次采用 Single Edge Contact (SEC)匣形封装，内建了高速快取记忆体。Intel Pentium Ⅱ处理器晶体管数目为 750 万个。

1999 年推出的 Pentium Ⅲ处理器加入 70 条新指令，加入网际网络串流 SIMD 延伸集称为 MMX，能大幅提升先进影像、3D、串流音乐、影片、语音辨识等应用的性能，Intel 首次导入 0.25 微米技术，Intel Pentium Ⅲ晶体管数目约为 950 万个。

同年，Intel 还发布了 Pentium Ⅲ Xeon 处理器。作为 Pentium Ⅱ Xeon 的后继者，Pentium Ⅲ Xeon 加强了电子商务应用与高阶商务计算的能力。在缓存速度与系统总线结构上，也有很大进步，性能大大提升，并为好多处理器更好地协同工作进行了设计。

2000 年推出的 Pentium 4 处理器内建了 4200 万个晶体管，采用 0.18 微米的电路，Pentium 4 初期推出版本的速度就高达 1.5GHz，晶体管数目约为 4200 万个。2001 年 8 月，Pentium 4 处理器达到 2GHz。2002 年 Intel 推出新款 Intel Pentium 4 处理器内含创新的 Hyper-Threading (HT) 超线程技术。超线程技术打造出新等级的高性能桌上型电脑，能同时快速执行多项运算应用，或者给支持多重线程的软件带来更高的性能。超线程技术让电脑性能增加 25%。除了为桌上型电脑使用者提供超线程技术外，Intel 也达成另一项电脑里程碑，就是推出运作频率达 3.06 GHz 的 Pentium 4 处理器，是首款每秒执行 30 亿个运算周期的商业微处理器，如此优异的性能要归功于当时业界最先进的 0.13 微米制程技术，2003 年，内建超线程技术的 Intel Pentium 4 处理器频率达到 3.2 GHz。

2003 年 3 月推出的 Pentium M，是由以色列小组专门设计的新型移动 CPU。Pentium M 是 Intel 的 x86 架构微处理器，供笔记本型个人电脑使用。公布有以下主频：标准 1.6GHz、1.5GHz、1.4GHz、1.3GHz，低电压 1.1GHz，超低电压 900MHz。在低主频也能得到高效能。

2005 年 Intel 推出的双核心处理器有 Pentium D 和 Pentium Extreme Edition，同时推出 945/955/965/975 芯片组来支持新推出的双核心处理器，采用 90 纳米工艺生产的这两款新推出的双核心处理器，使用没有针脚的 LGA 775 接口，但处理器底部的贴片电容数目有所增加，排列方式也有所不同。

虽同出自 Intel 之手，但 Pentium D 和 Pentium Extreme Edition 两款双核心处理器名字上的差别也预示着这两款处理器在规格上不尽相同。其中它们之间最大的不同就是对超线程技术的支持。Pentium D 不支持超线程技术，而 Pentium Extreme Edition 则没有这方面的限制。在打开超线程技术的情况下，双核心 Pentium Extreme Edition 处理器能够模拟出另外两个逻辑处理器，可以被系统认成四核心系统。

Pentium D 处理器，除了摆脱阿拉伯数字改用英文字母来表示这次双核心处理器的世代交替外，D 的字母也更容易让人联想起 Dual-Core 双核心的含义。

Pentium Extreme Edition 系列都采用三位数字的方式来标注，形式是 Pentium EE8xx 或 9xx，如 Pentium EE840 等，数字越大就表示规格越高或支持的特性越多。

📖知识点提示：

Pentium EE8x0：表示这是 Smithfield 核心、每核心 1MB 二级缓存、800MHzFSB 的产品，其与 Pentium D8x0 系列的唯一区别是增加了对超线程技术的支持，除此之外，其他的技术特性和参数都完全相同。

Pentium EE9x5：表示这是 Presler 核心、每核心 2MB 二级缓存、1066MHzFSB 的产品，其与 Pentium D9x0 系列的区别只是增加了对超线程技术的支持及将前端总线提高到 1066MHzFSB，除此之外，其他的技术特性和参数都完全相同。

6. 第 6 阶段(2005 年至今)

酷睿(Core)系列微处理器时代为第 6 阶段。“酷睿”是一款领先节能的新型微架构，设计的出发点是提供卓然出众的性能和能效，提高每瓦特性能，也就是所谓的能效比。早期的酷睿是基于笔记本处理器的。酷睿 2：英文名称为 Core 2 Duo，是 Intel 在 2006 年推出的新一代基于酷睿微架构的产品体系统称。于 2006 年 7 月 27 日发布。酷睿 2 是一个跨平台的构架体系，包括服务器版、桌面版、移动版三大领域。其中，服务器版的开发代号为 Woodcrest，桌面版的开发代号为 Conroe，移动版的开发代号为 Merom。

SNB(Sandy Bridge)是 Intel 在 2011 年年初发布的新一代处理器微架构，这一构架的最大意义莫过于重新定义了“整合平台”的概念，与处理器“无缝融合”的“核芯显卡”终结了“集成显卡”的时代。这一创举得益于全新的 32 纳米制造工艺。由于 SNB 构架下的处理器采用了比之前的 45 纳米工艺更加先进的 32 纳米制造工艺，理论上实现了 CPU 功耗的进一步降低，以及其电路尺寸和性能的显著优化，这就为将整合图形核心(核芯显卡)与 CPU 封装在同一块基板上创造了有利条件。此外，第二代酷睿还加入了全新的高清视频处理单元。视频转解码速度的高与低跟处理器是有直接关系的，由于高清视频处理单元的加入，新一代酷睿处理器的视频处理时间比老款处理器至少提升了 30%。

在 2012 年 4 月 24 日下午北京天文馆，Intel 正式发布了 Ivy Bridge(IVB)处理器。22 纳米 IVB 会将执行单元的数量翻一番，最多达到 24 个，自然会带来性能上的进一步跃进。IVB 会加入对 DX11 支持的集成显卡。另外新加入的 XHCI USB 3.0 控制器则共享其中四条通道，从而提供最多四个 USB 3.0，从而支持原生 USB 3.0。CPU 的制作采用 3D 晶体管技术使耗电量减少一半。

1.4.2 微型计算机的种类

1. 网络计算机

(1)服务器(Server)，专指某些高性能计算机，能通过网络对外提供服务。相对于普通计算机来说，稳定性、安全性等方面都要求更高，因此在 CPU、芯片组、内存、磁盘系统、网络等硬件方面与普通计算机有所不同。服务器是网络的节点，存储、处理网络上 80%的数据、信息，在网络中起到举足轻重的作用。它们是为客户端计算机提供各种服务的高性能的计算

图 1-8　服务器

机，其高性能主要表现在高速度的运算能力、长时间的可靠运行、强大的外部数据吞吐能力等方面。服务器的构成与普通计算机类似(图 1-8)，也有处理器、硬盘、内存、系统总线等，但因为它是针对具体的网络应用特别制定的，因而服务器与微机在处理能力、稳定性、可靠性、安全性、可扩展性、可管理性等方面存在很大差异。服务器主要有网络服务器(DNS、DHCP)、打印服务器、终端服务器、磁盘服务器、邮件服务器、文件服务器等。

(2)工作站(Workstation)，是一种以个人计算机和分布式网络计算为基础，主要面向专业应用领域，具备强大的数据运算与图形、图像处理能力，为满足工程设计、动画制作、科学研究、软件开发、金融管理、信息服务、模拟仿真等专业领域而设计开发的高性能计算机。它属于高档计算机，一般拥有较大屏幕显示器和大容量的内存和硬盘，也拥有较强的信息处理功能和高性能的图形、图像处理功能及联网功能。

📖知识点提示:

无盘工作站是指无软盘、无硬盘、无光驱连入局域网的计算机。在网络系统中，工作站使用的操作系统和应用软件被全部放在服务器上，系统管理员只要完成服务器上的管理和维护，软件的升级和安装也只需要配置一次后，整个网络中的所有计算机就都可以使用新软件。所以无盘工作站具有费用节省、系统的安全性高、易管理性和易维护性等优点，这对于网络管理员来说具有很大的吸引力。

无盘工作站的工作原理是由网卡的启动芯片(Boot ROM)以不同的形式向服务器发出启动请求信号，服务器收到后，根据不同的机制，向工作站发送启动数据，工作站下载完启动数据后，系统控制权由 Boot ROM 转到内存中的某些特定区域，并引导操作系统。

2. 工业控制计算机

工业控制计算机是一种采用总线结构，对生产过程及其机电设备、工艺装备进行检测与控制的计算机系统的总称，简称控制机。它由计算机和过程输入/输出(I/O)通道两大部分组成。计算机是由主机、输入/输出设备和外部磁盘机、磁带机等组成。在计算机外部又增加一部分过程输入/输出通道，将工业生产过程的检测数据送入计算机进行处理；另外，将计算机要行使的控制生产过程的命令、信息转换成工业控制对象的控制变量的信号，再将其送往工业控制对象的控制器去，由控制器对生产设备运行控制。工控机的主要类别有 IPC(总线工业电脑)、PLC(可编程控制系统)、DCS(分散型控制系统)、FCS(现场总线系统)及 CNC(数控系统)五种。

3. 个人计算机

1)台式机

台式机也叫桌面机，是一种部件相分离的计算机，相对于笔记本电脑和上网本体积较大，主机、显示器等设备一般都是相对独立的，一般需要放置在电脑桌或专门的工作台上，因此命名为台式机。台式机的性能相对笔记本电脑要强，且稳定，目前在家庭和公司中广为使用。台式机具有如下特点。

(1)散热性。台式机的机箱空间大、通风条件好。

(2) 扩展性。台式机内部结构简单，内存插槽多。无论是内存、硬盘、显卡还是 CPU，升级都很方便。

(3) 明确性。台式机机箱的开关键、重启键、USB 接口、音频接口都在机箱前置面板中，方便用户使用。

2) 电脑一体机

电脑一体机是由一台显示器、一个电脑键盘和一个鼠标组成的电脑(图 1-9)。它的芯片、主板与显示器集成在一起，显示器就是一台电脑，因此只要将键盘和鼠标连接到显示器上，机器就能使用。随着无线技术的发展，电脑一体机的键盘、鼠标与显示器可实现无线连接，机器只有一根电源线。这就解决了一直为人所诟病的台式机线缆多而杂的问题。有的电脑一体机还具有电视接收、AV 功能。

图 1-9　电脑一体机

3) 笔记本电脑

笔记本电脑也称手提电脑或膝上型电脑，是一种小型、可携带的个人电脑，通常重 1～3 公斤。它和台式机架构类似，但是提供了更好的便携性，包括液晶显示器、较小的体积、较轻的重量。笔记本电脑除了键盘外，还提供了触控板(Touch Pad)或触控点(Pointing Stick)，提供了更好的定位和输入功能。

笔记本电脑大体上分为六类：商务型、时尚型、多媒体应用型、上网型、学习型和特殊用途。商务型笔记本电脑一般移动性强、电池续航时间长、商务软件多；时尚型笔记本电脑主要针对时尚女性；多媒体应用型笔记本电脑则有较强的图形图像处理能力和多媒体能力，尤其是播放能力，为享受型产品。而且，多媒体应用型笔记本电脑多拥有较为强劲的独立显卡和声卡(均支持高清)，并有较大的屏幕。上网型笔记本电脑就是轻便和低配置的笔记本电脑，即我们俗称的上网本，具备上网、收发邮件及即时信息(IM)等功能，并可以流畅播放流媒体和音乐。上网本比较强调便携性，多用于出差、旅游甚至公共交通中的移动上网。学习型笔记本电脑机身设计为笔记本外形，采用标准电脑操作，全面整合学习机、电子辞典、复读机、学生电脑等多种机器功能。特殊用途笔记本电脑服务于专业人士，可以在酷暑、严寒、低气压、战争等恶劣环境下使用，有的较笨重，比如奥运会前期在“华硕珠峰大本营 IT 服务区”使用的华硕笔记本电脑。

4) 掌上电脑

掌上电脑(PDA)是一种运行在嵌入式操作系统和内嵌式应用软件之上的小巧、轻便、易带、实用、价廉的手持式计算设备(图 1-10)。它无论在体积、功能还是硬件配备方面都比笔记本电脑简单轻便，但在功能、容量、扩展性、处理速度、操作系统和显示性能方面又低于笔记本电脑。掌上电脑除了用来管理个人信息(如通讯录、计划等)，上网浏览页面，收发 E-mail，当做手机来用外，还具有录音机功能、英汉汉英词典功能、全球时钟对照功能、提醒功能、休闲娱乐功能、传真管理功能等。掌上电脑的电源通常采用普通的碱性电池或可充电锂电池。掌上电脑的核心技术是嵌入式操作系统，各种产品之间的竞争也主要在此。

图 1-10　掌上电脑

在掌上电脑基础上增加手机功能，就成了智能手机(Smartphone)。智能手机除了具备手机的通话功能外，还具备了 PDA 的基本功能，特别是个人信息管理，以及基于无线数据通信的浏览器和电子邮件功能。智能手机为用户提供了足够的屏幕尺寸和带宽，既方便随身携带，又为软件运行和内容服务提供了广阔的平台，很多增值业务可以就此展开，如股票、新闻、天气、交通、商品、应用程序下载、音乐图片下载等。

5) 平板电脑

图 1-11　平板电脑

平板电脑也叫平板计算机(Tablet Personal Computer，Tablet PC、Flat Pc、Tablet、Slates)，是一款无须翻盖、没有键盘、小到能放入女士手袋，但功能完整的个人计算机(图 1-11)。它利用触笔在屏幕上书写，而不是使用键盘和鼠标输入，打破了笔记本电脑键盘与屏幕垂直的 J 形设计模式。与笔记本电脑相比，既拥有其所有功能，又支持手写输入或语音输入，在移动性和便携性方面也更胜一筹。

平板电脑由比尔·盖茨提出，支持来自高通骁龙处理器，Intel、AMD 和 ARM 的芯片架构，平板电脑分为 ARM 架构(代表产品为 ipad 和安卓平板电脑)与 X86 架构(代表产品为 Surface Pro 和 Wbin Magic)，X86 架构平板电脑一般采用 Intel 处理器及 Windows 操作系统，具有完整的电脑及平板功能，支持 exe 程序。同时，目前的平板电脑还包括了专门为学生打造的学习辅助工具。

4. 嵌入式计算机

嵌入式计算机即嵌入式系统(Embedded Systems)，是一种以应用为中心，以微处理器为基础，软硬件可裁剪的，适应应用系统对功能、可靠性、成本、体积、功耗等综合性严格要求的专用计算机系统。它一般由嵌入式微处理器、外围硬件设备、嵌入式操作系统及用户的应用程序等四个部分组成。它是计算机市场中增长最快的领域，也是种类繁多、形态多种多样的计算机系统。嵌入式系统几乎包括了生活中的所有电器设备，如 PDA、计算器、电视机顶盒、手机、数字电视、多媒体播放器、汽车、微波炉、数字相机、家庭自动化系统、电梯、空调、安全系统、自动售货机、蜂窝式电话、消费电子设备、工业自动化仪表与医疗仪器等。

嵌入式系统的核心部件是嵌入式处理器，分成四类，即嵌入式微控制器(Micro Controller Unit，MCU，俗称单片机)、嵌入式微处理器(Micro Processor Unit，MPU)、嵌入式 DSP 处理器(Digital Signal Processor,DSP)和嵌入式片上系统(System on Chip，SOC)。嵌入式微处理器一般具备四个特点：①对实时和多任务有很强的支持能力，能完成多任务并且有较短的中断响应时间，从而使内部的代码和实时操作系统的执行时间减少到最低限度；②具有功能很强的存储区保护功能，这是由于嵌入式系统的软件结构已模块化，而为了避免在软件模块之间出现错误的交叉作用，需要设计强大的存储区保护功能，同时也有利于软件诊断；③可扩展的处理器结构，能迅速地扩展出满足应用的高性能的嵌入式微处理器；④嵌入式微处理器的功耗必须很低，尤其是用于便携式的无线及移动的计算和通信设备中靠电池供电的嵌入式系统更是如此，功耗只能为 mW 甚至 μW 级。

1.4.3　微型计算机系统的基本构成及工作原理

微型计算机系统的基本构成及工作原理如图 1-12 所示，本节将进一步说明图中不同部分。

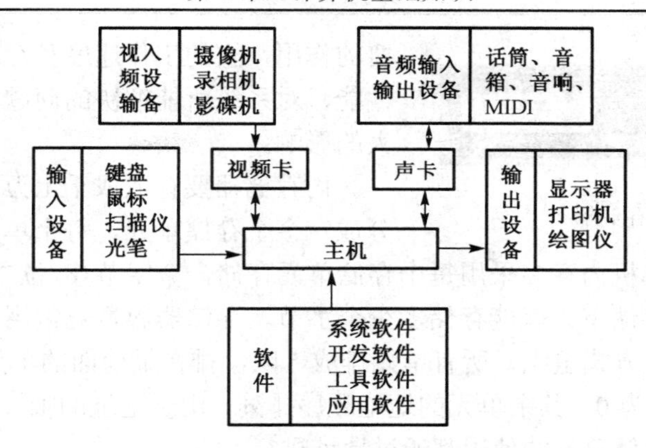

图 1-12　微型计算机基本构成

1.4.4　微型计算机的主要部件

1. CPU 及系统组成

微型计算机将运算器和控制器做在一个芯片上，这个芯片就是CPU(图 1-13)，也叫做微处理器。CPU 是微型机的核心，它由极其复杂的电子线路组成，是信息加工处理的中心部件，主要完成各种算术及逻辑运算，并控制计算机各部件协调工作，如图 1-14 所示。

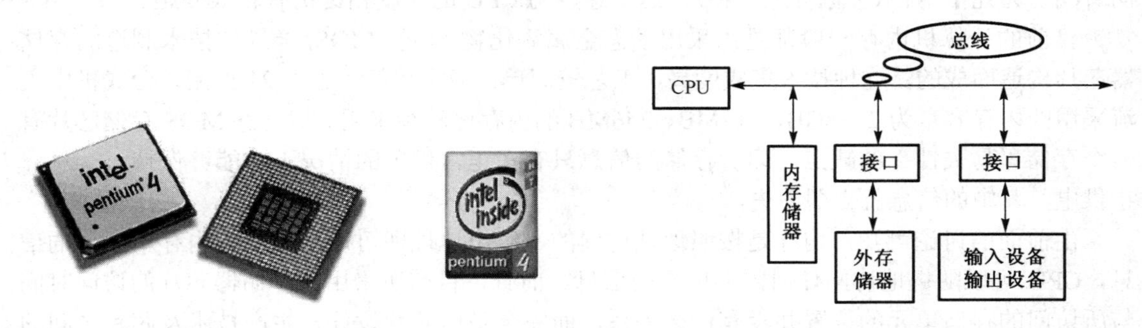

图 1-13　CPU 芯片图　　图 1-14　CPU 及与其他部件的构成关系

CPU 的基本功能是高速而准确地执行人们预先编制好并存放在存储器中的指令。每种 CPU 都有一组它能够执行的基本指令。例如，完成两个整数的加、减、乘、除的四则运算指令，比较两个数的大小、相等或不相等的判断指令，把数据从一个地方移到另一个地方的移动指令等，一种 CPU 所能执行的基本指令有几十种到几百种。这些指令的全体构成 CPU(或计算机)的指令系统，不同 CPU 的指令系统一般是不同的。

随着超大规模集成电路制造技术的发展，CPU 的主频越来越高(目前已达到 3.06GHz 以上)，在其中所集成的电子元件越来越多，功能也越来越强大。

2. 内存储器的结构与性能

存储器用来存放计算机程序和数据，并根据微处理器的控制指令将这些程序或数据提供给计算机使用。存储器一般分为内存储器和外存储器。内存储器也称为主存(main memory)，图 1-15 是 CPU 能够直接访问的存储器，由于内存储器直接与 CPU 进行数据交换，因此，内存都采用速度较快的半导体存储器作为存储介质。内存储器在一个计算机系统中起着非常重

图 1-15　内存储器

要的作用，它的工作速度和存储容量对系统的整体性能，对系统所能解决的问题的规模和效率都有很大的影响。

内存储器要存放成千上万个数据，因此，将其分成一个个存储单元，每个单元存放一定位数的二进制数据。现在的计算机内存多采用每个存储单元存储一个字节(8 位二进制代码)的结构模式。这样，有多少个存储单元就能存储多少个字节。存储器容量也常用多少字节来表示。内存单元采用顺序的线性方式组织，所有单元排成一队，排在最前面的单元定为 0 号单元，即其“地址”(单元编号)为 0。其余单元的地址顺序排列。由于地址的唯一性，它可以作为存储单元的标识，对内存存储单元的使用都通过地址进行。

内存储器的地址码是用二进制表示的，如果地址码有 10 位二进制位，则其地址码的可编码范围为 $0 \sim 2^{10}-1$(即 1024)，地址码有 20 位，则为 $0 \sim 2^{20}-1$(1M)。

实际工作(书写)时，常用十六进制数和十进制数来表示地址。例如，地址 0111 1111 1111 1111 1111 1111 写成 7FFFFFH 或 8388608。

对于内存储器，除了容量以外，它的访问速度也是一个重要的性能指标。内存速度用进行一次读或写操作所花费的访问时间来描述。从工作速度上看，内存储器总是比 CPU 要慢得多，从计算机问世之初到现在，这始终是计算机信息流动的一个“瓶颈”。目前一次存储器“访问时间”为几个纳秒(十亿分之一秒)，这个速度与 CPU 的速度相比仍有较大差距。

目前的计算机内存一般都是由采用动态金属氧化物(动态 MOS)半导体技术制造的存储器芯片构造而成的。这种技术集成度高，工艺较简单，成本较低。进入 21 世纪，台式机中主流采用的内存容量为 2～8GB，512MB、256MB 的内存已较少采用。但动态 MOS 存储芯片有一个存储“易失性”的缺点，即所存储的信息只有在正常供电的情况下才能够保持。一旦停止供电，其中的信息就立即消失。

由前面的讨论可知，内存是按照地址访问的，给出地址即可以得到相应内存单元里的信息，CPU 可以随机地访问任何内存单元的信息。而且，目前所采用的存储器芯片的访问时间与所访问的存储单元的位置并没有什么关系，而完全是由芯片设计、生产技术及芯片之间的互联技术所决定的。这种访问时间不依赖所访问的地址的访问方式称为“随机访问”(random access)，内存储器也因此被称为随机存储器(Random Access Memory，RAM)。通常，计算机内存中的大部分是由 RAM 组成的。

除了 RAM 之外，内存中一般还有一定容量的 ROM。ROM 中的信息只能读出不能写入。计算机断电后，ROM 中的原有内容保持不变，在计算机重新加电后，原有的内容仍可被读出。ROM 一般用来存放一些固定的程序，习惯所说的“将程序固化在 ROM 中”就是这个意思。应该记住，无论是 RAM 还是 ROM，都是内存的组成部分，每个存储单元(字节)都有一个唯一的地址码与之对应。通过给定地址码可随意访问该地址所指的单元。

综上所述，对内存的要求主要有以下三点。

(1) 存取的速度快：存储器的速度应和微处理器相匹配。如果存储器速度跟不上，会严重影响整个系统的性能。

(2) 存储容量大：当使用计算机解决实际问题时，通常要执行大量的指令，加工处理大量的数据。由这些指令所组成的程序及这些大量的数据都需要存储在内存中。因此，一台计算机需要有一定容量的内存才能正常工作。

(3)成本低：低成本才能有低价格，才能吸引更多的用户，从而研发出更高性能的存储器。

3. 总线及接口

1)总线的作用与标准

计算机中的各个部件，包括 CPU、内存储器、外存储器和输入/输出设备的接口之间是通过一条公共信息通路连接起来的，这条信息通路称为总线。总线是多个部件间的公共连线，信号可以从多个源部件中的任何一个通过总线传送到多个目的部件。如果一组导线仅用于连接一个源部件和一个目的部件，则不称为总线。微型机多采用总线结构，系统中不同来源和去向的信息在总线上分时传送。

从表面上看，CPU 的外部有许多输入/输出引脚，CPU 就是通过这些引脚上的总线和存储器之间交换信息；和输入/输出设备之间交换信息。

CPU 上的其他引脚功能：输入时钟脉冲信号(规定计算机工作的节拍)、复位信号、电源和接地等。

实际上，总线由许多条并行的电路组成，这些电路分为如下三组。

(1)数据总线：用于在各部件之间传递数据(包括指令、数据等)。数据的传送是双向的，因而数据总线为双向总线。

(2)地址总线：指示欲传数据的来源地址或目的地址。地址即存储器单元号或输入/输出端口的编号。

(3)控制总线：用于在各部件之间传递各种控制信息。有的是微处理器到存储器或外设接口的控制信号，如复位、存储器请求、输入/输出请求、读信号、写信号等，有的是外设到微处理器的信号，如等待信号、中断请求信号等。

由于计算机的各个部件都连接在总线上，都需要传递信息，总线需要解决非常复杂的管理问题，所以总线实际上也是复杂的器件。

2)读写操作过程(图 1-16)

图 1-16　读写操作过程

CPU 和内存之间的信息交换都是通过数据总线和地址总线进行的。当 CPU 需要信息时，先要知道该信息的存放位置，即存放信息的内存起始地址。CPU 读取信息时，把这个内存起始地址送入地址总线并通过控制总线发出一个“读”信号。这些信号送到内存，内存中所指定的起始地址及其后的一串单元中所存储的信息经过“读出”被送到数据总线。这样，CPU 就可以由数据总线得到所需要的数据了。对内存写入的动作与此类似，CPU 把要求写入的数据及写入位置的开始地址分别送入数据总线和地址总线，并在控制总线发一个“写”信号，数据即被写入指定内存单元。由读写操作的过程可以看出内存访问速度的作用：拿内存读操作来说，当 CPU 把地址信号送出后，多长时间后才能从数据总线得到所需要的数据，这一点是由内存访问速度决定的。如果内存访问速度很慢，则 CPU 可能要花费许多时间等待数据，这样，系统的效率就降低了。

CPU 与外存储器及输入/输出设备之间不能直接交换数据，而必须通过称为设备“接口”的器件来转接。

设备“接口”中有一组被称为输入输出端口的寄存器，包括存放数据的寄存器、存放地址的寄存器和存放设备状态的寄存器，分别称为数据端口、地址端口和状态端口。CPU 对设备(外存储器、输入/输出设备)的访问是通过输入/输出端口来进行的。输入/输出端口也有编号，其编号叫做输入/输出地址(I/O 地址)。与访问内存一样，当 CPU 需要与设备交换数据时，也要先知道地址(I/O 地址)，即能够在 CPU 和设备之间传递信息的端口号。CPU 读取信息时，把这个输入/输出地址送入地址总线并通过控制总线发出一个“读”信号。这些信号分别被送到接口中的各个端口，由端口再发出信号启动要访问的设备，则设备中所存储的信息经过“读出”被送到数据总线。这样，CPU 就可以由数据总线得到所需要的数据了。对设备写入的动作与此类似，CPU 把要求写入的数据及写入位置的输入/输出地址分别送入数据总线和地址总线，并在控制总线发一个“写”信号，数据即被写到指定设备上。

3) 总线的宽度

(1) 数据总线的宽度。数据总线的宽度(传输线根数)决定了通过它一次所能传递的二进制位数。显然，数据总线越宽则每次传递的位数越多，因而，数据总线的宽度决定了在内存和 CPU 之间数据交换的效率。虽然内存是按字节编址的，但可由内存一次传递多个连续单元里存储的信息，即可一次同时传递几个字节的数据。对于 CPU 来说，最合适的数据总线宽度是与 CPU 的字长一致。这样，通过一次内存访问就可以传递足够的信息供计算处理使用。过去微机的数据总线的宽度不够，影响了微机的处理能力。例如，20 世纪 80 年代初推出的 IBM 个人计算机所采用的 Intel8088CPU 的内部结构是 16 位，但数据总线宽度只有 8 位(称为准 16 位机)，每次只能传送 1 个字节。由于数据总线的宽度对整个计算机系统的效率来说具有重要的意义，所以常简单地据此将计算机分类，称为 16 位机、32 位机、64 位机等。

(2) 地址总线的宽度。地址总线的宽度是影响整个计算机系统的另一个重要参数。在计算机里，所有信息都采用二进制编码来表示，地址也不例外。原则上讲，总线宽度是由 CPU 芯片决定的。CPU 能够送出的地址宽度决定了它能直接访问的内存单元的个数。假定地址总线是 20 位，则能够访问 2^{20}=1M 个内存单元。20 世纪 80 年代中期以后开发的新型微处理器，地址总线达到了 32 位或更多，可直接访问的内存地址达到 4000M 以上。巨大的地址范围不仅是扩大内存容量所需要的，也为整个计算机系统(包括磁盘等外存储器在内)甚至还包括与外部的连接(如网络连接)而形成的整个存储体系提供了全局性的地址空间。例如，如果地址总线的标准宽度进一步扩大到 64 位，则可以将内存地址和磁盘的文件地址统一管理，这对于提高信息资源的利用效率、在信息共享时避免不必要的信息复制、避免工作中的其他开销方面都起着重要作用，同时还有助于提高整个系统的安全性等。

对于各种外部设备的访问也要通过地址总线。由于设备的种类不可能像存储单元的个数那么多，故对输入/输出端口寻址是通过地址总线的低位来进行的。例如，早期的 IBM 个人计算机使用 20 位地址线的低 16 位来寻址 I/O 端口，可寻址 2^{16}=64 K 个端口。

由于采用了总线结构，各功能部件都挂接在总线上，所以存储器和外设的数量可按需要扩充，所以微型机的配置非常灵活。

4. 外存储器及其工作方式

通常，计算机系统中的内存容量总是有限的，远远不能满足存放数据的需要，而且内存不能长期保存信息，一关电源，信息就会全部丢失。因此，一般的计算机系统都要配备更大容量且能长期保存数据的存储器，这就是外存储器。目前，微型机上常用的外存储器有磁盘和光盘两种。用得最多的是磁盘，它是利用磁性介质来记录信息的设备。

1) 磁盘

磁盘将信息记录在一组称为磁道的同心圆上。盘面上的磁道顺序编号，最外面一个磁道编号为第 0 道，其余依次编号。第 0 道在磁盘上具有特殊用途，这个磁道的损坏将导致磁盘报废。

磁盘还有一个“柱面”的概念，固定在一根轴上的多张磁盘片，其上编号相同的磁道称为一个柱面。为了有效地管理信息，磁盘的每个圆形磁道又被划分成若干个称为扇区的弧段。对于标准磁盘来说，任意一个扇区，不管处在哪个磁道上的哪个位置，所存储的数据量都是相同的。可以设想，一次所要读写的全部信息存放在多个连续(逻辑上的连续)的扇区之中，在实际读写之前，先要把磁头定位在起始扇区上，这要通过如下两步动作：第一步是通过机械动作把磁头移到起始扇区所在的磁道位置(磁头定位)；第二步是磁头静止而盘片旋转，一直等到要读写的扇区旋转到磁头底下(扇区定位)，找到起始扇区之后，实际的读写操作才能开始。读写是一个扇区一个扇区顺序进行的。

实际上，磁盘的一次读写过程真正花费在实际读写上的时间只占一小部分，主要时间消耗在移动磁头在盘面上寻找磁道位置方面，因为这是机械动作。因此，在写入信息时，如果一个磁道放不下，总是接着放入一个柱面的不同磁道上，而不是放入同一盘面的相邻磁道上。这是因为，接通固定在一起的另一个磁头的电子开关比将磁头移到相邻磁道要快得多。

固定安装在微机机箱内的磁盘称为硬盘。通常，大型机的硬磁盘常有单独的机柜。硬磁盘是计算机系统中最重要的一种外存储器。目前的计算机包括微机在内一般都至少配备一台硬盘机，在硬盘里保存着计算机系统工作必不可少的程序和重要数据。

微机使用的小型硬盘机从外观上看是一个密封的金属盒子，其中有若干片固定在同一个轴上、同样大小、同时高速旋转的金属圆盘片。每个盘片的两个面都涂附了一层很薄的磁性材料，作为存储信息的介质。靠近每个盘片的两个面各有一个读写磁头。这些磁头全部固定在一起，可同时移到磁盘的某个磁道位置。

硬盘片表面也分为一个个同心圆磁道，每个磁道又分为若干扇区，按照盘片直径大小，硬盘也有许多规格。现在的台式微机多采用3.5’硬盘机，笔记本型微机上通常配置2.5’、1.8’甚至1.3’的微型硬盘机。工作站等高性能机器用的硬盘机规格与微机类似，但一般容量更大，性能也更优越。

硬盘的所有盘面上半径相同的磁道也构成一个柱面，柱面由外向里顺序编号。

硬盘驱动器，如图1-17所示。工作时盘片组高速旋转，速度可达到7200转/分钟以上，此时读写磁头与对应盘片的距离很近，不到一微米(千分之一毫米)，漂浮在盘面上且不与盘面接触，以避免划伤盘面。这样近的距离是为了保证极高的存储密度和定位精度。

图1-17　硬盘驱动器

硬盘也采用批量存储信息方式，以扇区为存储单位。扇区的“地址”可以通过磁道(柱面)号、读写头号(也就是盘面的编号)及磁道内的扇区编号三者组合确定。访问硬盘信息的过程与访问软盘一样，也分为移动磁头到相应柱面位置(磁头定位)、等待(扇区定位)和实际读写三个阶段。而确定存储位置(定位)的时间比实际读写信息的时间要长得多。当然，由于硬盘的磁头动作速度快、盘片转速高，它的信息访问速度也比软磁盘快得多。

将磁盘与主存进行比较，可知它们的读写访问方式是完全不同的。对主存的访问是以存储单元为单位进行的，而微机的一个存储单元就是一个字节。对磁盘等设备的访问则采用成组数据传送的方式，是以存储块(扇区)为单位进行的，一个存储块可以包含几百到几千个字节，访问磁盘上的某些信息时，必须将包含这些信息的存储块的全部内容与主存进行整体交换。这种成组数据交换工作通常由称为DMA部件(Direct Memory Access，直接主存访问)的专门硬件来自动完成。进行这种交换时，先要在主存里准备若干个与存储块同样大小的、称为内存缓冲区(buffer)的存储区域。访问磁盘的过程是：先确定要访问的磁盘存储块地址(位置)，然后在该存储块与主存的缓冲区之间交换信息。磁盘不能直接与主机相连，而是通过电缆与一个叫做磁盘控制器的部件连接，磁盘控制器直接连在计算机系统总线上。微机的磁盘控制器一般是插在机箱内主机板的扩展槽口中的插卡，现在不少微机主板上集成了磁盘控制器，就不需插卡了。

2) 光盘

光盘存储器，简称“光盘”，是利用激光原理存储和读取信息的媒介。光盘片是由塑料覆盖的一层铝薄膜，通过铝薄膜上极细微的凹坑记录信息。除磁盘之外，近年来，计算机上还经常使用光盘来作为外存储器。

1985年，人类最早批量生产出光盘，产生了CD格式，它的单张数据存储量为700MB。经过十多年的发展，1996年产生DVD格式，它的单张数据存储量为4.7GB。2006年以后产生BD格式，它的单张数据存储量为25GB、50GB。由于光盘制造技术的进步，光盘在过去的20年存储量容量增加了70多倍，平均寿命从最初的3～5年提升到了30～50年，增加了10倍。随着信息技术的进步和光盘制造技术的发展，光盘无论在存储容量上还是保存寿命上都有较大幅度的提升，在这种提升之中光盘的主流规格尺寸始终没有改变，一直是118～120毫米。

光盘从功能上分为只读(Read Only)光盘(CD、DVD)、可记录(Recordable)光盘(CD-R、DVD-R、DVD+R、BD-R)和可重写(Rewritable)光盘(DVD-RW、BD-RE)三类。通常用作归档的光盘是可记录光盘CD-R、DVD-R和DVD+R。光盘从用途上划分为三大类，只读光盘主要是用于广泛传播的音视频商品，适宜相同内容的大批量传播。一次写光盘主要是用于信息记录，适宜小批量信息记录。可重写光盘主要是用于信息传递与传播，适宜小批量信息传递和海量数据节能存储

5. 主板

主板又称为主机板、系统板等，是安装在机箱内最大的一块多层印刷电路板。主板上安装有CPU、内存、各种板卡的扩展插槽、外部设备接口及相关的控制芯片组等，它将微型机的各主要部件紧密结合在一起，如图1-18所示。

6. 显卡、声卡、视频卡

显卡即为显示卡，如图1-19所示，它的主要作用是将CPU送来的影像数据，处理成显示器可以接受的格式，再送到显示屏上形成影像。

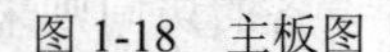
图1-18　主板图

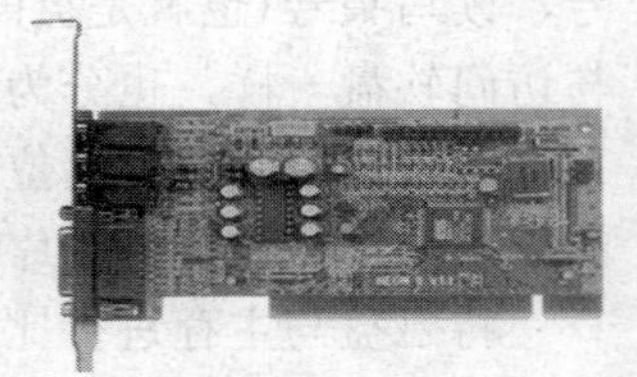

图1-19　显卡图

声卡也称为声音卡、音频卡、音效卡等。声卡是微型机系统中用于声音媒体的输入、输出、编辑处理的专用的扩展卡。

视频卡是微型机系统中用于对视频进行采集、播放、处理的部件。

7. 常用输入/输出设备

计算机的输入/输出设备种类繁多，不同设备可以满足人们使用计算机时的各种不同需要。但大都有两个共同的特点：①常采用机械的或电磁的原理工作，所以速度较慢，难以与纯电子的处理器和内存相比；②要求的工作电信号常和微处理器、内存采用的不一致，为了把输入/输出设备与计算机处理器连接起来，需要一个称为接口的中间环节。下面介绍几种最常用的输入/输出设备。

1) 键盘

键盘是操作者在使用 PC 过程中接触最频繁的一种外部设备。用户编写的计算机程序、程序运行过程中所需要的数据及各种操作命令等都是由键盘输入的。

键盘由一组按键排成的开关阵列组成。按下一个键就产生一个相应的扫描码。不同位置的按键对应不同的扫描码。键盘中的电路(实际上是一个单片计算机)将扫描码送到主机，再由主机将键盘扫描码转换成 ASCII 码。例如，如果按下左上角的 Esc 键，主机则将它的扫描码 01H 转换成 ASCII 码 00011011。

目前，微机上常用的键盘有 101 键、102 键、104 键几种。键盘上的主要按键有如下两大类：一类称为字符键，包括数字、英文字母、标点符号、空格等。另一类称为控制键，包括一些特殊控制键(如删除已输入的字符等)、功能键等。主键盘区键位的排列与标准英文打字机一样。上面的 F1～F12 是 12 个功能键，其功能是由软件或用户定义的。右边副键盘区有数字键、光标控制键、加减乘除键和屏幕编辑键等。

2) 鼠标器

鼠标是一种用于图形用户界面使用环境的、带有按键的手持输入设备，它比键盘更灵活、更方便。美国科学家道格拉斯·恩格尔巴特于 1968 年在加利福尼亚制作了第一只鼠标。这种设备使得用户能够通过手的运动来操作屏幕上的对象。例如，Windows 图形环境中的基本操作就是使用鼠标来选取、移动和激活显示在屏幕上的元素。它以其快捷、准确、直观的屏幕定位能力而受到用户的喜爱，已成为个人计算机不可缺少的输入设备。鼠标一般通过 RS-232C 串行口、PS/2 接口或 USB 接口与主机相连接。鼠标上的按键有两键的，也有三键的，三键的鼠标一般在中间有一个滚轮或按键，通过它可以直接滚动来浏览页面，常用的鼠标有机械式和光电式两种。

(1) 机械式鼠标。在鼠标下面有一个可以滚动的小球，当鼠标在桌面上移动时，小球与桌面摩擦转动，带动鼠标内的两个带齿轮的圆盘转动，从而得出屏幕上鼠标的位置。机械式鼠标价格便宜，但故障率较高。

(2) 光电式鼠标。在光电式鼠标下面有平行放置的作为光电转换装置的小发光管，当鼠标移动时，光源发出的光经反射后由鼠标接收再转换为移动信号送给计算机，从而得出屏幕上鼠标的位置，并使光标随着移动。光电式鼠标价格较贵，但性能较可靠，故障率较低。

3) 显示器

显示器是目前计算机上最常用的输出设备。显示器可按工作原理分为阴极射线管显示器、半导体平板显示器和液晶显示器。

阴极射线管显示器与家用电视机的显像原理类似。最重要的部件是一个显像管，显像管尾部末端有一个电子枪，前部是略有弧度、涂有特殊荧光材料的荧光屏。在控制电路的作用下，电子枪射出的电子束在荧光屏上扫描，打击荧光材料形成显示光点。屏幕上的文字或图形就是由这些显示光点组成的。屏幕上的一个画面称为一帧，一个显示帧由许多电子枪一行行扫描荧光屏而成的扫描线构成，目前，常用显示器的一帧包含 480 或更多的扫描线。每条扫描线又由许多显示点构成，每个点称为一个像素(pixel)。平板式显示器的工作原理与阴极射线管显示器不同，但其显示屏也是由排成阵列的像素构成的，显示文字和图形的机制是相同的。液晶显示器的工作原理这里不赘述，请参看相关介绍。

构成显示帧的行数、列数是显示器的一个重要技术指标，被称为显示器的分辨率，如果一帧有 480 行 640 列，就说这个显示器的分辨率是 640×480。今天计算机使用的大都是高分辨率图形显示器，常见分辨率有 800×600、1024×768、1280×1024 等多种。

微型机的显示器与主机之间是通过称为“显示器适配器(显示卡)”的接口电路(通常是一块插卡)连接在一起的(其他计算机也都有类似的接口部件)。为了达到良好的显示效果，不同类型的显示系统需要不同的显示器和显示卡与之匹配。显示卡装在计算机机箱内，通过电缆与显示器连接。在这个显示卡上有一个帧存储器，也叫做显示缓冲存储器(显存)。显示帧的所有像素都存放在这个存储器里，每个像素都作为一个单位存放。在系统工作过程中，显示卡不断读出帧存储器里的像素信息，传送到显示器，显像管则根据像素内容控制扫描过程中光点的颜色或亮度，在屏幕上形成视觉合成效果。目前，微机常用的显示卡上帧存储器容量通常有 16M、32M 字节或更大。帧存储器的存储容量是显示卡的一个重要功能指标，帧存储器的容量必须保证至少存储一屏所能显示的所有像素，才能达到其设计的分辨率。

4) 打印机

打印机将输出信息以字符、图形、表格等形式印刷在纸上，是重要的输出设备。打印机可按字符(图形、表格)印出的顺序分为串行打印机(字符式打印机)、行式打印机和页式打印机。串行打印机一次打印一个字符，通过多次打印字符形成行和页，针式打印机就是串行打印机；行式打印机一次并行地印出一行字符，早期的所谓快速打印机(只适合于像英文这样字符数较少的文字)多是这种打印机；页式打印机每次输出一页，激光打印机就是一种页式打印机。

按照印字方式的不同，也可将打印机分为击打式打印机和非击打式打印机两类。击打式打印机也叫机械式打印机，其工作原理是通过机械动作打击浸有印字油墨的色带，将印色转移到打印纸上，形成打印效果，这也就是“打印机”这个名称的由来。非击打式打印机是利用其他化学、物理方式来打印的，许多这类打印机的输出过程中并没有“打”的动作。常见的非击打式打印机有喷墨打印机和激光打印机等。

5) 图形输入/输出设备

图形数字化仪是一种常见的图形输入设备，由一块较大的平板和一个类似于鼠标器的手持“游标器”组成。把游标器上的准星(十字交叉点)在平板上移动，依次采集准星的坐标位置(*X*, *Y*)就是一串输入数据。在这种平板上铺上各种图纸，拿着游标器，对准图纸上的每个点、线和区域边界不断地移动，所形成的轨迹作为一连串的输入数据存储在计算机内并进行处理。

图形扫描仪是最常用的图像输入设备，其功能是把实在的图像划分成成千上万个点，变成一个点阵图，然后给每个点编码，得到它们的灰度值或色彩编码值。也就是说，把图像通过光电部件变换为一个数字信息的阵列，使其可以存入计算机并进行处理。通过扫描仪可以把整幅的图形或文字材料，如图画、照片、报刊或书籍上的文章等，快速地输入计算机。

绘图仪是一种常见的图形输出设备，用于在纸张上绘出由点和线段构成的图形，如各种统计图、机械设计图、房屋建筑图等。最常见的是笔式绘图仪，装有一个可以纵向和横向(可以在 Y 方向和 X 方向上)运动的绘图头部件，称为绘图笔架，笔架上可安装一支或几支各种颜色的绘图笔，在计算机的控制下，绘图笔不停地抬起、落下，并在纸面上移动画线，逐步画出所需要的图形。还可以根据计算机的命令更换其他不同颜色的绘图笔。

笔式绘图仪有平板式和滚筒式两种。平板式绘图仪有一个放纸的大平面板和安装绘图笔架的活动托架，托架可以沿平板两边的导轨来回纵向运动，笔架则能沿托架上的导轨横向滑动，托架和笔架配合就可以到达平板上的任何位置。滚筒式绘图仪上笔架的托架是固定的，绘图纸紧紧地卷在一个滚筒上，可以随滚筒在笔架下面纵向卷动。在绘图过程中，笔架在托架导轨上横向移动，而滚筒带动绘图纸在绘图笔下纵向滚动。滚筒式绘图仪占地面积较小，能使用很长的纸张，大幅面纸张的绘图仪大都是滚筒式。除笔式绘图仪之外，还有喷墨式、静电式、热敏式等类型的绘图仪，其工作原理与喷墨打印机类似，都是通过某些技术以点阵形式生成纸面上的图。

数据投影器是近年来逐渐推广开来的一种重要的输出设备，它能连接在计算机的显示器输出端口上，把应该在显示器上显示出来的内容投射到大屏幕甚至一面墙壁上，非常适合于课堂教学及其他演示活动。目前的数据投影器可以达到像看计算机屏幕一样的良好的投影效果。

还有一种与数据投影器功能相仿的数据投影板，它是一块与计算机屏幕差不多大小的平板显示器。只要把它放在普通投影仪上，屏幕显示就可以通过投影仪的光学系统投射到大屏幕或墙面上。数据投影板体积小，使用和携带都比较方便。

8. 机箱、电源

机箱作为计算机主机的外壳，既是微型机系统部件安装架，又是整个系统的散热和保护设施。机箱按其外形可分为卧式机箱和立式机箱。

电源是计算机主机的动力核心，它担负着向计算机中所有部件提供电能的重任。目前计算机中所使用的电源均为开关电源。

1.4.5 微型计算机性能指标

1. 字长

字长以二进制位数为单位，其大小是 CPU 能够同时处理的数据的二进制位数，它直接关系到计算机的计算精度、功能和速度。历史上，苹果机为 8 位机；IBM PC/XT 与 286 机为 16 位机，386 与 486 机为 32 位机，后推出的 PIII 机为 64 位的高档微机。

2. 运算速度

通常所说的计算机的运算速度(平均运算速度)是指每秒钟所能执行的指令条数。一般用百万次/秒来描述。

3. 时钟频率(主频)

时钟频率是指 CPU 在单位时间(秒)内发出的脉冲数。通常，时钟频率以兆赫为单位。时钟频率越高，其运算速度就越快。

4. 内存容量

内存一般以 KB 或 MB 为单位。内存容量反映了内存储器存储数据的能力。存储容量越大，其处理数据的范围就越广，并且运算速度一般也越快。现在的微型计算机内存配置能够达到 8GB，甚至更高。

5. 硬盘容量

硬盘是每台计算机必配的可读写外部存储设备，随着软件技术的不断升级和应用范围的不断扩大，计算机用户对硬盘容量的要求也越来越高，成为购买和配置计算机时的重要指标。

1.5 大数据和云计算

1.5.1 大数据的概念

大数据或称巨量资料，指的是所涉及的资料量规模巨大到无法通过目前主流软件工具，在合理时间内达到撷取、管理、处理并整理成为帮助企业经营决策等资讯的目的。在维克托·迈尔-舍恩伯格及肯尼斯·库克耶编写的《大数据时代》中大数据指不用随机分析法(抽样调查)这样的捷径，而采用所有数据的方法。

1. 大数据时代

最早提出“大数据”时代到来的是全球知名咨询公司麦肯锡，麦肯锡称：“数据，已经渗透到当今每一个行业和业务职能领域，成为重要的生产因素。人们对海量数据的挖掘和运用，预示着新一波生产率增长和消费者盈余浪潮的到来。”“大数据”存在于物理学、生物学、环境生态学等领域，以及军事、金融、通信等行业已有时日却一直未引起人们重视。近年来，互联网和信息行业的发展引起人们对“大数据”的关注。

进入 2012 年，“大数据”一词越来越多地被提及，人们用它来描述和定义信息爆炸时代产生的海量数据，并命名与之相关的技术发展与创新。它已经上过《纽约时报》《华尔街日报》的专栏封面，进入美国白宫官网，现身在国内一些互联网主题的讲座沙龙中，甚至被嗅觉灵敏的国金证券、国泰君安、银河证券等券商写进了投资推荐报告。数据正在迅速膨胀并变大，它决定着企业的未来发展，虽然很多企业可能并没有意识到数据爆炸性增长带来的隐患，但是随着时间的推移，人们将越来越多地意识到数据对企业的重要性。

正如《纽约时报》2012 年 2 月的一篇专栏文章所称，“大数据”时代已经降临，在商业、经济及其他领域中，决策将日益基于数据和分析而作出，而并非基于经验和直觉。

哈佛大学社会学教授加里·金说：“这是一场革命，庞大的数据资源使得各个领域开始了量化进程，无论学术界、商界还是政府，所有领域都将开始这种进程。”随着云时代的来临，大数据也吸引了越来越多的关注。著云台的分析师团队认为，大数据通常用来形容一个公司创造的大量非结构化和半结构化数据，这些数据在下载到关系型数据库用于分析时会花费过多时间和金钱。大数据分析常和云计算联系到一起，因为实时的大型数据集分析需要像 MapReduce 一样的框架来向数十、数百或甚至数千台电脑分配工作。

“大数据”在互联网行业指的是这样一种现象：互联网公司在日常运营中生成、累积的用户网络行为数据。这些数据的规模是如此庞大，以至于不能用 G 或 T 来衡量。

大数据到底有多大？一组名为“互联网上一天”的数据告诉我们，一天之中，互联网产生的全部内容可以刻满1.68亿张DVD；发出的邮件有2940亿封之多(相当于美国两年的纸质信件数量)；发出的社区帖子达200万个(相当于《时代》杂志770年的文字量)；卖出的手机为37.8万台，高于全球每天出生的婴儿数量37.1万……

截止到2012年，数据量已经从TB(1024GB=1TB)级别跃升到PB(1024TB=1PB)、EB(1024PB=1EB)乃至ZB(1024EB=1ZB)级别。国际数据公司(IDC)的研究结果表明，2008年全球产生的数据量为0.49ZB，2009年的数据量为0.8ZB，2010年增长为1.2ZB，2011年的数量更是高达1.82ZB，相当于全球每人产生200GB以上的数据。而到2012年为止，人类生产的所有印刷材料的数据量是200PB，全人类历史上说过的所有话的数据量大约是5EB。IBM的研究称，整个人类文明所获得的全部数据中，有90%是过去两年内产生的。而到了2020年，全世界所产生的数据规模将达到今天的44倍。

2. 数据的处理和分析工具

用于分析大数据的工具主要有开源与商用两个生态圈。

1)开源大数据生态圈

(1)Hadoop HDFS、HadoopMapReduce、HBase、Hive渐次诞生，早期Hadoop生态圈逐步形成。

(2)Hypertable是另类。它存在于Hadoop生态圈之外，但也曾经有过一些用户。

(3)NoSQL、membase、MongoDB。

2)商用大数据生态圈

(1)一体机数据库/数据仓库：IBM PureData(Netezza)、OracleExadata、SAP Hana等。

(2)数据仓库：TeradataAsterData、EMC GreenPlum、HPVertica等。

(3)数据集市：QlikView、Tableau，以及国内的Yonghong Data Mart。

1.5.2 云计算的概念

云计算(Cloud Computing)基于互联网的相关服务的增加、使用和交付模式，通常涉及通过互联网来提供动态易扩展且经常是虚拟化的资源。云是网络、互联网的一种比喻说法。过去在图中往往用云来表示电信网，后来也用来表示互联网和底层基础设施。因此，云计算甚至可以让你体验每秒10万亿次的运算能力，拥有这么强大的计算能力可以模拟核爆炸、预测气候变化和市场发展趋势。用户通过电脑、手机等方式接入数据中心，按自己的需求进行运算。

对于到底什么是云计算，至少可以找到100种解释。目前广为人们所接受的是美国国家标准与技术研究院(NIST)的定义：云计算是一种按使用量付费的模式，这种模式提供可用的、便捷的、按需的网络访问，进入可配置的计算资源共享池(资源包括网络、服务器、存储、应用软件、服务)，这些资源能够被快速提供，只需投入很少的管理工作，或者与服务供应商进行很少的交互。

云计算是使计算分布在大量的分布式计算机上，而非本地计算机或远程服务器中，企业数据中心的运行将与互联网更相似。这使得企业能够将资源切换到需要的应用上，根据需求访问计算机和存储系统，好比是从古老的单台发电机模式转向了电厂集中供电的模式。它意味着计算能力也可以作为一种商品进行流通，就像煤气、水电一样，取用方便、费用低廉。最大的不同在于，它是通过互联网进行传输的。

被普遍接受的云计算有以下八个方面的特点。

(1) 超大规模。"云"具有相当的规模，Google 云计算已经拥有 100 多万台服务器，Amazon、IBM、Microsoft、Yahoo 等的"云"均拥有几十万台服务器。企业私有云一般拥有数百上千台服务器。"云"能赋予用户前所未有的计算能力。

(2) 虚拟化。云计算支持用户在任意位置、使用各种终端获取应用服务。所请求的资源来自"云"，而不是固定的有形的实体。应用在"云"中某处运行，但实际上用户无须了解也不用担心应用运行的具体位置。只需要一台笔记本电脑或一部手机，就可以通过网络服务来实现我们需要的一切，甚至包括超级计算这样的任务。

(3) 高可靠性。"云"使用了数据多副本容错、计算节点同构可互换等措施来保障服务的高可靠性，使用云计算比使用本地计算机可靠。

(4) 通用性。云计算不针对特定的应用，在"云"的支撑下可以构造出千变万化的应用，同一个"云"可以同时支撑不同的应用运行。

(5) 高可扩展性。"云"的规模可以动态伸缩，满足应用和用户规模增长的需要。

(6) 按需服务。"云"是一个庞大的资源池，你按需购买；云可以像自来水、电、煤气那样计费。

(7) 极其廉价。"云"的特殊容错措施可以采用极其廉价的节点来构成云，"云"的自动化集中式管理使大量企业无须负担日益高昂的数据中心管理成本，"云"的通用性使资源的利用率较传统系统大幅提升，因此用户可以充分享受"云"的低成本优势，经常只要花费几百美元、几天时间就能完成以前需要数万美元、数月时间才能完成的任务。云计算可以彻底改变人们未来的生活，但同时也要重视环境问题，这样才能真正为人类进步作贡献，而不是简单的技术提升。

(8) 潜在的危险性。云计算服务除了提供计算服务外，还必然提供了存储服务，但是云计算服务当前垄断在私人机构(企业)手中，而它们仅仅能够提供商业信用。政府机构、商业机构(特别像银行这样持有敏感数据的商业机构)对选择云计算服务应保持足够的警惕。一旦商业用户大规模使用私人机构提供的云计算服务，无论其技术优势有多强，都不可避免地让这些私人机构以"数据(信息)"的重要性挟制整个社会。对于信息社会而言，"信息"是至关重要的。另外，云计算中的数据对数据所有者以外的其他用户云计算用户是保密的，但是对于提供云计算的商业机构而言确实毫无秘密可言。所有这些潜在的危险，是商业机构和政府机构选择云计算服务特别是国外机构提供的云计算服务时，不得不考虑的一个重要的前提。

本 章 小 结

本章主要介绍了计算机的基本概况：①计算机的整个发展和演变过程，在这个过程中计算机的功能、性能，以及涉及的软件、硬件等方面又是怎样变化的；②计算机在现实生活中作为一个重要的工具所具有的特点，计算机的分类及在现实生活中的应用；③计算机系统的工作原理，计算机系统中软件系统和硬件系统的基本组成及其涉及的相关部件内容；④计算机内部采用的数制表示形式，为了解决在实际应用过程中碰到数制不兼容的问题，还介绍了不同数制之间如何实现转换的方法，不同的符号、字母、汉字、图形等在计算机中如何表示和编码；⑤微型计算机相关知识，以及大数据、云计算的概念。

习　　题

一、单选题

1. ________个字节称为一个MB。

A．10K　　B．100K　　C．1024K　　D．10 000K

2. 计算机硬件主要包括__(1)__、__(2)__、__(3)__、__(4)__、__(5)__。通常说的CPU是指__(6)__，它的中文名称是__(7)__，它又与__(8)__组成了计算机主机。运算器主要包含__(9)__，它为计算机提供了算术运算与逻辑运算的功能。

(1) A．硬盘驱动器　　B．运算器　　C．加法器　　D．RAM

(2) A．控制器　　B．ROM　　C．软盘驱动器　　D．主机

(3) A．显示器　　B．磁带机　　C．大规模集成电路　　D．存储器

(4) A．键盘　　B．输入设备　　C．计算机网络　　D．电源

(5) A．打印机　　B．输出设备　　C．辅助存储器　　D．微处理器

(6) A．内存储器和控制器　　B．控制器和运算器

C．内存储器和运算器　　D．内存储器、控制器和运算器

(7) A．中央处理器　　B．外(内)存储器　　C．微机系统　　D．微处理器

(8) A．运算器　　B．外存储器　　C．内存储器　　D．内(外)存储器

(9) A．ALU　　B．ADD　　C．逻辑器　　D．减法器

3. 完整的计算机系统包括__(1)__，计算机软件一般包括__(2)__和__(3)__，操作系统是一种__(4)__，其作用是__(5)__，它是__(6)__的接口。

(1) A．硬件系统和软件系统　　B．主机和外部设备

C．主机和实用程序　　D．运算器、存储器和控制器

(2) A．实用软件　　B．系统软件　　C．培训软件　　D．编辑软件

(3) A．源程序　　B．应用软件　　C．管理软件　　D．科学软件

(4) A．系统软件　　B．应用程序　　C．软件包　　D．通用软件

(5) A．软硬件的接口　　B．进行编码转换

C．把源程序翻译成机器语言程序　　D．控制和管理系统资源的使用

(6) A．软件和硬件　　B．计算机和外设

C．用户和计算机　　D．高级语言和机器语言

4. 计算机系统通电时，应先给__(1)__通电，后给__(2)__通电；关机时，其次序是__(3)__。

(1) A．主机　　B．外部设备　　C．显示器　　D．打印机

(2) A．屏幕　　B．主机　　C．打印机　　D．外部设备

(3) A．和通电相反　　B．和通电一致　　C．任意　　D．先关显示器后关主机

5. 键盘上的【Ctrl】是控制键，它________其他键配合使用。

A．总是与　　B．不需要与　　C．有时与　　D．和Alt一起再与

6. 内存储器可与CPU__(1)__交换信息，内存储器又分为__(2)__和__(3)__；软盘驱动器属于__(4)__，硬盘是一种__(5)__。

(1) A．不　　B．直接　　C．部分　　D．间接

(2) A．RAM　B．软盘　C．光盘　D．随机存储器
(3) A．键盘　B．动态随机存储器　C．ROM　D．光盘
(4) A．主存储器　B．CPU 的一部分　C．外部设备　D．数据通信设备
(5) A．CPU 的一部分　B．廉价的内存　C．外存储器　D．RAM

7．电子计算机主要是以__(1)__划分第几代的，第一台电子计算机是__(2)__年诞生的，在__(3)__。第一代电子计算机是采用__(4)__制造成功的，第二代是采用__(5)__，第三代是采用__(6)__，第四代是采用__(7)__。第一台电子计算机在当时主要用于__(8)__。

(1) A．集成电路　B．电子元件　C．电子管　D．晶件管
(2) A．1940　B．1945　C．1946　D．1950
(3) A．德国　B．美国　C．英国　D．中国
(4～7) A．晶件管　B．电子管　C．大规模集成电路　D．中小规模集成电路
(8) A．国防事业　B．工业控制　C．企业管理　D．自然科学研究

8．计算机存储器可分为________两类。

A．RAM 和 ROM　B．RAM 和 EPROM　C．硬盘和软盘　D．内存储器和外存储器

9．计算机可以直接执行的指令一般包含__(1)__两部分。这种指令构成的程序称为__(2)__，在机器内部以__(3)__编码形式表示。

(1) A．数字和文字　B．操作码和操作对象　C．数字和运算符号　D．源操作数和目的操作数
(2) A．源程序　B．机器语言程序　C．C 语言程序　D．汇编语言程序
(3) A．条形码　B．自然码　C．二进制码　D．区位码

10．ROM 存储器指的是__(1)__，断电后其中的数据__(2)__。

(1) A．光盘存储器　B．磁介质表面存储器　C．随机访问存储器　D．只读存储器
(2) A．丢失　B．自动保存　C．不变化　D．需人工保存

11．通常所说的内存储器是指__(1)__，存在__(2)__上的信息，关机后就消失。

(1) A．硬盘与 RAM　B．RAM　C．ROM　D．RAM 和 ROM
(2) A．ROM　B．RAM　C．硬盘　D．软盘

12．软盘驱动器在寻找数据时________。

A．盘片转动、磁头不动　B．盘片不动、磁头移动
C．盘片转动、磁头移动　D．盘片、磁头都不动

13．计算机内所有的信息都是以__(1)__数码形式表示的，其单位是比特，而衡量计算机存储容量的单位通常是__(2)__，某计算机的内存是 32MB，就是指它的容量为__(3)__字节。

(1) A．八进制　B．十进制　C．二进制　D．十六进制
(2) A．块　B．字节　C．比特　D．字长
(3) A．32×1000　B．32×1000×1000　C．32×1024　D．32×1024×1024

14．将十进制数 173 转换成二进制数是__(1)__，转换成八进制数是__(2)__，转换成十六进制数是__(3)__，把二进制数 01010110 转换成十进制数是__(4)__。

(1) A．10101101　B．10110101　C．10011101　D．10110110
(2) A．255　B．513　C．235　D．266
(3) A．BD　B．B5　C．AD　D．B8
(4) A．82　B．86　C．54　D．102

15．把十进制数 215 转换成二进制数，结果为________。

A．10010110　　B．11011001　　C．11101001　　D．11010111

16．把二进制数 1011 转换成十进制数，结果为________。

A．12　　B．7　　C．8　　D．11

17．ASCII 是________。

A．条件码　　B．二至十进制编码　　C．二进制码　　D．美国信息交换标准代码

18．把二进制数 0.11 转换成十进制数，结果为________。

A．0.75　　B．0.5　　C．0.2　　D．0.25

19．二进制数 1001101.0101 对应的十进制数为__(1)__，对应的八进制数为__(2)__，对应的十六进制数为__(3)__。

(1) A．77.3125　　B．154.3125　　C．154.625　　D．77.625

(2) A．461.24　　B．115.24　　C．461.21　　D．115.21

(3) A．4C.5　　B．4D.5　　C．95.5　　D．9A.5

20．能把高级语言源程序翻译成目标程序的处理程序是________。

A．编辑程序　　B．汇编程序　　C．编译程序

D．解释程序　　E．连接程序

21．把十进制数 125.625 转换成二进制数为__(1)__，转换成八进制数为__(2)__。

(1) A．1111101.101　　B．1011111.101　　C．1001101.01　　D．1111110.110

(2) A．157.50　　B．175.5　　C．107.05　　D．571.05

22．下列一组数中最小的数是________。

A．10010001　　B．157D　　C．1370　　D．10AH

23．计算机能够自动、准确、快速地按照人们的意图进行运行的最基本思想是__(1)__，这个思想是__(2)__提出的。

(1) A．采用超大规模集成电路　　B．采用 CPU 作为中央核心部件

C．采用操作系统　　D．存储程序和程序控制

(2) A．图灵　　B．布尔　　C．冯·诺依曼　　D．帕斯卡

24．二进制 8 位能表示的数用十六进制表示的范围是________。

A．07H～7FFH　　B．00H～0FFH　　C．10H～0FFH　　D．20H～200H

25．在计算机的存储系统中，存放 ASCII 码字符，最少需要使用________位二进制数。

A．8　　B．16　　C．7　　D．1

26．计算机性能指标包括多项，下列项目中________不属于性能指标。

A．主频　　B．字长　　C．运算速度　　D．是否带光驱

27．为实现某一目的而编制的计算机指令序列称为________。

A．字符串　　B．软件　　C．程序　　D．指令系统

28．内存空间地址段为 3001H～7000H，则可以表示________个字节的存储空间。

A．16KB　　B．4KB　　C．4MB　　D．16MB

29．若一台计算机的字长为 4 个字节，这意味着它________。

A．能处理的数值最大为 4 位十进制数 9999

B．能处理的字符串最多由 4 个英文字母组成

C．在 CPU 中作为一个整体加以传送处理的代码为 32 位

D．在 CPU 中运行的结果最大为 2 的 32 次方

30．要使用外存储器中的信息，应先将其调入________。

A．控制器　B．运算器　C．微处理器　D．内存储器

31．一张标有 2HD 的 3.5 英寸软盘，格式化后其容量为________。

A．360KB　B．1.2MB　C．720KB　D．1.44MB

32．一幅 256 色 640×480 中等分辨率的彩色图像，若没有压缩，至少需要________字节来存放该图像文件。

A．76 800K　B．9600K　C．14 400K　D．300K

33．标准 ASCII 码在计算机中的表示方式为(1)，汉字编码在计算机中的表示方式为(2)。

A．一个字节，最高位为“0”　B．一个字节，最高位为“1”

C．两个字节，最高位为“0”　D．两个字节，最高位为“1”

34．在计算机内部用于存储、交换、处理的汉字编码叫做________。

A．国标码　B．机内码　C．区位码　D．字形码

35．24×24 汉字点阵字库中，表示一个汉字字形需要________字节。

A．24　B．48　C．72　D．32

36．实现汉字字形表示的方法，一般可分为________两大类。

A．点阵式与矢量式　B．点阵式与网络式

C．网络式与矢量式　D．矢量式与向量式

37．汉字处理系统中的字库文件用来解决________问题。

A．使用者输入的汉字在机内的存储　B．输入时的键位编码

C．汉字识别　D．输出时转换为显示或打印字模

38．通常所说的“裸机”指的是________。

A．只装备有操作系统的计算机　B．不带输入/输出设备的计算机

C．未装备任何软件的计算机　D．计算机主机暴露在外

39．一个字长为 7 bit 的无符号二进制数能表示的十进制数值范围是________。

A．0～64　B．1～64

C．1～128　D．0～127

40．下列各类计算机程序语言中，不属于高级程序设计语言的是________。

A．Visual Basic　B．Fortran 语言

C．Pascal 语言　D．汇编语言

二、多选题

1．以下属于系统软件的有________。

A．操作系统　B．编译程序　C．Word 程序　D．Basic 源程序

E．汇编程序　F．监控、诊断程序　G．FoxBase 库文件　H．连接程序

2．软件由________两部分组成。

A．数据　B．文档　C．程序　D．工具

3．下列部件中属于输入设备的有________，属于存储器的有________。

A．RAM　B．硬盘　C．ROM　D．键盘

E．软盘　F．显示器　G．绘图仪　H．打印机

I．鼠标器　J．CPU　K．条形码阅读器　L．运算器

4．下列关于打印机的描述中，________是正确的。

A．激光打印机是击打式打印机

B．目前打印质量最好、分辨率最高的打印机是激光打印机

C．针式打印机的打印速度比非击打式打印机快

D．LQ-1600K是激光打印机

E．激光打印机是页式打印机

F．喷墨打印机的噪声比针式打印机小

5．假设需要在内存空间开设1KB存储空间，则其相应的地址段可选用________。

A．100H～4FFH　B．000H～FFFH　C．A00H～DFFH　D．100H～500H

6．下列有关CPU的叙述，正确的有________。

A．CPU是中央处理器的简称　B．CPU可以代替存储器

C．CPU由控制器和运算器组成　D．CPU属于主机部件

E．CPU是微机的核心部件　F．主存储器含在CPU内

7．下列关于计算机硬件组成的说法中，________是正确的。

A．主机和外设

B．运算器、控制器和I/O设备

C．CPU、内存和外设

D．CPU、存储器和I/O设备

E．CPU和I/O设备

F．运算器、控制器和存储器

G．CPU和存储器

H．运算器、控制器、存储器、输入设备和输出设备

8．通常来说，影响汉字输入速度的因素有________。

A．码长　B．重码率　C．是否有词组输入　D．有无提示行

三、填空题

1．计算机系统由________和________两大部分组成。

2．计算机硬件系统由中央处理器、________、输入设备和________组成；其中，中央处理器又由________和________组成。

3．根据冯·诺依曼提出来的设计思想，________作为计算机的工作原理。

4．是整个计算机的指挥中心，用来协调和指挥整个计算机系统的操作的部件是________。

5．运算器主要完成各种________运算和________运算，是对信息加工和处理的部件。

6．存储器按照其工作方式不同可分为________、________和________。

7．外存的存取方式有两种：________和________；________是指按数据存储的顺序进行访问，如磁带；________是指不需要按次序就可直接访问到所需要的数据，如________、光盘等。

8．外存的存取速度比内存要________得多，存储在外存的数据和指令必须调入________，CPU才能对它进行处理。

9．按打印机的打印方式来分，打印机有________、________与________。

10．软件系统可以分为系统软件和________两大类，系统软件是指________、________和维护计算机________的软件。

11．操作系统具有五个方面的功能：________、________、________、文件管理和________。

12．程序设计语言一般分为________、________和________三类。

13．计算机不能直接执行任何一种高级语言编写的程序，必须经过一个相应的语言处理程序将其翻译成________表示的程序，计算机才能执行。

14．在电子计算机中，处理的数据信息包括________信息和________信息两类。

15．对于二、八、十和十六这几种进制数还常用在数的后面加上一个后缀字母的方法来标识该数的进位制，在十进制数末尾加字母________，二进制数末尾加字母________，________的末尾加字母O，________末尾加字母H。

16．在使用计算机进行数据处理时，首先必须把输入的________转换成计算机能接受的________；计算机在运行结束后，在________转换成________输出。

17．与二进制数 11010110.1011 对应的十进制数是________、八进制数是________、十六进制数是________。

18．计算机中存储数据的最小单位是________，最基本单位是________。

19．字是指计算机一次存取、加工、运算和传送的________。一个字通常由一个或若干个________组成。

20．ASCII码由________位二进制数组成，因此定义了________种符号。

21．输入码又称________，指操作人员从键盘上输入的代表________的编码；机内码是计算机内部________、________和________汉字时所用的代码；国标码又称________，它是在不同汉字处理系统间进行汉字转换时所使用的编码，国标码采用________个字节来表示，每个字符都被指定一个双________位的二进制编码；字型码根据字符的输出形状确定的编码，采用________形式表示。

四、简答题

1．从世界上第一台电子计算机诞生到现在，电子计算机的发展已经历了哪几个阶段(或称几代)，微型计算机的发展又经历了哪几个阶段？

2．电子计算机主要有哪些应用领域？

3．计算机的主要性能指标是什么？试举出一种实际的计算机为例加以说明。

4．解释名词：字长、位、字、字节、主频、存储容量、存取周期、地址。

5．在计算机中，字符是怎样表示的，汉字又是怎样表示的？

6．计算机系统包括哪些内容，计算机硬件系统又包括哪些内容？

7．试说明运算器、控制器、存储器的功能。

8．什么是主频，主频的单位是什么？

9．什么是操作系统？

10．什么是系统软件，什么是应用软件，举例说明。

11．用机器语言、汇编语言、高级语言分别编写的源程序如何在机器上运行？

12．保护计算机软件知识产权有什么重要意义？

13．显示器的主要指标是什么？

14．磁盘存储器由哪几部分组成，软盘的存储容量是怎样计算的？

15．电子计算机作为一种计算和处理信息的设备具有哪些特点，微型计算机除具有计算机的一般特点外，又具有哪些特点？

第 2 章　操作系统 Windows 7

Windows 7 操作系统是由微软公司(Microsoft)开发的。Windows 7 可供家庭及商业工作环境、多媒体中心等使用。该系统旨在让人们的日常电脑操作更加简单和快捷，为人们提供高效易行的工作环境。

2.1　Windows 7 基础知识

任务 1　学习 Windows 7 的启动和退出

1. *启动* Windows 7

当计算机安装 Windows 7 操作系统后，打开计算机时就会自动启动 Windows 7 操作系统。计算机启动时，可以看到计算机显示的自检画面(不同的计算机因配置不同，所显示的信息也不同)，然后可以看到一个欢迎界面(即用户登录界面)，单击要登录的用户名称，如果需要密码，输入密码，然后按【Enter】键即可，经过几秒钟之后就会进入 Windows 7 桌面。

2. *退出* Windows 7

用户可以通过关机、睡眠、锁定、重新启动、注销和切换用户退出 Windows 7。

(1) 关机。单击【开始】按钮，弹出“开始”菜单，然后单击按钮中【关机】按钮，系统会自动保存相关信息，并且退出系统，电脑也就关闭了。

(2) 睡眠。单击【开始】按钮，弹出“开始”菜单，然后单击按钮中的按钮，在弹出的“关闭”选项下拉列表中选择“睡眠”选项，如图 2-1 所示。系统会自动保存打开的程序和数据，计算机转入低能耗状态。如果用户将计算机从睡眠状态唤醒，可以恢复到睡眠前的工作状态。

(3) 锁定。当用户需要暂时离开电脑，而且进行的一些操作不便停止，也不希望其他人看到自己的电脑信息时，就可以选择锁定电脑。与上面所说睡眠步骤基本一致，只是在弹出的“关闭”选项下拉列表中选择“锁定”选项。锁定计算机后，计算机进入“用户登录界面”。

图 2-1　选择【睡眠】选项

(4) 重新启动。与上面所说睡眠步骤基本一致，只是在弹出的“关闭”选项下拉列表中选择“重新启动”选项(计算机出现问题时，重新启动是非常有用的)。

(5)注销。与上面所说睡眠步骤基本一致，只是在弹出的“关闭”选项下拉列表中选择“注销”选项。注销会强制关闭运行程序，计算机进入“用户登录界面”。

(6)切换用户。与上面所说睡眠步骤基本一致，只是在弹出的“关闭”选项下拉列表中选择“切换用户”选项，计算机进入“用户登录界面”，此时用户可以选择其他的账户来登录系统。

任务 2 认识 Windows 7 的桌面

登录 Windows 7 操作系统后，展现在用户前的整个屏幕界面就是桌面，它是用户与计算机交流的窗口。桌面包括桌面背景、桌面图标、开始按钮和任务栏，如图 2-2 所示。

图 2-2 Windows 7 桌面

1. 桌面背景

桌面背景是桌面的背景图案，用户可以根据喜好更改桌面背景。

2. 桌面图标

桌面图标是桌面上的小图片，这些图标代表程序、文件和文件夹。双击图标，或者用键盘方向键选择图标并按【Enter】键时，可以打开这些图标。

3. 任务栏

任务栏是桌面底部的水平长条，它由快速启动工具栏、程序按钮区、通知区域和显示桌面按钮组成，如图 2-3 所示。

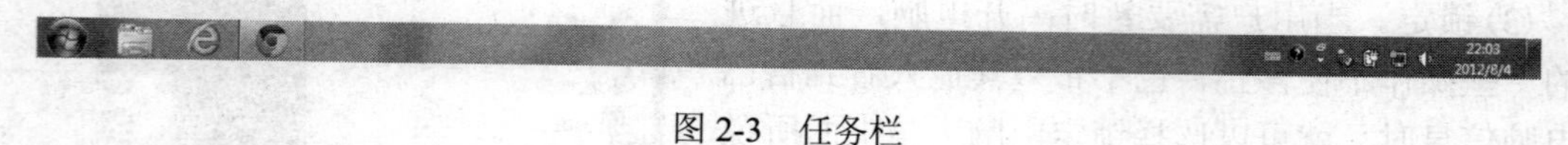

图 2-3 任务栏

(1)快速启动工具栏，单击可以快速启动程序。

(2)程序按钮区，代表打开窗口的最小化按钮，单击这些按钮可以在窗口间切换。

📖知识点提示：

Windows 7 的任务栏还增加了 Aero Peek 窗口预览功能，用鼠标指向已打开文件或程序，可以可到它们的缩略图，单击任一缩略图，可打开相应的窗口。

(3) 通知区域，位于任务栏的右侧，包括时时钟、音量、网络等系统图标。

(4)【显示桌面】按钮，位于任务栏的最右侧，其作用是快速将所有已打开的窗口最小化。如果要恢复已打开的窗口，只要再次单击【显示桌面】按钮。

4. 开始按钮

单击任务栏上的【开始】按钮，或者在键盘上按下【Ctrl+Esc】组合键，可以打开“开始”菜单。菜单列出了“固定程序”列表、“常用程序”列表、“所有程序”列表、“搜索”框、“启动”菜单和【关机】按钮，如图 2-4 所示。

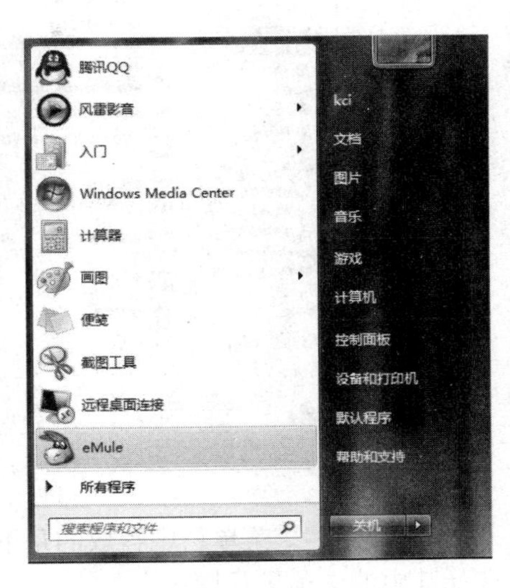

图 2-4　开始菜单

(1)“固定程序”列表位于“开始”菜单的左侧上部，用户通过它可以快速打开其中的程序。默认的固定程序只有两个，分别是“Windows Media Center”和“入门”。用户可以根据自己的需要在固定程序列表中添加常用程序。

(2)“常用程序”列表存放了常用的系统程序，随着对一些程序的频繁使用，该列表会列出最常使用的 10 个应用程序。

(3)“所有程序”列表存放了系统中安装的所有程序。用鼠标单击“所有程序”选项，可以显示“所有程序”子菜单。

(4)“搜索”框可以帮助用户搜索计算机的所有文件程序等。

(5)“启动”菜单位于“开始”菜单的右侧，在“启动”菜单中列出了一些经常使用的 Windows 程序。

(6)【关机】按钮在任务 1 学习 Windows 7 的启动和退出中已经介绍过，本节不再赘述。

任务 3　认识 Windows 7 窗口

用户打开程序(为了完成某项任务的计算机指令)、文件或文件夹都会在一个或多个窗口中显示信息。可以说窗口是 Windows 7 的基本对象，对窗口的操作是最基本的操作。

1. 窗口的组成

在 windows 7 中，虽然各个窗口中的内容各不相同，但大多数窗口都具有相同的基本组成部分。以“计算机”窗口为例，介绍 Windows 7 窗口的组成。

双击桌面计算机图标，弹出“计算机”窗口。可以看到窗口一般由标题栏、地址栏、搜索栏、菜单栏、工具栏、导航窗格、工作区、细节窗格和状态栏九部分组成，如图 2-5 所示。

(1) 标题栏。标题栏上有三个窗口控制按钮，分别为最小化按钮、最大化按钮和关闭按钮。

(2) 地址栏。地址栏用于显示文件和文件夹所在的路径。

(3) 搜索栏。将要查找的文件或文件夹名称输入到搜索栏文本框中，然后按【Enter】键或单击按钮可进行搜索。搜索栏的功能与“开始”菜单中“搜索”框的功能相似，但此处只能搜索当前窗范围内的目标。

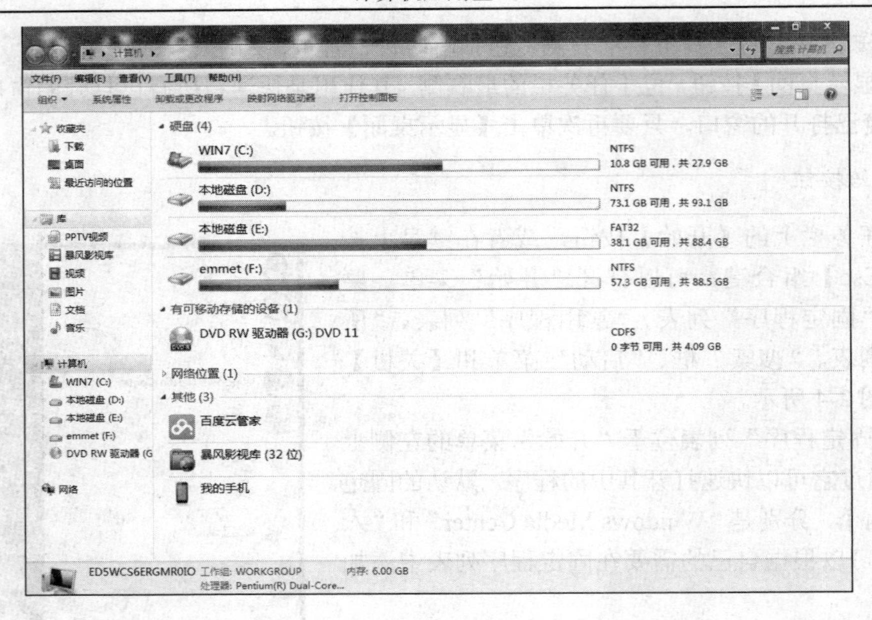

图 2-5　计算机窗口

(4) 菜单栏。菜单栏中存放的是下拉菜单，每个下拉菜单都是命令的集合，用户可以通过选择其中的选项进行操作。

📖知识点提示：

菜单可分为下拉菜单和快捷菜单两种。菜单栏中存放的是下拉菜单；使用鼠标右键单击，弹出的是快捷菜单。

(5) 工具栏。工具栏位于菜单栏的下方，用于存放常用的工具命令按钮，让用户单击就可以使用这些工具。

(6) 导航窗格。导航窗格位于工作区的左边区域，Windows 7 操作系统的导航区包括收藏夹、库、计算机和网络四个部分。单击图标可以打开相应的窗口。

(7) 工作区。工作区位于窗口的右侧，是整个窗口中最大的矩形区域。当窗口中显示的内容太多而无法在一个屏幕内显示出来时，单击窗口右侧垂直滚动条两端的▲和▼按钮，或者拖动滚动条，都可以使窗口中的内容垂直滚动。

(8) 细节窗格。细节窗格位于窗口的下方，用来显示选中对象的详细信息。

(9) 状态栏。状态栏位于窗口的最下方，用来显示窗口信息和被选中对象的状态信息。

2. 窗口的基本操作

窗口操作在 Windows 7 系统中是很重要的，基本的操作包括打开、关闭、缩放等。

1) 打开窗口

用户可以通过以下方法将其打开，这里以打开“计算机”窗口为例。

(1) 利用桌面图标。双击桌面计算机图标，弹出“计算机”窗口，或者在图标上单击鼠标右键，从弹出的快捷菜单中选择“打开”选项，如图 2-6 所示，都可以快速地打开该窗口。

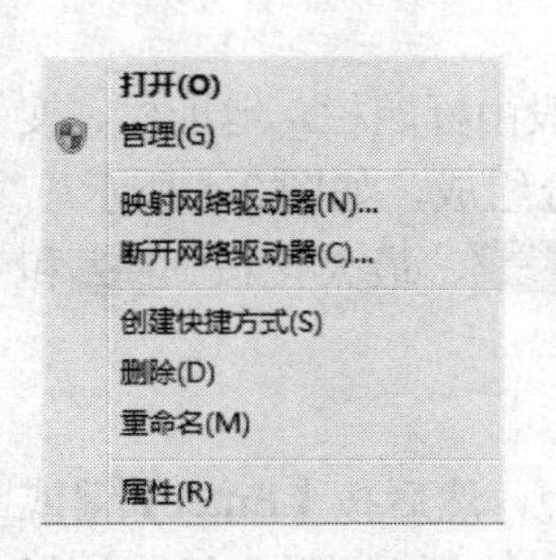

图 2-6　快捷菜单中选择【打开】选项

(2) 利用“开始”菜单。单击【开始】按钮，从弹出的菜单中选择“计算机”选项即可。

2) 关闭窗口

当某个窗口不再使用时，需要将其关闭以节省系统资源。下面以打开的“计算机”窗口为例，用户可以通过以下 6 种方法将其关闭。

(1) 单击窗口右上角的【关闭】按钮即可关闭窗口。

(2) 在窗口的菜单栏上选择“文件”→“关闭”选项。

(3) 在窗口的标题栏上单击鼠标右键，从弹出的快捷菜单中选择“关闭”选项。

(4) 单击窗口标题栏的最左侧，从弹出的菜单中选择“关闭”选项。

(5) 当前要关闭的窗口，按【Alt+F4】组合键可以快速地将窗口关闭。

(6) 在任务栏上选择“计算机”图标，单击鼠标右键，从弹出的列表中选择“关闭窗口”选项。

3) 调整窗口大小

这里以“计算机”窗口为例，介绍调整窗口大小的三种方法。

(1) 利用控制按钮调整窗口。单击窗口右上角最小化按钮，即可将窗口最小化到任务栏上的程序按钮区中；单击任务栏上的程序按钮，即可恢复到原始大小。单击窗口右上角最大化按钮，即可将窗口放大到整个屏幕，此时最大化按钮变成，单击该按钮，可以将窗口恢复到原始大小。

(2) 利用标题栏调整窗口大小。在窗口的标题栏上任意位置双击鼠标，可以最大化窗口或还原窗口的原始大小。

(3) 手动调整窗口。将鼠标移到窗口的右边框上，鼠标指针变成⟺形状，按住鼠标左键不动拖动边框，可以调整窗口宽度；同样，将鼠标移到窗口的下边框上，鼠标指针变成⇕形状，可以调整窗口高度；将鼠标移到窗口的右下角，鼠标指针变成⤡形状，可以同时调整窗口宽度、高度。

4) 移动窗口

当打开多个窗口时，为了便于观看其中某个窗口的内容，用户可以将窗口移动到合适的位置。方法是将鼠标移动到窗口的标题栏上，鼠标指针变成，按住鼠标左键不放，将其拖动到合适的位置释放即可。

5) 切换窗口

在 Windows 7 中可以同时打开多个窗口，但是当前活动窗口只能有一个。因此用户在操作的过程中经常需要在不同的窗口间切换。切换窗口的方法有以下几种。

(1) 按下【Alt+Tab】组合键，弹出窗口缩略图图标方块，按住【Alt】键不放，再按下【Tab】键逐一挑选窗口图标，当方框移动到需要使用的窗口图标时释放，即可打开相应的窗口。

(2) 用【Alt+Esc】组合键，同上述方法类似。

📖知识点提示：

在 Windows 7 中用【Alt+Tab】组合键切换窗口时，会在桌面上显示预览小窗口，桌面也会即时切换显示窗口；用【Alt+Esc】组合键可以直接在各个窗口之间切换，而不会出现窗口图标方块。

(3) 利用【Ctrl】键。如果用户想打开同类程序中的某一个程序窗口，如打开任务栏上的多个 Word 文档程序中的某一个，可以按住【Ctrl】键，同时用鼠标重复单击 Word 程序图标按钮，就会弹出不同的 Word 程序窗口，直到找到想要的程序后停止单击即可。

(4) 利用程序按钮区。每运行一个程序，就会在任务栏上的程序按钮区中出现一个相应的程序图标按钮，单击相应的程序图标按钮，或者将鼠标停留在任务栏中的某个程序图标按钮上，任务栏上方就会显示该程序的所有内容的小预览窗口，单击该预览窗口可快速打开该内容窗口。

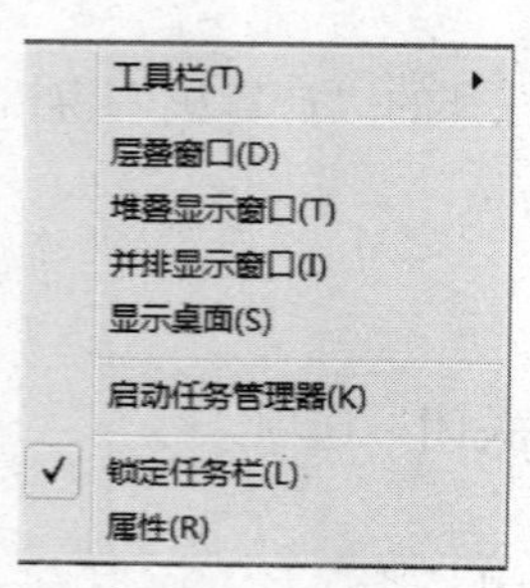

图 2-7　任务栏快捷菜单

6) 排列窗口

在 Windows 7 桌面上打开窗口过多时，会显得杂乱无章，这时用户可以通过设置窗口的显示形式对窗口进行排列。在“任务栏”空白处单击鼠标右键，弹出快捷菜单中包含层叠窗口、堆叠显示窗口和并排显示窗口，如图 2-7 所示，用户可以根据需要选择一种窗口的排列形式，对桌面上的窗口进行排列。

任务 4　认识 Windows 7 的菜单和对话框

在 Windows 7 中，除了窗口之外，还有两个比较重要的组件，那就是菜单和对话框。

1. Windows 7 的菜单

大多数程序都包含有许多使其运行的命令，其中很多命令就存放在菜单中，菜单是由多个命令按类别集合在一起而构成的。Windows 7 中的菜单可以分为两类：一是普通菜单，即下拉菜单；二是右键快捷菜单。

(1) 普通菜单。菜单栏位于窗口顶部，位于标题栏之下。选择菜单栏中的某个菜单即可弹出普通菜单，即下拉菜单，如图 2-8 所示。

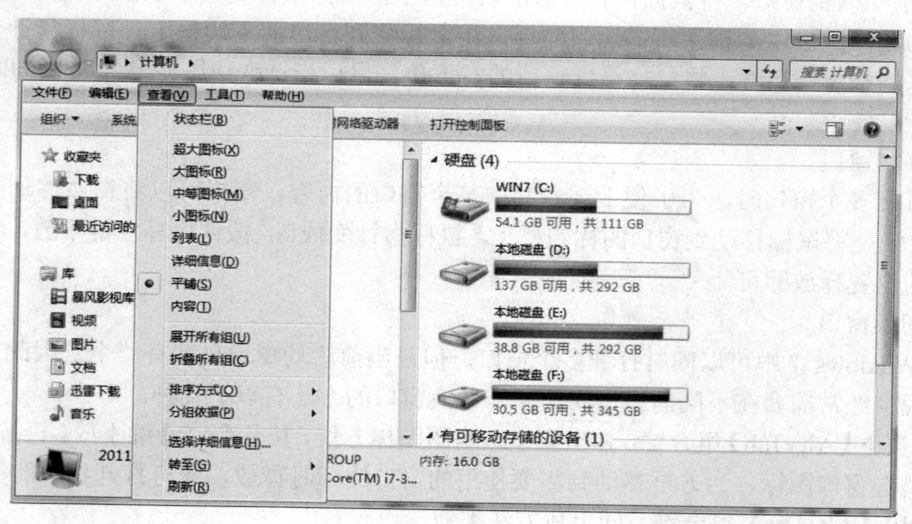

图 2-8　下拉菜单

(2) 右键快捷菜单。在 Windows 7 中，在文件或文件夹、桌面空白处、窗口空白处、任务栏空白处等区域单击鼠标右键，即可弹出一个快捷菜单，其中包含对选中对象的一些操作命令。图 2-9 是桌面快捷菜单，图 2-10 是任务栏快捷菜单。

(3) 菜单的标识符号。图 2-11 是一个下拉菜单，其中 ✓ 和 • 表示该菜单项已选中；… 表示单击此按钮会弹出对话框；▶ 表示单击此按钮会弹出该选项的子菜单。

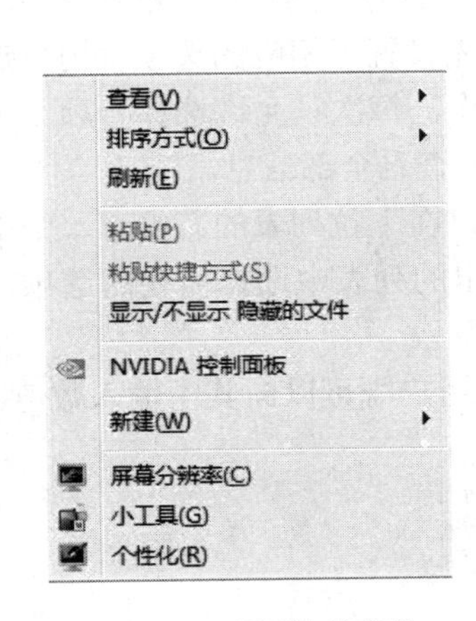

图 2-9　桌面快捷菜单

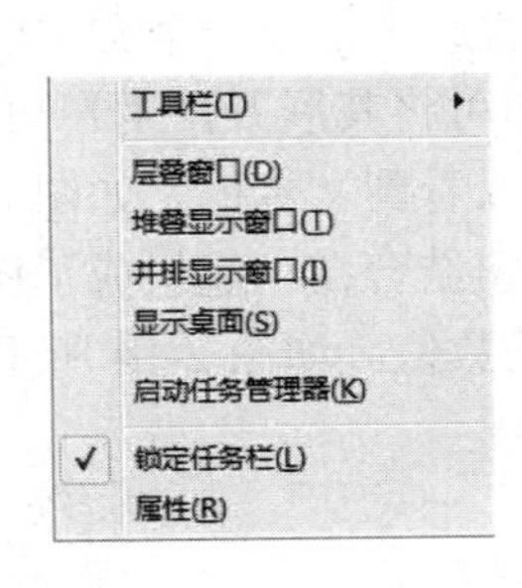

图 2-10　任务栏快捷菜单

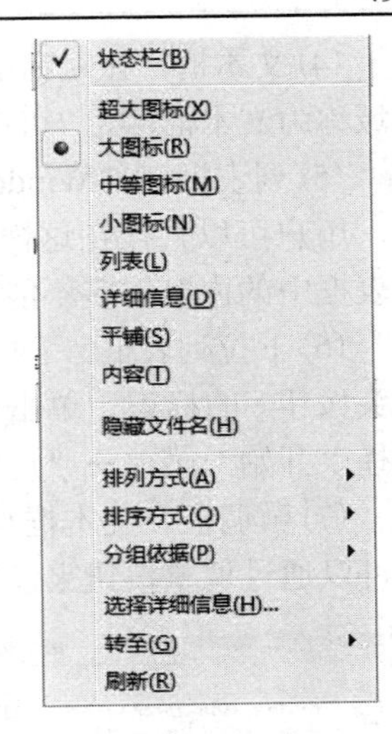

图 2-11　下拉菜单

2. Windows 7 的对话框

当所选择的操作需要作进一步的说明时，系统会自动弹出一个对话框。作为一种特殊的窗口，对话框与普通的 Windows 7 窗口具有相似之处，但是它比一般的窗口更简洁、直观。对话框的大小是不可以改变的，并且用户只有在完成了对话框要求的操作后才能进行下一步的操作。一般来说，对话框由标题栏、选项卡、组合框、文本框、列表框、下拉列表框、微调框、命令按钮、单选钮和复选框 10 部分组成。

(1) 标题栏。标题栏位于对话框的最上方，它的左侧是该对话框的名称，右侧是对话框的关闭按钮。

(2) 选项卡。通常情况下，一个对话框可以由多个选项卡组成，选项卡位于标题栏的下方，每个选项卡中可以有多个选项。用户可以通过在不同选项卡之间切换来查看和设置相应的信息。例如，“文件夹选项”对话框就是由“常规”、“查看”和“搜索”三个选项卡组成的。如果需要切换到其他的选项卡，直接选择相应的选项卡即可。

(3) 组合框。选项卡中包括不同的组合框，用户可以在这些组合框中完成所需的操作。

📖知识点提示：

选择“开始”菜单→“控制面板”，双击“文件夹选项”图标，即可打开“文件夹选项”对话框。或者通过双击“我的电脑”图标，然后选择“工具”→“文件夹选项”，打开“文件夹选项”对话框。图 2-12 是“文件夹选项”对话框。

从“文件夹选项”对话框中很容易认出标题栏、选项卡及组合框。例如，在“常规”选项卡中可以看到“浏览文件夹”组合框，从中可以设置浏览文件夹的方式。

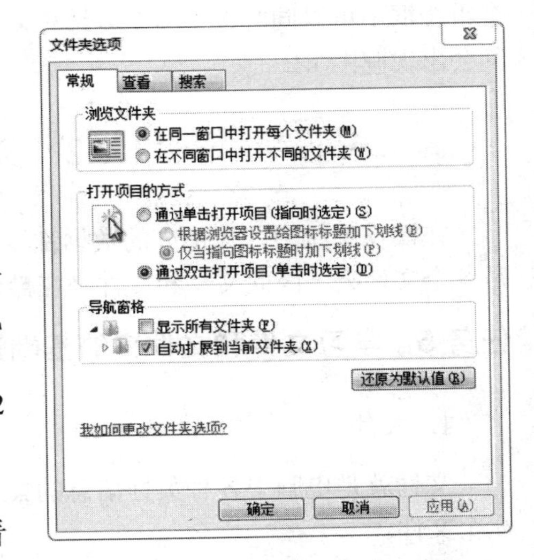

图 2-12　“文件夹选项”对话框

(4) 文本框。在对话框中，要求用户输入一些信息，以作为下一步操作的必要条件的空白区域称为文本框，用户可在文本框中输入新的文本信息，也可对原有信息进行修改或删除操作。

(5) 列表框。在 Windows 7 操作系统中，有些列表框已经事先设置了相应的选项供用户选择，用户可以直接在这样的列表框中选择相应的列表项进行操作，每次只允许选择一项。当列表框中的内容很多不能完全显示时，拖动右侧的垂直滚动条可查看全部信息。

(6) 下拉列表框。下拉列表折叠起来很像一个文本框，只不过在下拉列表的右侧有一个下箭头按钮▾的标识。单击该按钮即可将其展开，用户可以从弹出的列表中选择需要的选项。选择“开始”菜单→“运行”，可以看到文本框。如图 2-13 所示。

(7) 微调框。文本框与调整按钮结合在一起组成了微调框。用户既可以向其中输入数值，也可以通过调整按钮来设置需要的数值。如图 2-14 所示。

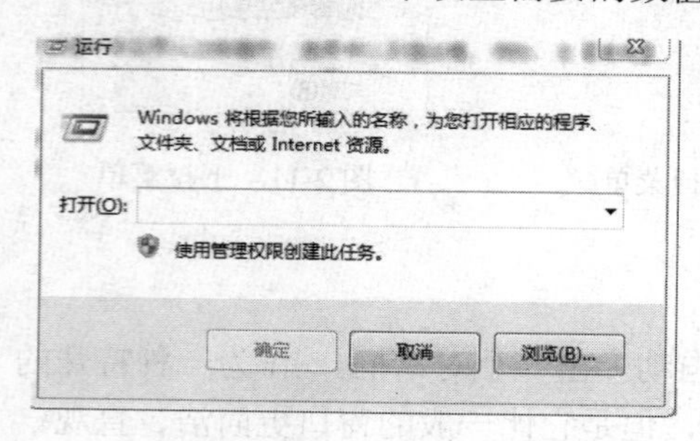

图 2-13 “运行”对话框

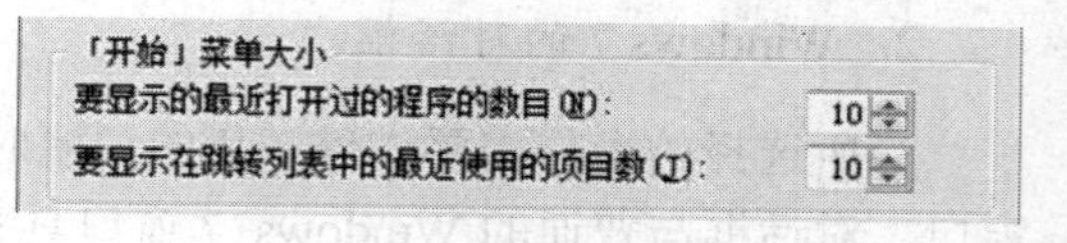

图 2-14 微调框

(8) 命令按钮。命令按钮是对话框中带有文字的突出的矩形区域，常见的命令按钮有 确定 、 应用(A) 、 取消 等。

(9) 单选钮。单选钮就是经常在组合框中出现的一个小圆圈◯。通常在一个组合框中会有多个单选钮，但用户只能选择其中的某一个，通过鼠标单击就可以在选中、非选中状态之间进行切换。被选中的单选钮中间会出现一个实心的小圆点◉。

(10) 复选框。复选框就是在对话框中经常出现的小正方形☐，与单选钮不同的是，在一个组合框中可以同时选中多个复选框，各个复选框的功能是叠加的。当某个复选框被选中时，其会出现☑标识。

2.2 文件和文件夹管理

在操作系统中，大部分的数据都以文件的形式存储在磁盘上，而这些文件的存放场所就是各个文件夹，因此文件和文件夹在操作系统中是至关重要的。

任务 5 学习文件和文件夹的基础知识

1. 文件

文件就是电脑中各种数据信息的集合，像文档、图片、声音及程序等都代表着电脑中的一个文件。

一般来说，用户可以通过文件名来识别这个文件属于哪种类型。每个文件都由文件图标、文件名称及其扩展名组成。文件的名称与其扩展名之间要使用“.”分隔符隔开。

不同类型的文件，它们的扩展名也是不同的。了解一些常见文件的图标及扩展名对熟悉文件的管理和操作都有极大的帮助。

表 2-1 所列的就是一些常见文件类型对应的图标及其扩展名。

表 2-1 常见文件类型对应的图标及其扩展名

文件扩展名	文件类型	文件扩展名	文件类型
.txt	文本文件	.rar	压缩文件
.docx	Word 2007 文件	.exe	可执行文件
.xlsx	Excel 表格文件	.psd	Photoshop 文件
.jpeg	图像压缩文件	.reg	注册表文件
.mp3、.wav/.avi、.mov	音频/视频文件	.tiff	图像文件
.html	网页文件		

文件的种类很多，运行方式各不相同。不同文件的图标也不一样，只有安装了相关的软件才会显示正确的图标。

2. 文件夹

操作系统中用于存放各种文件的容器就是文件夹，在 Windows 7 系统中，文件夹的图标为 。

1) 文件夹的存放原则

文件夹中可以存放程序、文档及快捷方式等各种文件。它一般采用多层次结构(树状结构)，在这种结构中每一个磁盘有一个根文件夹，它包含若干文件和子文件夹。文件夹不仅可以包含文件，而且可以包含子文件夹，依次类推，就可以形成多级文件夹结构，既可以帮助用户将不同类型和功能的文件分类存储，又可以方便查找文件。用户可以使用文件夹分门别类地存放和管理电脑中的文件，如资料、图片、歌曲及电影等文件。使用文件夹的另一大优点就是为文件的共享和保护提供了方便。

在同一文件夹中不能存放相同名称的文件或文件夹。例如，文件夹中不能同时出现两个“1.txt”的文本文件，同样也不能同时出现两个“1”的子文件夹。但是不同的文件夹中可以存放相同名称的文件或文件夹。

2) 文件夹的种类

根据文件夹的性质可以将其分为标准文件夹和特殊文件夹两种。

(1) 标准文件夹。标准文件夹就是平常使用的用于存放文件和文件夹的容器，当打开标准文件夹时，它会以窗口的形式出现在屏幕上；当关闭它时，则会收缩为一个文件夹图标。用户还可以对文件夹中的对象进行移动、复制和删除等操作。

(2) 特殊文件夹。特殊文件夹是 Windows 系统所支持的另一种文件夹格式，它不会与磁盘上的某个目录相对应，特殊文件夹实质上就是应用程序，如“控制面板”、“打印机”、“网络”等。特殊文件夹不能用于存放文件和文件夹，但可以查看和操作其中的内容。

任务 6 认识文件和文件夹的显示

用户可以通过改变文件和文件夹的显示方式来查看文件，以满足实际需要。

1. 设置单个文件和文件夹的显示方式

在 Windows 7 中，文件或文件夹有多种显示方式，通过单击【更改您的视图】按钮可以更改文件或文件夹图标的大小和显示方式。

这里以设置 D 盘下文件夹的显示方式为例，具体的操作步骤如下。

步骤 1：双击桌面计算机图标，弹出“计算机”窗口，双击“本地磁盘(D:)”，在文件夹窗口的工具栏上单击【更改您的视图】按钮 即可在不同的显示方式之间切换，如图 2-15 所示。

图 2-15 工具栏上单击【更改您的视图】按钮

步骤 2：单击【更改您的视图】按钮 右侧的下箭头按钮，在弹出的下拉列表中会列出八个视图选项，分别为“超大图标”、“大图标”、“中等图标”、“小图标”、“列表”、“详细信息”、“平铺”及“内容”，如图 2-16 所示。

步骤 3：按住鼠标左键拖动列表中的小滑块，同样可以使视图根据滑块所在的选项进行切换。例如，要将文件夹以平铺窗口显示，就可以将滑块定位在“平铺”选项处。释放鼠标左键，文件和文件夹即以平铺窗口来显示。

2. 设置所有文件和文件夹的显示方式

若要将所有文件和文件夹的显示方式都设置成用户喜欢的样式，如“平铺”，需要在“文件夹选项”对话框中进行设置，具体的操作步骤如下。

步骤 1：在“本地磁盘(D:)”文件夹窗口的工具栏上单击 组织 ▾ 按钮，从弹出的下拉列表中选择“文件夹和搜索选项”选项。

步骤 2：弹出“文件夹选项”对话框，切换到“查看”选项卡，如图 2-17 所示。

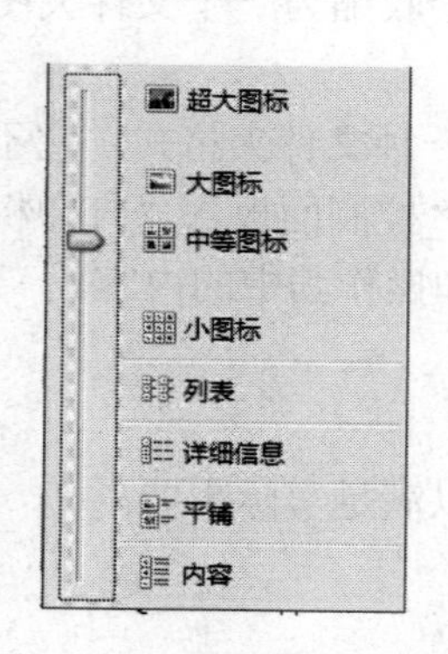

图 2-16 八个视图选项

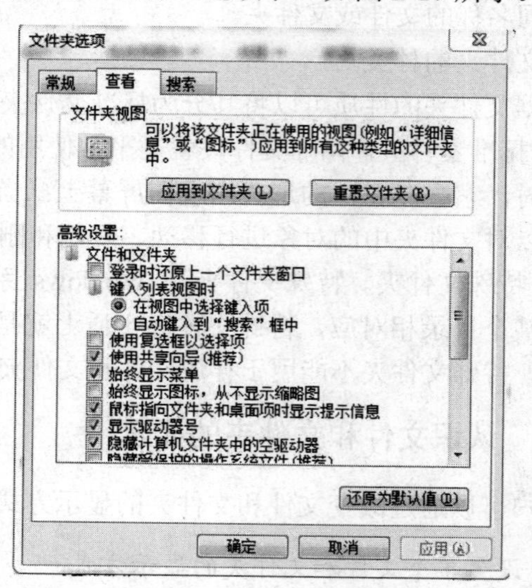

图 2-17 “文件夹选项”对话框

步骤 3：单击“文件夹视图”组合框中的 应用到文件夹(L) 按钮，即可将“本地磁盘(D:)”

文件夹窗口的视图显示方式应用到所有的这种类型的文件夹中，然后单击【确定】按钮弹出“文件夹视图”对话框，如图 2-18 所示。

步骤 4：单击【是】按钮，返回“文件夹选项”对话框，然后单击【确定】按钮即可完成设置。

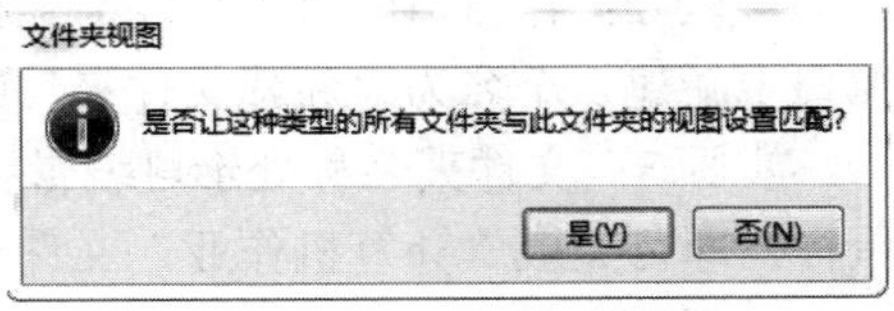

文件夹视图
是否让这种类型的所有文件夹与此文件夹的视图设置匹配?
是(Y)　否(N)

图 2-18　“文件夹视图”对话框

任务 7　学习文件和文件夹的基本操作

熟悉文件和文件夹的基本操作，对管理计算机中的程序和数据是非常重要的。基本操作包括文件和文件夹的新建，创建文件快捷方式，复制、删除、查找和压缩文件等。

1. 新建文件和文件夹

当用户需要存储一些信息或将信息分类存放时，就需要新建文件或文件夹。

1) 新建文件夹

文件夹的新建方法有两种：一种是通过右键快捷菜单新建文件夹；另一种是通过窗口工具栏上的命令按钮新建文件夹。

第一，通过右键快捷菜单新建文件夹。例如，新建一个名为“我的作业”的文件夹，具体操作步骤如下。

步骤 1：打开要创建文件夹的驱动器窗口或是文件夹窗口，这里选择“计算机”→“本地磁盘 (E：)”选项，弹出“本地磁盘 (E:)”窗口。

步骤 2：在窗口的空白处单击鼠标右键，从弹出的快捷菜单中选择“新建”→“文件夹”选项，如图 2-19 所示。 到此时就会在窗口中新建一个名为“新建文件夹”的文件夹，如图 2-20 所示。

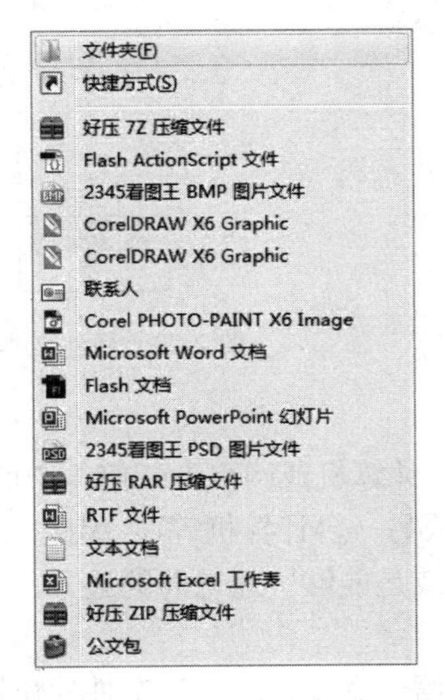

图 2-19　快捷菜单中选择“文件夹”选项

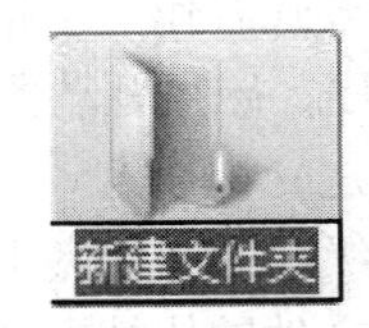

图 2-20　新建文件夹

步骤 3：在文件夹名称处于可编辑状态时直接输入“我的作业”，然后在窗口的空白区域单击鼠标，即可完成“我的作业”文件夹的创建。

第二，通过窗口工具栏上的命令按钮。例如，在“我的作业”文件夹中新建一个名为“计算机作业”的文件夹，具体操作步骤如下。

步骤 1：在“本地磁盘 (E：)”窗口中双击“我的作业”文件夹，弹出“我的作业”窗口。

步骤 2：在窗口的“工具栏”上列出了几个命令按钮，单击 新建文件夹 按钮，随即就会在窗口中新建一个名为“新建文件夹”的文件夹。

步骤 3：文件夹名称处于可编辑状态时输入“计算机作业”，然后在窗口的空白区域单击鼠标，即可完成“计算机作业”文件夹的创建。

2) 新建文件

新建文件的方法有两种：一种是通过右键快捷菜单新建文件；另一种是在应用程序中新建文件。

这里主要介绍通过右键快捷菜单新建文件。这里以新建一个扩展名为“.txt”的文本文件为例，介绍具体的操作步骤。

步骤 1：打开“计算机作业”文件夹，用来存放新建的文件。

步骤 2：在“计算机作业”窗口的空白处单击鼠标右键，从弹出的快捷菜单中选择“新建”→“文本文档”选项，如图 2-21 所示。此时就会在“计算机作业”窗口中新建一个名为“新建文本文档”的文本文件，如图 2-22 所示。

步骤 3：文件夹名称处于可编辑状态时输入“第一章作业”，然后在窗口的空白区域单击鼠标，即可完成“第一章作业”文件的创建。

图 2-21　快捷菜单中选择“文本文档”选项

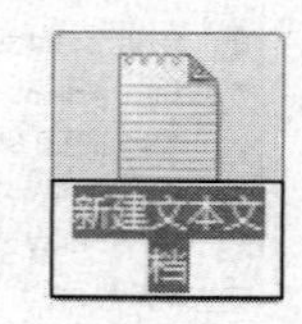

图 2-22　新建文本文档

2. 创建文件和文件夹的快捷方式

可以将快捷方式看作一个指针，用来指向用户计算机或网络上任何一个可链接的程序(文件、文件夹、程序、磁盘驱动器、网页、打印机或另一台计算机等)。因此，用户可以为常用的文件和文件夹建立快捷方式，将它们放在桌面或是能够快速访问的地方，便于日常操作，从而免去进入一级级的文件夹中寻找的麻烦。

第一，创建文件的快捷方式。这里以创建“第一章作业．txt”文件的快捷方式为例，介绍具体的操作步骤。

步骤 1：选择“计算机”→“本地磁盘(E:)”→“我的作业”→“计算机作业”选项，在弹出的窗口中的“第一章作业．txt”文件上单击鼠标右键，从弹出的快捷菜单中选择“创建快捷方式”选项，如图 2-23 所示。

步骤 2：此时就会在窗口中创建一个名为“第一章作业．txt”的快捷方式，如图 2-24 所示。双击该快捷方式同样可以打开“第一章作业．txt”文件。

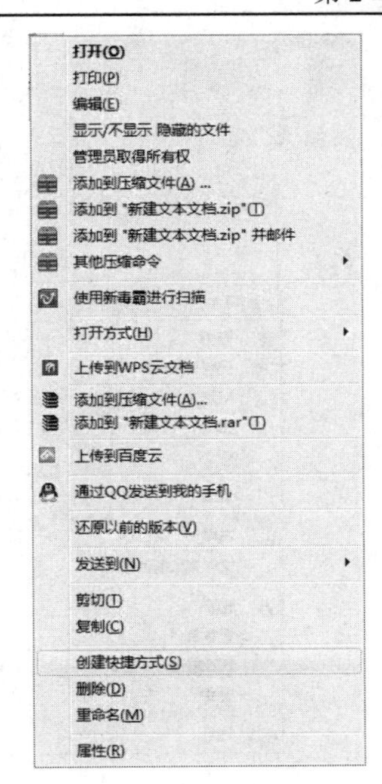

图 2-23　快捷菜单中选择“创建快捷方式”选项

图 2-24　“第一章作业”的快捷方式

第二，创建文件夹的快捷方式。创建文件夹的快捷方式和创建文件的快捷方式相同，这里不再赘述。

3. 重命名文件和文件夹

对新建的文件和文件夹，系统默认的名称是“新建……”，用户可以根据需要对其重新命名，以方便查找和管理。

(1) 通过右键快捷菜单。选择需要改名的文件或文件夹，然后在其上单击鼠标右键，从弹出的快捷菜单中选择“重命名”菜单项，如图 2-25 所示。此时所选文件或文件夹的名称处于可编辑状态，直接输入新文件或文件夹的名称，然后在窗口的空白区域单击鼠标左键即可。

(2) 通过鼠标单击。选择需要改名的文件或文件夹，然后再单击所选文件或文件夹的文件名即可使其文件名处于可编辑状态。

(3) 通过“组织”下拉列表。选择需要改名的文件或文件夹，然后单击工具栏上的 组织▾ 按钮，从弹出的下拉列表中选择“重命名”，如图 2-26 所示。

4. 复制或移动文件和文件夹

在日常操作中，经常需要对一些重要的文件或文件夹备份，即在不删除原文件或文件夹的情况下，创建与原文件或文件夹相同的副本，这就是文件或文件夹的复制。而移动文件或文件夹则是将文件或文件夹从一个位置移动到另一个位置，原文件或文件夹则被删除。

1) 复制文件或文件夹

复制文件或文件夹的方法有以下四种。

(1) 通过右键快捷菜单。①这里以复制“我的作业”文件夹为例，选中“我的作业”文件夹，单击鼠标右键，从弹出的快捷菜单中选择“复制”选项。②打开要存放副本的磁盘或文件夹，单击鼠标右键，从弹出的快捷菜单中选择“粘贴”选项，即可将“我的作业”文件夹复制到此文件夹中。

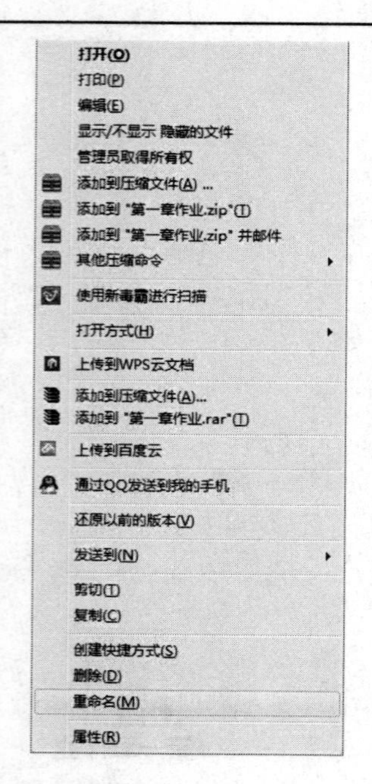

图 2-25　快捷菜单中选择“重命名”选项

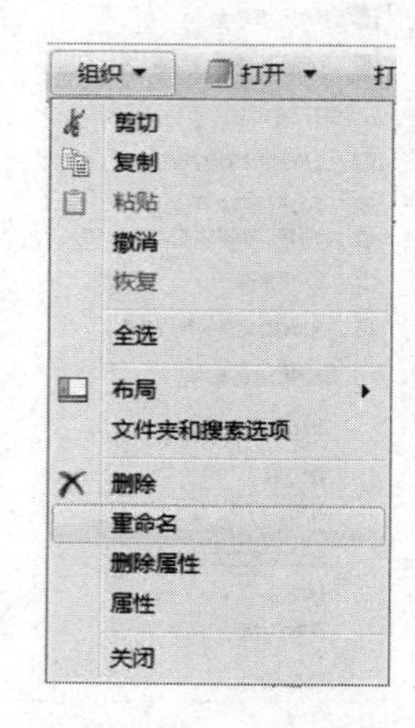

图 2-26　组织▾下拉列表中选择“重命名”

(2)通过“工具栏”上的组织▾下拉列表。选中要复制的文件或文件夹，单击“工具栏”上的组织▾按钮，在下拉列表中选择“复制”选项。打开要存放副本的磁盘或文件夹，单击组织▾按钮，从弹出的下拉列表中选择“粘贴”选项，即可将复制的文件粘贴到打开的分区或文件夹窗口中。

(3)通过鼠标拖动。这里以“第一章作业”文件为例。选中“第一章作业”文件，按下【Ctrl】键的同时，按住鼠标不放，将其拖到目标位置文件夹“我的作业备份”中。释放鼠标和【Ctrl】键，即可将“第一章作业”文件复制到“我的作业备份”文件夹中。

(4)通过组合键。按下【Ctrl+C】组合键可以复制文件，按下【Ctrl+V】组合键可以粘贴文件。

2)移动文件或文件夹

移动文件或文件夹可以通过以下四种方法实现。

(1)通过右键快捷菜单中的“剪切”和“粘贴”选项。选中文件，在其上单击鼠标右键，从弹出的快捷菜单中选择“剪切”选项。到打开存放该文件或文件夹的目标位置，然后单击鼠标右键，从弹出的快捷菜单中选择“粘贴”选项，即可实现文件或文件夹的移动。

(2)通过“工具栏”上的组织▾下拉列表。选中要移动的文件或文件夹，单击“工具栏”上的组织▾按钮，在下拉列表中选择“剪切”选项。打开要存放副本的磁盘或文件夹，单击组织▾按钮，从弹出的下拉列表中选择“粘贴”选项，即可实现文件或文件夹的移动。

(3)通过鼠标拖动。选中要移动的文件或文件夹，按住鼠标不放，将其拖动到目标文件夹中，然后释放即可实现移动操作。

(4)通过组合键。选中要移动的文件或文件夹，按下【Ctrl+X】组合键，然后打开要存放该文件或文件夹的目标位置，接着在该目标位置处按下【Ctrl+V】组合键，即可完成对文件或文件夹的移动。

5. 搜索文件和文件夹

电脑中存放的东西很多，如果存放的位置记得不是很清楚，找起来就非常困难。不过通过 Windows 7 系统自带的搜索功能，就可以很轻松地找到需要的文件或文件夹。

1) 通过“开始”菜单中的“搜索”框

用户可以通过“开始”菜单中的“搜索”框来查找存储在电脑中的文件、文件夹、程序和电子邮件等。

单击【开始】按钮，在弹出的“开始”菜单中的“搜索”文本框中输入想要查找的内容，例如，想要查找最近访问过的叫“计算机作业”的文件，即可在“搜索”文本框中输入“计算机作业”，如图 2-27 所示。此时在“开始”菜单上方将显示出所有符合条件的信息。

2) 使用窗口中的“搜索”框

如果用户知道所要查找的文件或文件夹位于某个特定的文件夹或库中，就可以使用窗口中的管理文件和文件夹“搜索”文本框进行搜索。“搜索”文本框位于每个磁盘分区或文件夹窗口的顶部，如图 2-28 所示，它将根据输入的内容搜索当前的窗口。

图 2-27 “搜索”文本框中输入“计算机作业”

图 2-28 窗口中的“搜索”文本框

6. 删除或恢复文件和文件夹

为了节省磁盘空间，可以将一些没有用处的文件或文件夹删除。有时删除后发现有些文件或文件夹还要再用，这时就要对其进行恢复操作。

1) 删除文件或文件夹

文件或文件夹的删除可以分为暂时删除(暂存到回收站里)和彻底删除(回收站不存储)两种。

第一，暂时删除文件或文件夹，可以通过以下四种方法删除文件或文件夹，将其放至回收站中。

(1) 通过右键快捷菜单。在需要删除的文件或文件夹上单击鼠标右键，从弹出的快捷菜单中选择“删除”选项，此时会弹出“删除文件”对话框，询问“确实要把此文件放入回收站吗?”，单击【是】按钮，如图 2-29 所示，即可将选中的文件或文件夹放入回收站中。

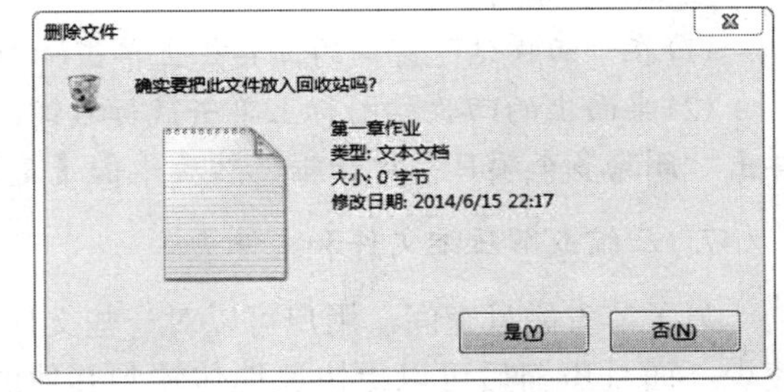

图 2-29 “删除文件”对话框

(2) 通过“工具栏”上的 组织▾ 下拉列表。选中要删除的文件或文件夹，单击“工具栏”上的 组织▾ 按钮，从弹出的下拉列表中选择“删除”选项，同样在弹出“删除文件”对话框中单击【是】按钮，即可将选中的文件或文件夹放入回收站中。

(3) 通过【Delete】键。选中要删除的文件或文件夹，然后按下【Delete】键，同样在弹出“删除文件”对话框中单击【是】按钮，即可将选中的文件或文件夹放入回收站中。

(4) 通过鼠标拖动。选中要删除的文件或文件夹，按住鼠标不放将其拖到桌面上的回收站(回收站)图标上，然后释放即可。

第二，彻底删除文件或文件夹。一旦文件或文件夹被彻底删除，就不能再恢复了，此时在回收站中将不再存放。可以通过下面四种方法彻底删除文件或文件夹。

(1)【Shift】键+右键菜单。选中要删除的文件或文件夹，按住【Shift】键的同时在该文件或文件夹上单击鼠标右键，从弹出的快捷菜单中选择“删除”选项，此时会弹出“删除文件夹”对话框，询问“确实要永久性地删除此文件夹吗?”，单击【是】按钮，即可将选中的文件或文件夹彻底删除。

(2)【Shift】键+ 组织 下拉列表。选中要删除的文件或文件夹，按住【Shift】键的同时单击“工具栏”上的 组织 按钮，从弹出的下拉列表中选择“删除”选项，在弹出的对话框中单击【是】按钮，即可将选中的文件或文件夹彻底删除。

(3)【Shift+Delete】组合键。选中要删除的文件或文件夹，然后按【Shift+Delete】组合键，在弹出的对话框中单击【是】按钮即可。

(4)【Shift 键】+鼠标拖动。按住【Shift】键的同时，按住鼠标将要删除的文件或文件夹拖到桌面上的回收站图标上，也可以将其彻底删除。

2) 恢复文件或文件夹

用户将一些文件或文件夹删除后，若发现又需要用到该文件，只要没有将其彻底删除，就可以从回收站中将其恢复。具体操作步骤如下。

步骤1：双击桌面上的回收站图标，弹出“回收站”窗口，窗口中列出了被删除的所有文件或文件夹。

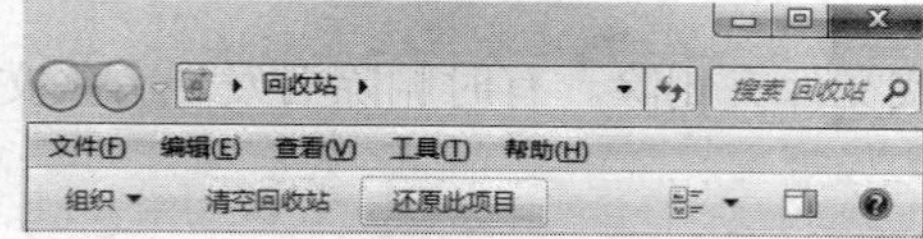

图 2-30　单击“工具栏”上的 还原此项目 按钮

步骤2：选中要恢复的文件或文件夹，然后单击鼠标右键，从弹出的快捷菜单中选择“还原”选项，或者单击“工具栏”上的 还原此项目 按钮，如图 2-30 所示。

步骤3：此时被还原的文件就会重新回到原来被存放的位置。

在“回收站”窗口的工具栏上单击 还原所有项目 按钮，可以将回收站中的所有项目还原至原位置。

📖知识点提示:

(1) 在“回收站”窗口的工具栏上单击 清空回收站 按钮，可以彻底删除回收站中的所有项目。

(2) 桌面上的回收站图标上单击鼠标右键，从弹出的快捷菜单中选择“清空回收站”选项，弹出“删除多个项目”对话框，然后单击【是】按钮，也可以将所有的项目彻底删除。

7. 压缩或解压缩文件和文件夹

为了节省磁盘空间，用户可以对一些文件或文件夹进行压缩，压缩文件占据的存储空间较少，而且压缩后可以更快速地传输到其他的计算机上，以实现不同用户之间的共享。在 Windows 7 操作系统中置入了压缩文件程序，因此用户无须安装第三方的压缩软件(如 WinRAR 等)，就可以对文件进行压缩和解压缩。

1) 压缩文件或文件夹

利用 Windows 7 自带的压缩程序对文件或文件夹进行压缩后，会自动生成压缩文件夹，其打开和使用的方法与普通文件夹相同。

利用系统自带的压缩程序创建压缩文件夹的具体步骤如下。

步骤 1：选择要压缩的文件或文件夹，在该文件夹上单击鼠标右键，从弹出的快捷菜单中，选择“发送到”→“压缩(zipped)文件夹”选项。

步骤 2：弹出“正在压缩…”对话框，蓝色进度条显示压缩的进度。压缩完毕后对话框自动关闭，此时窗口中出现压缩好的压缩文件夹。

2) 解压缩文件或文件夹

解压缩文件或文件夹就是从压缩文件夹中提取文件或文件夹，具体操作步骤如下。

步骤 1：在压缩文件夹上单击鼠标右键，从弹出的快捷菜单中选择“全部提取”选项。

步骤 2：弹出“提取压缩(zipped)文件夹”对话框，单击文本框右侧【浏览】按钮，从弹出的“选择一个目标”对话框中选择“桌面”选项，然后单击【确定】按钮。

步骤 3：返回“提取压缩(zipped)文件夹”对话框。如果选中“完成时显示提取的文件”复选框，则在提取完文件后可以查看所提取的内容。

步骤 4：单击【提取】按钮，弹出正在复制项目提示对话框。文件提取完毕会自动弹出存放提取文件的窗口。

📖知识点提示：

若将加密文件添加到压缩文件夹中，提取之后这些文件将变为未加密状态，这可能会导致无意中泄露用户的个人信息或敏感信息，因此用户应避免压缩加密文件。

8. 隐藏文件和文件夹

有一些重要的文件或文件夹，为了避免让其他人看见，可以将其设置为隐藏属性，这样其他人在使用计算机时就不会看见这些内容。当用户想要查看这些文件或文件夹时，只要设置相应的文件选项即可。

1) 隐藏文件和文件夹

用户如果想隐藏文件和文件夹，首先要将想要隐藏的文件或文件夹设置为隐藏属性，然后再对文件夹选项进行相应的设置。

隐藏文件和文件夹的具体步骤如下。

步骤 1：在需要隐藏的文件或文件夹上单击鼠标右键，从弹出的快捷菜单中选择“属性”选项，如图 2-31 所示。

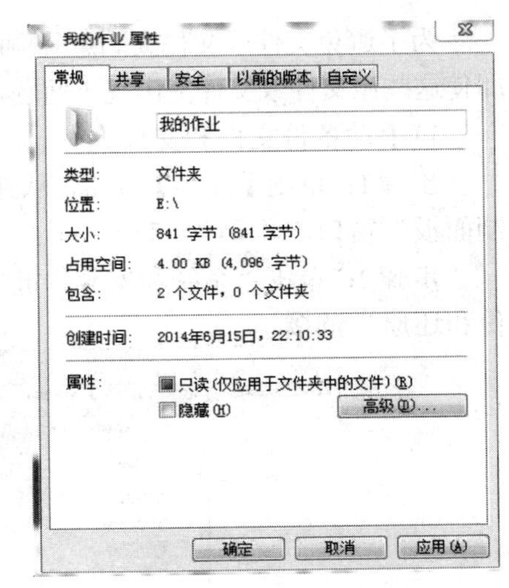

图 2-31 【属性】对话框

步骤 2：弹出“属性”对话框，选中“隐藏”复选框，单击【确定】按钮。在弹出的“确认属性更改”对话框中选中“将更改应用于此文件夹、子文件夹和文件”单选钮，然后单击【确定】按钮，如图 2-32 所示，即可完成对所选文件夹的隐藏属性设置。

如果在文件夹选项中设置了显示隐藏文件，那么隐藏的文件将会以半透明状态显示。此时还是可以看到文件夹的，不能起到保护的作用，所以要在文件夹选项中设置不显示隐藏的文件。

步骤 3：在文件夹窗口中单击“工具栏”上的 组织▾ 按钮，从弹出的下拉列表中选择“文件夹和搜索选项”选项，弹出“文件夹选项”对话框，切换到“查看”选项卡，然后在“高级设置”列表框中选中【不显示隐藏的文件、文件夹或驱动器】单选钮，如图 2-33 所示，单击【确定】按钮，即可隐藏所有设置为隐藏属性的文件、文件夹及驱动器。

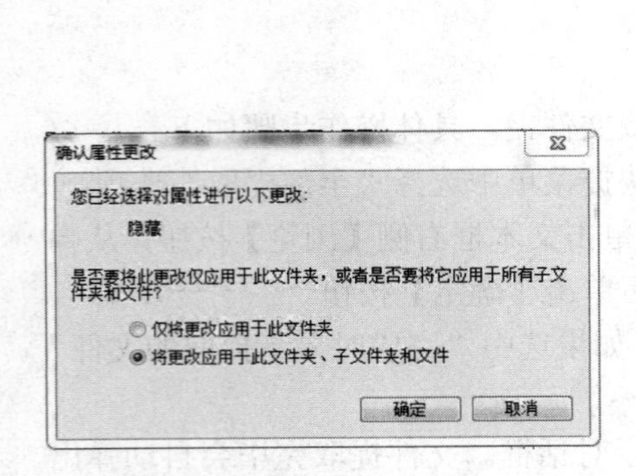

图 2-32 “确认属性更改”对话框

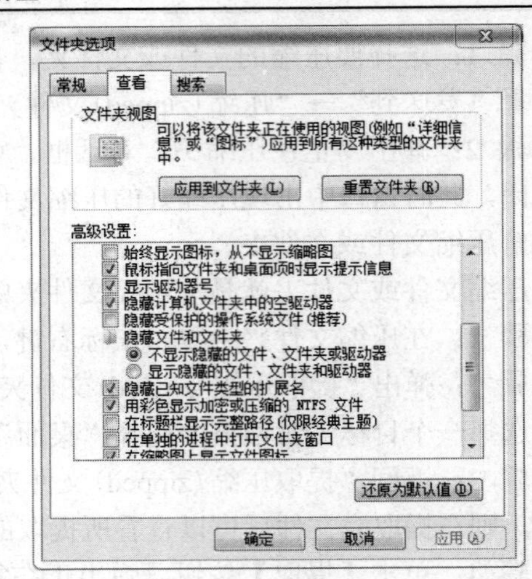

图 2-33　选中【不显示隐藏的文件、文件夹或驱动器】单选钮

2) 显示隐藏的文件和文件夹

显示隐藏的文件和文件夹的具体步骤如下。

步骤1：打开“文件夹选项”对话框，切换到“查看”选项卡，在“高级设置”列表框中取消选中“隐藏受保护的操作系统文件(推荐)”复选框(会弹出“警告”对话框，单击【是】按钮)，并选中【显示隐藏的文件、文件夹和驱动器】单选钮。

步骤2：设置完毕依次单击【应用】和【确定】按钮，即可显示隐藏的文件和文件夹。

9. 备份和还原文件和文件夹

为了避免文件或文件夹因意外删除而丢失，可以对一些重要的文件或文件夹进行备份，这样即使这些原文件或文件夹出现了问题，用户也可以通过还原备份的文件或文件夹来弥补损失。

1) 手动备份文件和文件夹

步骤1：单击【开始】按钮，从弹出的“开始”菜单中选择“控制面板”菜单项，弹出“控制面板”窗口。

步骤2：单击“系统和安全”链接，弹出“系统和安全”窗口，如图 2-34 所示，单击“备份和还原”链接。

图 2-34 “系统和安全”窗口

步骤 3：弹出“备份和还原”窗口，若用户之前从未创建过 Windows 7 备份，窗口中会显示“尚未设置 Windows 备份”的提示信息，单击“设置备份”链接。

步骤 4：弹出“设置备份”对话框，如图 2-35 所示，开始启动 Windows 备份。稍后弹出“选择要保存备份的位置”页面，在“保存备份的位置”列表框中列出了系统的内部磁盘驱动器，其中显示了每个磁盘驱动器的“总大小”和“可用空间”，如图 2-36 所示。

图 2-35 “设置备份”对话框

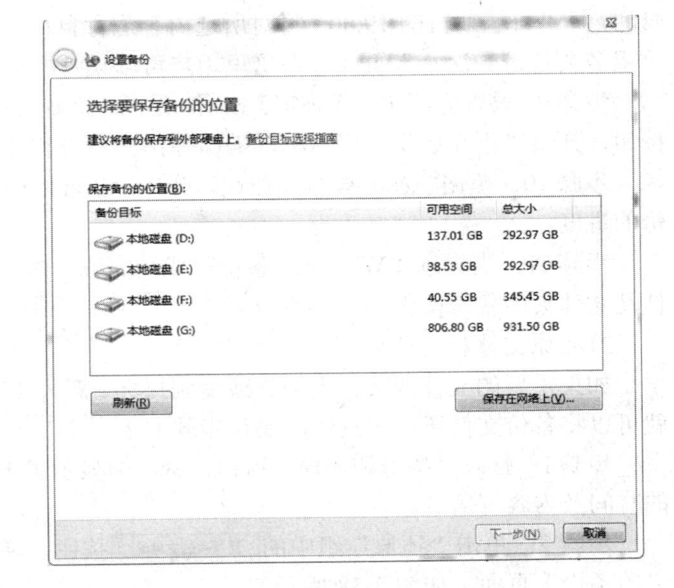

图 2-36 “选择要保存备份的位置”页面

步骤 5：从中选择一个要保存备份的磁盘驱动器，也可以单击 保存在网络上(V)... 按钮，将备份保存到网络上。设置完毕单击 下一步(N) 按钮，弹出“您希望备份哪些内容？”页面，如图 2-37 所示。

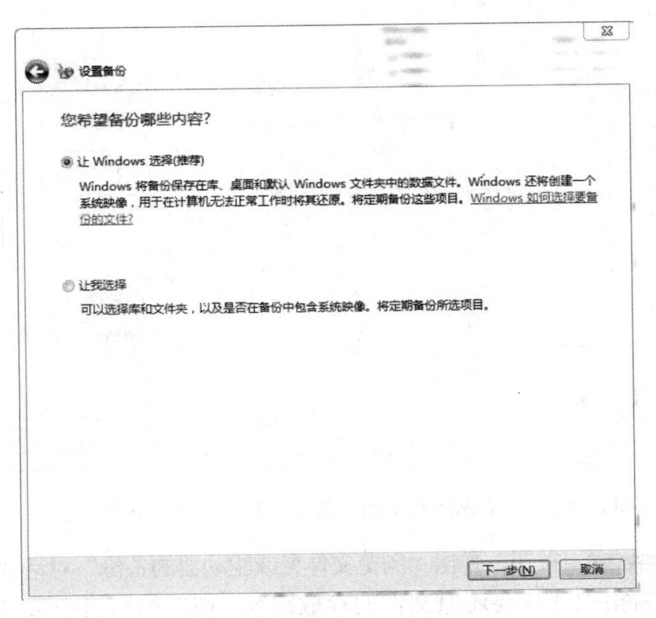

图 2-37 “您希望备份哪些内容？”页面

步骤6：选中【让我选择】单选钮，然后单击 下一步(N) 按钮，弹出“您希望备份哪些内容？”页面。

步骤7：在列表框中选中要备份的文件或文件夹对应的复选框，然后单击 下一步(N) 按钮，弹出“查看备份设置”页面。

步骤8：在“备份摘要”组合框中显示了备份的内容，在列表框的下方显示了自动备份的时间，即“每星期日的 19:00”将对所选内容进行自动备份。单击“更改计划”链接，弹出“您希望多久备份一次？”页面，在这里用户可以设置更新备份的频率和具体的时间点。

步骤9：设置完毕单击【确定】按钮，返回“查看备份设置”对话框，单击 保存设置并运行备份(S) 按钮，弹出“正在备份”提示框，随即弹出“备份和还原”窗口，显示正在进行备份。

步骤 10：单击 查看详细信息(I) 按钮，弹出“Windows 备份当前正在进行”提示框，显示备份的进度。

步骤 11：当提示“Windows 备份已成功完成”时，单击【关闭】按钮即可完成对所选文件及文件夹的备份操作。

2) 还原文件和文件夹

如果重要的文件或文件夹丢失或受到损坏、意外更改后，恰好用户之前对其进行过备份，就可以将备份文件还原。具体的操作步骤如下。

步骤 1：打开“备份和还原”窗口，窗口中显示了下一次要进行备份的时间、上一次备份的时间及内容等信息。

步骤 2：单击“还原”组中的 还原我的文件(R) 按钮，弹出“浏览或搜索要还原的文件和文件夹的备份”页面，如图 2-38 所示。

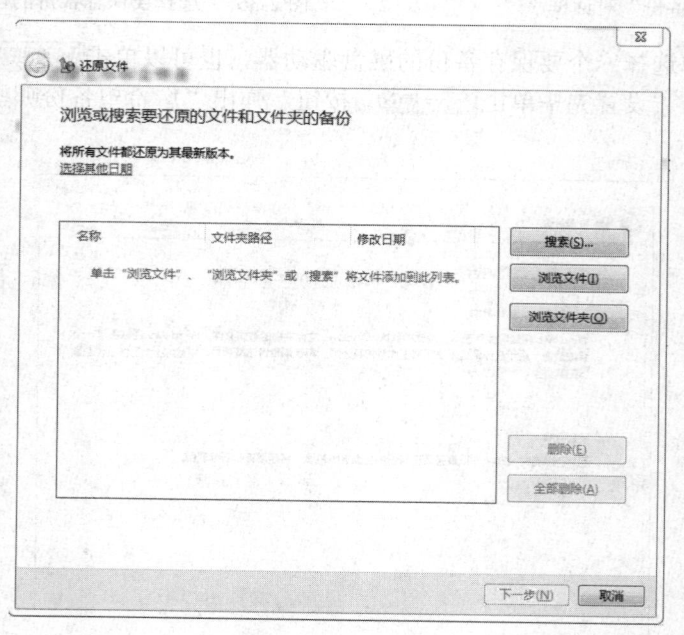

图 2-38　“浏览或搜索要还原的文件和文件夹的备份”页面

步骤3：单击 浏览文件夹(O) 按钮，弹出“浏览文件夹或驱动器的备份”对话框，如图 2-39 所示。

步骤4：在左侧窗格中选择要还原文件的存放路径，在右侧窗格中选择要还原的文件或文件夹，然后单击 添加文件夹(O) 按钮，返回“还原文件”对话框。

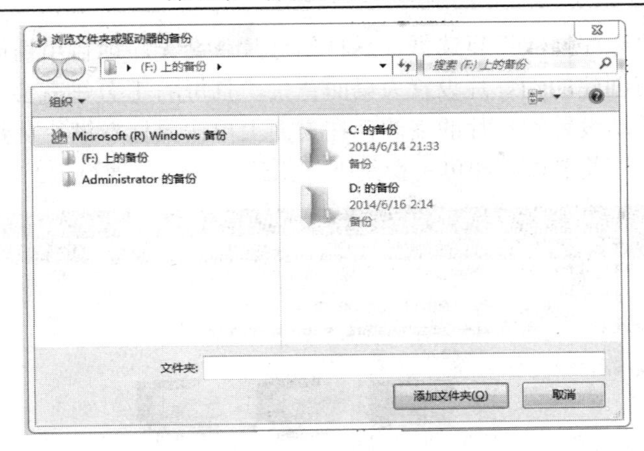

图 2-39 “浏览文件夹或驱动器的备份”对话框

步骤 5：可以看到所选择的文件夹已经添加到列表框中，用户还可以继续添加要还原的其他的文件或文件夹。单击 下一步(N) 按钮，进入“您想在何处还原文件？”页面。

步骤 6：为了避免覆盖原位置的同名文件，可以选中【在以下位置】单选钮，然后单击 浏览(R)... 按钮，弹出“浏览文件夹”对话框，在列表框中选择还原文件的存放路径。

步骤 7：设置完毕单击【确定】按钮，返回“您想在何处还原文件？”对话框，单击 还原(R) 按钮，弹出“正在还原文件”页面，开始对备份文件进行还原。

步骤 8：当弹出“已还原文件”对话框时，单击 完成(F) 按钮即可完成还原文件的操作。

2.3　常 用 配 置

在 Windows 7 操作系统中，用户可以根据自己的喜好，装扮属于自己的个性化环境。

任务 8　设置个性化桌面

Windows 7 系统自带了很多精美的桌面背景图片，用户可以从中选择自己喜欢的，具体的操作步骤如下。

步骤 1：在 Windows 7 桌面的空白区域单击鼠标右键，从弹出的快捷菜单中选择“个性化”菜单项，打开“个性化”窗口，如图 2-40 所示。

步骤 2：单击“桌面背景”超链接，弹出“桌面背景”窗口。从“图片位置”下拉列表中选择图片的位置，然后在下方的列表框中选择自己喜欢的背景图片。

步骤 3：在“Windows 桌面背景”中，系统提供了场景、风景、建筑、任务、中国和自然六个图片分组，共计 36 张精美图片，用户可以根据自己的喜好选择相应图片作为桌面背景。

步骤 4：在 Windows 7 中桌面背景有五种显示方式，分别为填充、适应、拉伸、平铺和居中。用户可以在窗口左下角的“图片位置”下拉列表中选择适合自己的选项。

步骤 5：设置完毕单击 保存修改 按钮即可将所选择的图片设置为桌面背景，选择合适的显示方式、选择图片的位置、选择喜欢的背景图片。

步骤 6：此外，用户也可以选择多张图片创建一个幻灯片作为桌面背景，或者单击 全选(A) 按钮将列表框中的所有图片全部选中。

步骤 7：在窗口下方的“更改图片时间间隔”下拉列表中，设置创建的幻灯片的播放时间间隔，也可以选中“无序播放”复选框，这样幻灯片就会无序地自由播放了。设置完毕单击保存修改按钮即可将创建的幻灯片设置为桌面背景，且每隔 1 分钟就会自动更换一张精美的图片。用户也可以手动设置幻灯片的播放，在桌面上单击鼠标右键，从弹出的快捷菜单中选择“下一个桌面背景”菜单项，即可更换到下一张幻灯片。

图 2-40 “个性化”窗口

📖知识点提示：

上文说的是使用系统自带的桌面背景，除此之外，还可以将自己喜欢的图片设置为桌面背景。按照前面介绍的方法打开“桌面背景”窗口，然后单击“图片位置”下拉列表右侧的浏览(B)...按钮，弹出“浏览文件夹”对话框，从中选择要设置为桌面背景的图片文件所在的文件夹，然后单击【确定】按钮。

图 2-41 “桌面图标设置”对话框

任务 9 设置个性化桌面图标

1. 添加桌面图标

默认情况下，当用户安装 Windows 7 操作系统并第一次进入系统桌面时，桌面上只有一个“回收站”图标，用户可以根据需要在桌面上添加显示的图标。通过手动方式添加桌面上显示的图标的具体步骤如下。

步骤 1：打开“个性化”窗口，单击窗口左侧窗格中的“更改桌面图标”超链接，弹出“桌面图标设置”对话框，如图 2-41 所示。

步骤 2：在“桌面图标”组合框中选中相应的复选框，即可将该图标显示在桌面上。

2. 排列桌面图标

用户在使用电脑的过程中经常需要安装一些应用程序，随之就可能安装一些程序的桌面快捷方式，这样不断地添加桌面图标就会使桌面变得很乱，这时可以通过排列桌面图标来进行整理。

步骤 1：在桌面空白处单击鼠标右键，从弹出的快捷菜单中选择“排序方式”菜单项，在其级联菜单中可以看到桌面图标的四种排列方式，如图 2-42 所示。

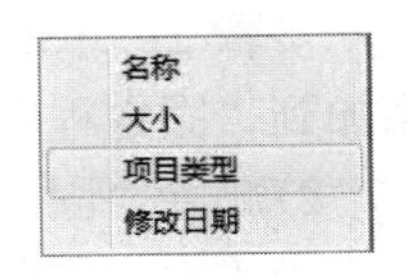

图 2-42　桌面图标的四种排列方式

步骤 2：选择需要的排列方式(如选择“项目类型”选项)，此时桌面图标就会按照项目类型进行排列。

任务 10　为桌面添加实用小程序

在 Windows 7 操作系统中，桌面小工具得到了进一步的改善，新的桌面小工具变得更加美观实用。这些精巧的桌面小工具已经摆脱了边框的限制，可以放置在桌面上的任意位置。添加桌面小工具的具体步骤如下。

步骤 1：在桌面的空白处单击鼠标右键，然后从弹出的快捷菜单中选择“小工具”菜单项。

步骤 2：打开小工具的管理界面，其中列出了系统自带的几款实用小工具，如图 2-43 所示。

图 2-43　小工具的管理界面

步骤 3：选中界面中的某个小工具后，最简便的方法是直接将小工具拖曳到桌面上；此外，也可以在小工具上单击鼠标右键，然后从弹出的快捷菜单中选择“添加”菜单项。

用户可以将时钟、货币、日历、幻灯片放映等都显示在桌面上。

另外，在 Windows 7 操作系统中，通过单击小工具鼠标右键，从弹出的快捷菜单还可以设置桌面小工具的显示效果，如不透明度、外观显示和配置参数等。

任务 11　设置“开始”菜单

通过全新设计的“开始”菜单，用户可以快速地找到要执行的程序，完成相应的操作。为了使“开始”菜单更符合自己的使用习惯，用户可以对其进行自定义设置。

1. 个性化“固定程序”列表

1) 将常用程序添加到“固定程序”列表

“固定程序”列表会固定地显示在“开始”菜单中，用户可以快速打开其中的应用程序。

“固定程序”列表中默认只有“入门”和“Windows Media Center”两个程序，用户可以将一些常用的程序添加到该列表中，以方便使用。向“固定程序”列表中添加程序的具体步骤如下。

步骤 1：选择“开始”→“所有程序”→“附件”菜单项，从中选择“写字板”菜单项，然后在该选项上单击鼠标右键，从弹出的快捷菜单中选择“附到「开始」菜单”菜单项。

步骤 2：单击“返回”按钮◀返回到“开始”菜单中，可以看到已经将“写字板”程序添加到“固定程序”列表中。

2) 删除“固定程序”列表中的程序

当“固定程序”列表中的程序不再使用时，可以将其删除。

在“固定程序”列表中选择要删除的程序，单击鼠标右键，从弹出的快捷菜单中选择“从「开始」菜单解锁”菜单项。随即可以看到选中的程序已经从“固定程序”列表中消失了。

2. 个性化【常用程序】列表

用户平常使用的一些程序都会在“常用程序”列表中显示出来，默认情况下，该列表中最多会显示 10 个常用的程序。用户可以设置在该列表中显示的程序的数目，具体的操作步骤如下。

步骤 1：在“开始”菜单上单击鼠标右键，从弹出的快捷菜单中选择“属性”菜单项，随即弹出“任务栏和「开始」菜单属性”对话框，如图 2-44 所示。

步骤 2：单击 自定义(C)... 按钮，弹出“自定义「开始」菜单”对话框。

步骤 3：在“「开始」菜单大小”组合框中的“要显示的最近打开过的程序的数目”微调框中可以调整要显示在“常用程序”列表中的程序数目。设置完毕单击【确定】按钮，返回“任务栏和「开始」菜单属性”对话框，单击【确定】按钮即可。

此外，用户也可以删除“常用程序”列表中某个不再使用的应用程序，只需在该应用程序上单击鼠标右键，从弹出的快捷菜单中选择“从列表中删除”菜单项即可。

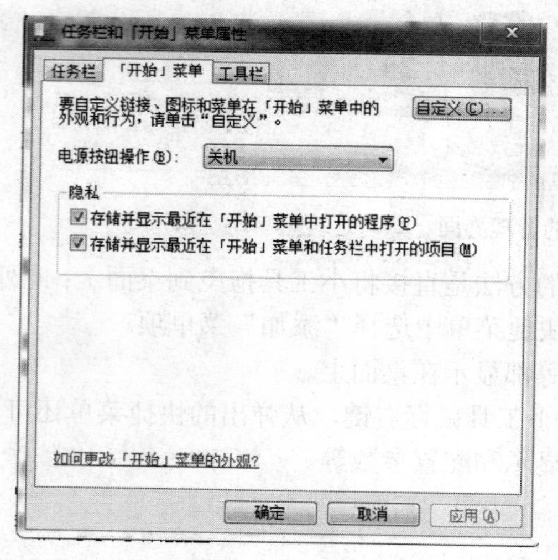

图 2-44　“任务栏和「开始」菜单属性”对话框

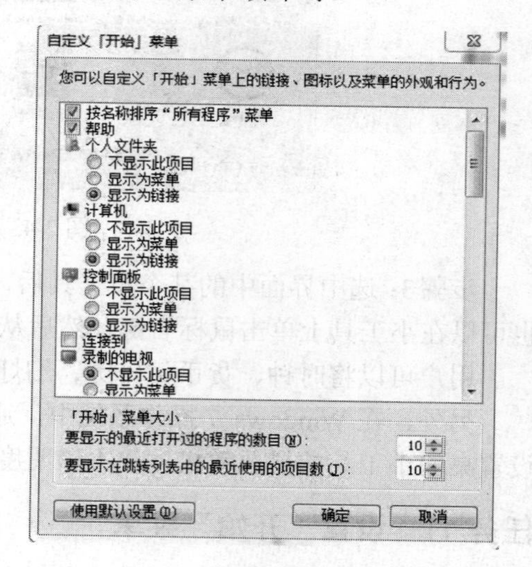

图 2-45　“自定义「开始」菜单”对话框

3. 个性化“启动”菜单

在“开始”菜单的右侧是“启动”菜单，这里列出了常用的一些项目链接，单击这些链接，即可快速地打开相应窗口。

用户可以将一些常用的项目链接添加到“启动”菜单中，也可以删除一些项目，并且可以定义项目的显示方式。具体的操作步骤如下。

步骤 1：同个性化“常用程序”列表相同，打开“自定义「开始」菜单”对话框，在中间的列表框中可以定义显示在“启动”菜单中的项目链接及其显示外观等，如图 2-45 所示。

步骤2：这里选中“音乐”选项下面的【不显示此项目】单选钮、“游戏”选项下面的【显示为菜单】单选钮及“运行命令”复选框，然后单击【确定】按钮即可。

步骤3：打开“开始”菜单，可以看到其右侧的“启动”菜单中已经将【运行】项目添加进来，并且将“音乐”项目在此菜单中删除了，同时将“游戏”项目以菜单显示。

任务 12　自定义任务栏

在 Windows 7 操作系统中，任务栏不但有了全新的外观，而且增加了很多令人惊叹的功能，下面就来介绍这个任务栏的属性设置。

1. 设置任务栏的外观

当进入 Windows 7 系统后，系统就会自动显示任务栏，而此时的任务栏将使用系统默认设置。有些用户为了便于自己工作或追求个性等就需要对任务栏进行一些设置，比如设置任务栏的外观，把任务栏放到屏幕的左侧、右侧或顶部等。

在任务栏的空白区域单击鼠标右键，从弹出的快捷菜单中选择“属性”菜单项。随即弹出“任务栏和「开始」菜单属性”对话框，并自动切换到“任务栏”选项卡，在“任务栏外观”组合框中可以看到许多关于任务栏的设置项目。

(1)“锁定任务栏”：用户在日常使用时，有时会不小心将任务栏拖曳到屏幕的左侧或右侧，有时还会将任务栏的宽度拉伸，且很难调整到原来的状态，为了避免这些情况的发生，Windows 7 添加了“锁定任务栏”这个选项，可以将任务栏锁定。

(2)“自动隐藏任务栏”：当用户需要的工作面积较大时，就可以隐藏屏幕下方的任务栏，这样可以让桌面显得更大一些，此时选中“自动隐藏任务栏”复选框即可。若想要显示任务栏，只需将鼠标移动到屏幕的最下方，任务栏就会自动显示出来，移开鼠标，任务栏又自动隐藏起来了。

(3)“使用小图标”：选中“使用小图标”复选框，确认后就可以把任务栏中的图标变小，这样可以节省任务栏的有限空间，也不会影响任务栏的其他操作。

(4)“屏幕上的任务栏显示位置”：在“屏幕上的任务栏位置”下拉列表中用户可以设置任务栏在桌面的上、下、左、右四个不同位置显示。若选择“顶部”选项，任务栏即可显示在桌面的最上方。

(5)“任务栏按钮”：在“任务栏按钮”下拉列表中可以自定义任务栏的程序按钮区中的按钮的模式。如果用户不喜欢全新的任务栏图标按钮，可以选择“从不合并”选项，单击【确定】按钮后，任务栏中的程序按钮会变为图标加窗口名称的传统方式。

2. 自定义通知区域

通知区域位于任务栏的右侧，除了包含系统时钟、音量、网络及操作中心等图标之外，还包含一些正在运行的程序图标。这些程序图标提供有关接收新邮件、消息、更新等事项的状态和通知。

1) 设置图标在通知区域的显示行为

当通知区域显示出的图标很多时，就会显得很杂乱，这时可以选择将某些图标始终保持为可见，而其他一些图标保留在溢出区。用户自定义图标在通知区域的显示行为的操作步骤如下。

步骤1：打开“任务栏和「开始」菜单属性”对话框，切换到“任务栏”选项卡，单击“通知区域”组合框中的 自定义(C)... 按钮。

步骤2：弹出“通知区域图标”窗口，在“选择在任务栏上出现的图标和通知”列表框中列出了各个图标及其行为，每个图标都有三种行为。选择需要进行设置的选项进行设置即可，这里选择“金山卫士实时保护模块”选项，如图2-46所示。

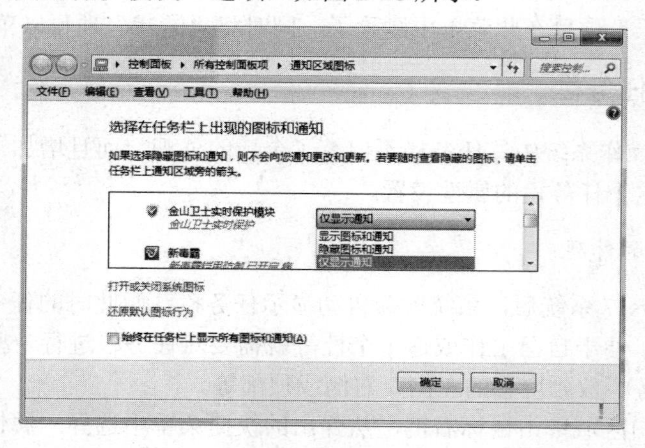

图2-46 “通知区域图标”窗口

步骤3：设置完毕单击【确定】按钮，返回“任务栏和「开始」菜单属性”对话框，单击【确定】按钮即可。返回任务栏，可以看到该选项的图标按钮已经在通知区域消失了。

步骤4：如果用户想要查看隐藏的图标，可以单击通知区域中的【显示隐藏的图标】按钮，即可将隐藏的图标显示出来。单击“自定义…”链接，即可弹出“通知区域图标”窗口。

2）打开或关闭系统图标

在 Windows 7 中有五个系统图标，分别是“时钟”、“音量”、“网络”、“电源”和“操作中心”，用户可以根据需要将其打开或关闭，具体的操作步骤如下。

步骤1：按照前面介绍的方法打开“通知区域图标”窗口，单击列表框下方的“打开或关闭系统图标”链接。

步骤2：弹出“系统图标”窗口，在“打开或关闭系统图标”列表框中显示了五个系统图标及其当前的行为。用户可以选择五个系统图标的打开或关闭行为，如图2-47所示。

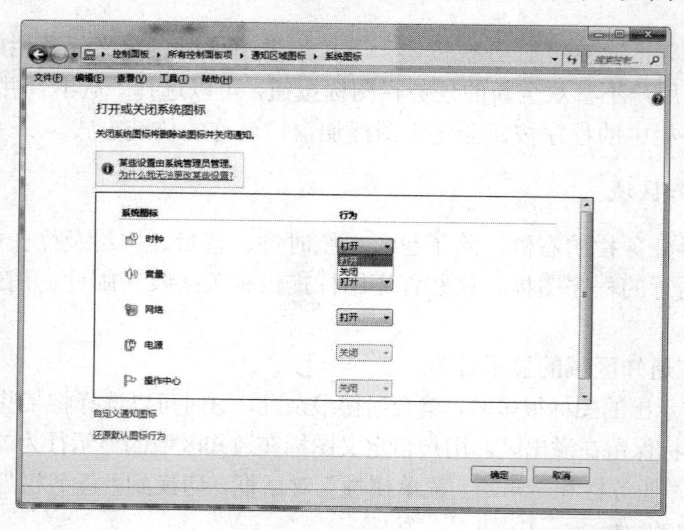

图2-47 “系统图标”窗口

步骤 3：若想还原图标行为，单击窗口左下角的“还原默认图标行为”链接。设置完毕依次单击【确定】按钮即可。

2.4　附件小程序

Windows 7 自带了具有强大功能的附件小程序，本节介绍一些常用的附件程序的使用。

任务 13　认识记事本

记事本是一个基本的文本编辑程序，最常用于查看或编辑文本文件。文本文件是通常由 .txt 文件扩展名标识的文件类型。

选择“开始”→“所有程序”→“附件”→“记事本”命令，打开“记事本”，或者单击【开始】按钮，在搜索框中，键入记事本，然后在结果列表中单击“记事本”，也可启动“记事本”，如图 2-48 所示。

图 2-48　打开“记事本”

“记事本”窗口比较简单，包括标题栏、菜单栏和编辑区等，具体说明如下。

(1) 在编辑区进行的常用操作有移动光标、插入文本、选择、删除、移动、复制、查找和替换等。

(2) 在记事本中，还可以设置字符的格式。选中要设置的文本，选择“格式”菜单，然后单击“字体”，弹出“字体”对话框，在“字体”、“字形”和“字号”框中进行选择，完成字体选择后，单击【确定】按钮，可设置字体、字形、大小。

(3) 在记事本中，可以进行新建、打开、保存、另存为、退出等操作。

知识点提示：

若在在记事本中新建文档，并且保存文档的话，可以新建一个“.txt”的文本文件，这时在应用程序中新建文件的方法。

任务 14　认识计算器

计算器可以进行如加、减、乘、除这样简单的运算。计算器还提供了编程计算器、科学型计算器和统计信息计算器的高级功能。

选择“开始”→“所有程序”→“附件”→“计算器”命令，打开“计算器”窗口，系统默认为“标准计算器”，如图 2-49 所示。

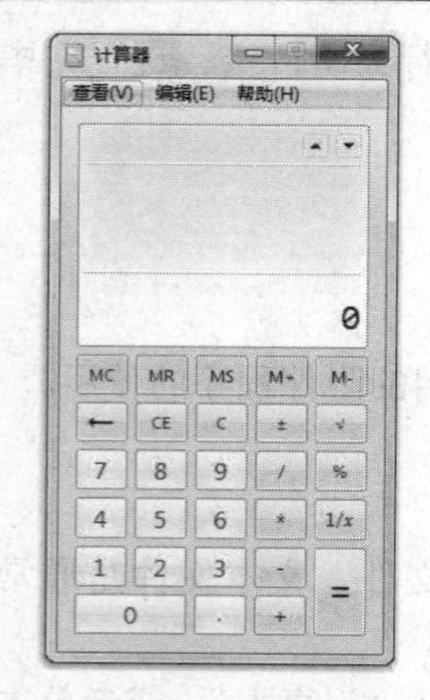

图 2-49 “计算器”窗口

“计算器”窗口包括标题栏、菜单栏、数字显示区和工作区。

可以单击【计算器】按钮来执行计算，或者使用键盘键入进行计算。通过按键盘上【Num Lock】键，您还可以使用数字键盘键入数字和运算符。

Windows7 计算器可以进行较为复杂的科学运算，选择“查看”，可更改计算模式，如科学型模式、程序员模式、统计信息模式、计算历史记录模式、度量单位转换模式、计算日期模式，以及计算燃料经济性、租金或抵押额模式。

任务 15　学习查看图片

使用 Windows 7 自带的照片查看器可以很方便地查看图片。

双击要查看的图片或在要查看的图片上单击鼠标右键，从弹出的快捷菜单中选择“预览”菜单项，即可自动运行 Windows 照片查看器，如图 2-50 所示。

图 2-50　Windows 照片查看器

下面分别介绍 Windows 照片查看器下方的功能按钮。

(1)【更改显示大小】按钮。若要更改放大倍数以放大当前图片，可以单击该按钮，然后向上拖曳滑块以放大图片。这样可以获得图片中物体的特写视图，然后可以拖曳图片以查看其特定部分。

(2)【实际大小】按钮。单击该按钮，图片将以实际大小显示。

(3)【按窗口大小显示】按钮。若要使整个图片适合 Windows 照片查看器窗口的大小，可以单击该按钮。

(4)【上一个图片】按钮。单击该按钮可以浏览与当前图片处于同一位置的上一张图片。

(5)【放映幻灯片】按钮。单击该按钮即可以幻灯片的形式自动全屏播放该图片所在文件夹中的所有图片。若要结束放映可以按下【Esc】键或在播放的幻灯片图片上单击鼠标右键，从弹出的快捷菜单中选择“退出”菜单项即可。

(6)【下一个图片】按钮。单击该按钮可以浏览与当前图片处于同一位置的下一张图片。

(7)【逆时针旋转】按钮。单击该按钮即可将图片逆时针旋转 90°。

(8)【顺时针旋转】按钮。单击该按钮即可将图片顺时针旋转 90°。

(9)【删除】按钮。单击该按钮弹出“删除文件”对话框，单击该按钮即可将该图片删除至“回收站”中。

(10)在照片查看器中可以打印图片，以及将图片刻录到 CD 或 DVD。

📖知识点提示:

附件程序中的画图程序可以画图，并且对图片进行简单的编辑，本书不再赘述。

任务 16　学习截图工具

Windows 7 系统自带的截图工具可以帮助用户截取屏幕和屏幕上的对象，并且可以对截取的图片进行编辑。

选择“开始”→“所有程序”→“附件”→“截图工具”命令，打开“截图工具”，即可启动“截图工具”，如图 2-51 所示。

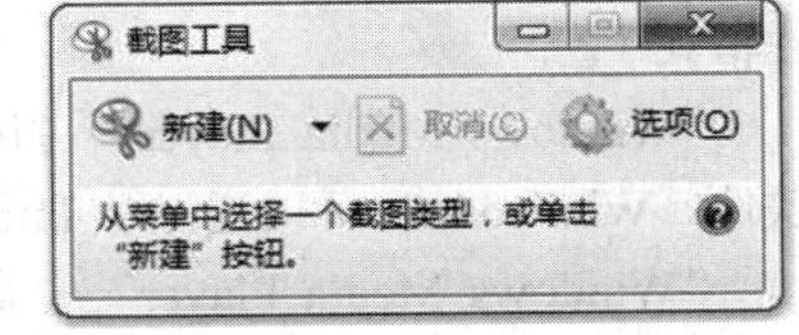

图 2-51　打开“截图工具”

下面是捕获截图的步骤。

步骤 1：单击“新建”按钮旁边的箭头，从列表中选择“任意格式截图”、“矩形截图”、“窗口截图”或“全屏幕截图”，然后选择要捕获的屏幕区域。

步骤 2：捕获截图后，可以在标记截图上或围绕截图书写或绘图。

步骤 3：捕获截图后，在标记窗口中单击“保存截图”按钮。在“另存为”对话框中，输入截图的名称，选择保存截图的位置，然后单击“保存”。

任务 17　学习使用 Windows Media Player 12

Windows Media Player 12 是 Windows 7 系统自带的音频、视频播放软件，可以播放数字媒体文件、整理数字媒体收藏夹、翻录 CD 唱片及将自己喜爱的音乐刻录成 CD 或 DVD 等。

初次启动 Windows Media Player 12 时，系统会要求用户进行相关设置，具体的操作步骤如下。

步骤 1：单击系统任务栏中的【Windows Media Player】图标按钮，弹出“Windows Media Player”窗口，然后选中【推荐设置】单选钮。

步骤 2：单击【完成】按钮即可启动“Windows Media Player”程序，进入其主界面，如图 2-52 所示。

图 2-52　启动“Windows Media Player”程序

“Windows Media Player”主界面由地址栏、导航窗格、细节窗格、列表窗格及播放控件区五部分组成。其中，列表窗格需要单击【播放】按钮将其展开。

使用 Windows Media Player 播放电脑中的影音文件，选择“文件”，弹出“打开”对话框，选中要播放的文件，单击【打开】按钮或双击即可播放。

📖知识点提示：

(1)“Windows Media Player”可以播放网络中的影音文件，若想播放网络中的影音文件，首先需要获取网上文件的 URL，然后才能通过该地址进行播放。

(2) Windows 7 操作系统自带的“Windows Media Player”播放软件界面简洁、使用方便，但其支持的播放格式有限，用户可以在 Windows 7 中安装 Win7codecs 解码器，这样“Windows Media Player”就可以支持 RMVB、AVI、MKV、MOV 及 MPG 等目前网络上的主流视频文件格式了。

“Windows Media Player”占用的系统资源并不高，因此用户无须再安装第三方视频播放软件。Win7codecs 可以通过从 Internet 上下载获得，直接安装到电脑中即可。

“Windows Media Player”中媒体库是一个重要部分，在媒体库中可以对电脑中的音乐、视频和图像进行管理，可以轻松地查找和播放多媒体文件，还可以选择要刻录到 CD 或 DVD 中的内容。

2.5 日常维护

一般情况下，软件分为系统软件和应用软件两种。系统软件负责管理电脑系统中各个独立的硬件，使它们可以协调工作，如操作系统；应用软件是为满足用户不同领域、不同问题的应用需求而被开发的软件，如办公软件——Office、下载软件——迅雷，以及聊天软件——腾讯 QQ 等。软件是系统不可缺少的部分，掌握软件的管理方法非常重要。

任务 18 学习应用软件的安装与卸载

用户可以通过购买安装光盘或网上下载等方式获得软件的安装程序。下面以迅雷软件为例介绍软件的安装与卸载方法。

1. 安装应用软件

迅雷软件的安装程序可以从其官方网站上下载，安装的具体步骤如下。

步骤 1：将迅雷软件的安装程序下载到电脑中，然后双击其安装程序图标。弹出“迅雷 7”对话框，单击 快速安装 按钮。

步骤 2：弹出“正在安装”界面，系统开始安装程序。

步骤 3：稍后弹出“迅雷 7 安装程序已完成安装”界面，从中可以进行一些设置，然后单击 完成(F) 按钮完成迅雷软件的安装。

2. 卸载应用软件

卸载应用程序有两种方式：一种是使用软件自带的卸载程序；另一种是使用“控制面板”窗口中的“卸载程序”功能。

1) 使用软件自带的卸载功能

现在很多软件都自带卸载程序，通过这些卸载程序用户可以很方便地完成软件的卸载。应用程序安装到电脑中后，会在“开始”菜单中增加对应的菜单项，以便运行、卸载和修复程序，用户可以从中找到软件自带的卸载程序。

步骤 1：单击【开始】按钮，从弹出的“开始”菜单中选择“所有程序”→“迅雷软件”→“迅雷 7”→“卸载迅雷 7”菜单项，弹出“确实要卸载迅雷 7？”对话框，选择“我要卸载迅雷7”，单击“开始卸载”按钮。

步骤 2：随即弹出提示框，如图 2-53 所示。单击“继续卸载”按钮，弹出“卸载状态”对话框，开始卸载迅雷软件。

图 2-53　“继续卸载”提示框

步骤 3：随即弹出“迅雷 7 卸载完成”对话框，单击“完成”按钮。

2) 使用“控制面板”中的卸载功能

有些应用软件安装后并没有在“开始”菜单中提供卸载程序，这时用户可以通过“控制面板”中的“卸载程序”功能来卸载。具体的操作步骤如下。

步骤 1：单击【开始】按钮，从弹出的“开始”菜单中选择“控制面板”菜单项，随即弹出“控制面板”窗口，单击“程序”功能组中的“程序和功能”链接。

步骤 2：弹出“程序和功能”窗口，在“卸载或更改程序”下方的列表框中选择要卸载的应用程序，然后单击“卸载”按钮，如图 2-54 所示。

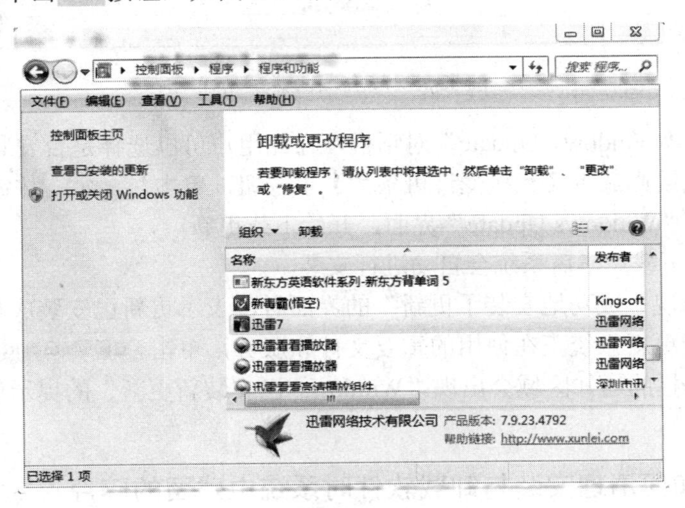

图 2-54　选择要卸载的应用程序

步骤 3：随即弹出提示框，单击“继续卸载”按钮。弹出“卸载状态”对话框，开始卸载迅雷软件。此后的操作与使用软件自带的程序卸载功能方法相同，不再赘述。

任务 19　安装系统更新

微软会不定期地发布 Windows 补丁，这些补丁对系统非常重要，使用系统更新功能可以安装和下载这些补丁，使系统变得更加安全和稳定。

使用 Windows 7 自带的 Windows Update（自动更新）功能可以自动检测并安装系统更新，使用该功能进行系统更新的具体步骤如下。

步骤 1：单击【开始】按钮，从弹出的“开始”菜单中选择“控制面板”菜单项，随即弹出“控制面板”窗口，单击“系统和安全”链接。

步骤 2：弹出“系统和安全”窗口，单击“Windows Update”链接。

步骤 3：弹出“Windows Update”窗口，单击 检查更新(C) 按钮即开始检查系统更新。

步骤 4：检查完毕会在“下载和安装计算机的更新”组合框中显示当前可用的重要更新和可选更新。系统默认选择了重要更新，用户只需要单击 安装更新(I) 按钮即可，如图 2-55 所示。

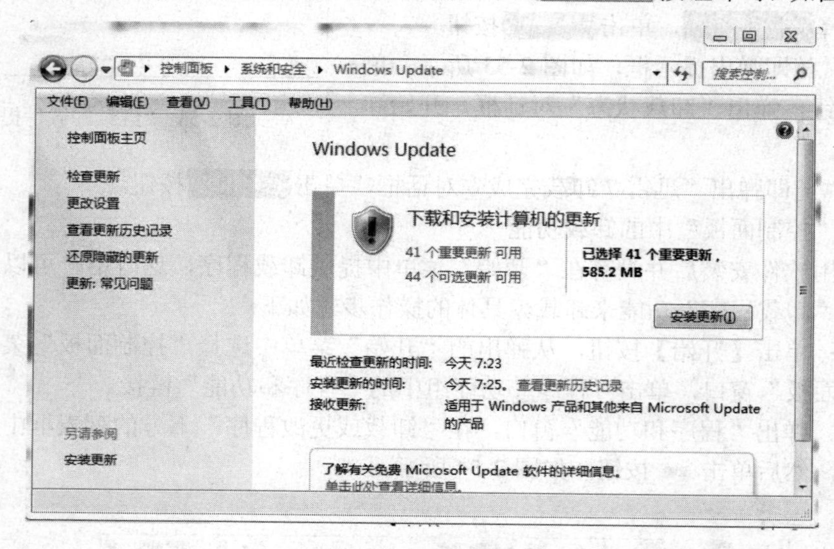

图 2-55 单击 安装更新(I) 按钮

步骤 5：弹出“Windows Update”对话框，在此用户可以选择是否安装 Windows 恶意软件删除工具。若安装则选中【我接受许可条款】单选钮，单击 完成(F) 按钮。

步骤 6：弹出“Windows Update”界面，开始下载更新。

步骤 7：更新下载完毕后系统会自动进行安装。

步骤 8：当出现“成功地安装了更新”的界面时，表示更新已安装成功。系统提示需要重新启动电脑才能更新系统正在使用的重要文件和服务，单击 立即重新启动(R) 按钮即可。电脑重启完毕，在任务栏的通知区域会出现“Windows 已安装新更新”的提示信息，表明更新都已成功安装。

任务 20 学习如何清理安装与卸载软件时系统中残留的碎片

从计算机中添加或删除文件会产生碎片，随着用户不断使用计算机，文件碎片会越来越多。碎片会降低计算机效率。Windows 7 通过“磁盘清理”，它可以移动磁盘中文件的内容，使得每个文件都在连续的一系列扇区中存储。“磁盘清理”的具体步骤如下。

步骤 1：选择“开始”→“所有程序”→“附件”→“系统工具”→“磁盘清理”菜单项来打开磁盘清理程序。

步骤 2：在“磁盘清理：驱动器选择”对话框中的“驱动器”下拉列表中选择需要清理的磁盘分区，系统默认选项是 WIN7（C：），如图 2-56 所示。

步骤 3：单击【确定】按钮，磁盘清理程序会进行磁盘垃圾的检查，如图 2-57 所示。

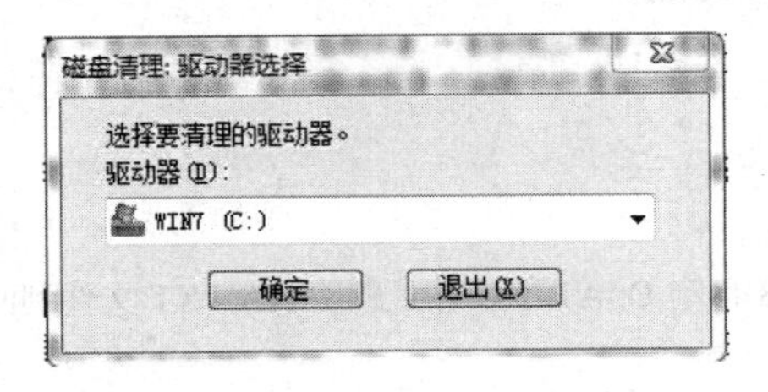

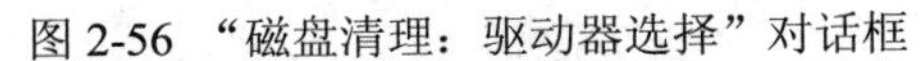

图 2-56 “磁盘清理：驱动器选择”对话框　　图 2-57 “磁盘清理”对话框

步骤 4：稍后弹出“WIN7(C：)的磁盘清理”，选择“要删除的文件”列表中的文件，当选择某个选项时会在“描述”信息栏中给出该选项的描述信息，可以据此判断是否需要清理。用户还可以单击【查看文件(V)】按钮，打开保存这些文件的文件夹查看其中的文件。

步骤 5：选择需要删除的文件后单击【确定】按钮，弹出“确实要永久删除这些文件吗？”界面。单击【删除文件】按钮，磁盘清理程序开始清理磁盘文件，完成后会自动退出。

步骤 6：磁盘清理结束后，残留的安装软件碎片及系统临时文件、回收站中的文件全部都被清理干净，系统体积减小，运行速度明显加快。

习　题

一、填空题

1．窗口的基本操作包括________、________和________等。

2．在 Windows 操作系统中，________是(复制)命令的快捷键。

3．在 Windows 操作系统中，________是(剪切)命令的快捷键。

4．在 Windows 操作系统中，________是(粘贴)命令的快捷键。

5．windows 允许用户同时打开________个窗口，但任一时刻只有________个是活动窗口。

6．使用________可以清除磁盘中的临时文件等，释放磁盘空间。

7．为了减少文件传送时间和节省磁盘空间，可使用 WinRAR 软件进行文件的________操作。

二、单项选择题

1．在 Windows 中，下列不能进行文件夹重命名操作的是________。

A．选定文件后再按 F4

B．选定文件后再单击文件名一次

C．鼠标右键单击文件，在弹出的快捷菜单中选择“重命名”命令

D．用“组织”下拉菜单中的“重命名”命令

2．下列关于 Windows 菜单的说法中，不正确的是________。

A．命令前有“•”记号的菜单选项，表示该项已经选用

B．当鼠标指向带有向右黑色等边三角形符号的菜单选项时，弹出一个子菜单

C．带省略号(…)的菜单选项执行后会打开一个对话框

D．用灰色字符显示的菜单选项表示相应的程序被破坏

3．文件的类型可以根据________来识别。

A．文件的大小　B．文件的用途　C．文件的扩展名　D．文件的存放位置

三、上机实验

1．在 D 盘上建立下列文件夹结构

D:\A1\AA.TXT

2．将 D 盘中 AA.TXT 复制到 E:\，并改名为 BB，并将 BB 移动 D:\A1\下，并且删除 AA.TXT 文件到回收站，以及恢复 AA.TXT 文件。

3．将 C 盘中 AA.TXT 的属性设置为只读。

4．更改桌面背景。

5．下载一个 QQ 软件，安装好，并在控制面板中卸载。

6．熟练掌握对任务栏的操作(移动任务栏、程序间的转换、显示桌面等)。

7．隐藏与显示文件操作。

8．掌握对计算机的注销操作(结束当前所有用户的进程，然后退出当前账户的桌面环境)。

第 3 章　文字处理软件 Word 2010

Microsoft Office Word 2010 是 Microsoft 公司推出的 Microsoft Office 系列软件中一个重要的组成部分，它旨在向用户提供上乘的文档格式设置工具。用户利用它可更轻松、高效地组织和编写文档，还可用其捕获无论何时何地迸发的灵感。

Word 2010 具有强大的文本编辑及文档处理功能，使得无纸化办公与网络办公进程得以迈向新的台阶。

3.1　Word 2010 的基本应用

任务 1　制作奥运宣传单

即将大学毕业的小王应聘一个国企职位，面试时考官交给他一项任务：要求明天九点之前制作出一份精美漂亮的奥运简报发到他指定的邮箱。

1. 解决方案

在 Word 中，不仅可以插入图片、形状等元素，还可以对宣传口号等文本信息应用艺术字和文本框。这样，就可以像拖动图片一样，自由地控制文本的位置。使用艺术字和文本框可以优化文字效果，从而制作出比较精美的宣传单。制作简报如图 3-1 和图 3-2 所示。

2. 知识准备

1) Word 的启动

(1) 使用“程序”菜单启动：执行“开始”→“程序”→“Microsoft Office”→“Microsoft Office Word2010”命令。

(2) 使用桌面快捷方式启动：双击桌面上的 Word 应用程序图标。

(3) 通过已存在的 Word 文档启动：双击在计算机中带有 Word 图标的文档文件。

2) Word 的退出

(1) 单击 Word 标题栏上的【关闭】按钮。

(2) 执行“文件”→“退出”命令。

(3) 双击 Word 应用程序窗口左上角的控制菜单图标W。

(4) 双击控制菜单图标或单击控制菜单图标，选择关闭。

(5) 在 windows 任务栏中选中 Word 的任务按钮单击鼠标右键，弹出快捷菜单，然后单击“关闭窗口”命令。

(6) 按快捷键【Alt+F4】。

当退出 Word 应用程序时，若有文档尚未保存，Word 将会弹出对话框，询问用户是否保存该文档，单击【保存】按钮，则保存当前编辑过的文档；单击【不保存】按钮，则放弃对文档编辑的保存，退出 Word；单击【取消】按钮，则取消此次退出操作，继续文档的编辑。

3) Word 2010 的操作界面

在 Word 2010 中采用 Ribbon 新界面主题，整个界面操作简洁、直观、方便。Word 2010

的窗口主要包括标题栏、“文件”选项卡、快速访问工具栏、功能区、“编辑”窗口、“显示”按钮滚动条、缩放滑块、状态栏等部分，如图 3-3 所示。①题栏。显示正在编辑的文档的文件名及所使用的软件名。②“文件”选项卡。基本命令(如“新建”、“打开”、“关闭”、“另存为...”和“打印”位于此处。③快速访问工具栏。常用命令位于此处，如“保存”和“撤消”。用户也可以添加个人常用命令。④功能区。工作时需要用到的命令位于此处。它与其他软件中的“菜单”或“工具栏”相同。⑤“编辑”窗口。显示正在编辑的文档。⑥“显示”按钮。可用于更改正在编辑的文档的显示模式以符合您的要求。⑦滚动条。可用于更改正在编辑的文档的显示位置。⑧缩放滑块。可用于更改正在编辑的文档的显示比例设置。⑨状态栏。显示正在编辑的文档的相关信息。

同一个世界 同一个梦想

Higher
Faster
Stronger

奥运百科

分节符(连续)

奥林匹克运动

奥林匹克运动是在奥林匹克主义指导下，以体育运动和四年一度的奥林匹克庆典——奥运会为主要活动内容，促进人的生理、心理和社会道德全面发展，促进各国或地区人民之间的相互了解，在全世界普及奥林匹克主义，维护世界和平的国际社会运动。奥林匹克运动包括以奥林匹克主义为核心的思想体系，以国际奥委会、国际单项体育联合会和各国奥委会为骨干的组织体系和以奥运会为周期的活动体系。

1894 年 6 月 23 日，当顾拜旦与 12 个国家的 79 名代表决定成立国际奥委会，开创奥林匹克运动时，这一壮举曾成为人们讥刺的对象。而在百年之后的今天，奥运会已成为普天同庆的节日，奥林匹克运动也吸引了 202 个国家和地区的积极参与。1998 年，著名的《生活》杂志刊载了历史学家精选的过去千年中最重要的 1000 个事件和人物，1896 年顾拜旦恢复奥运会的壮举也跻身其中，被誉为千年盛事之一。

奥林匹克运动是人类社会的一个罕见的杰作，它将体育运动的多种功能发挥得淋漓尽致，影响力远远超出了体育的范畴，在当代世界的政治、经济、哲学、文化、艺术和新闻媒介等诸多方面产生了一系列不容忽视的影响。奥林匹克运动不仅构成了现代社会所特有的体育文化景观，以其特有的文化魅力愉悦人们的身心，更以其强烈的人文精神催人奋进，生生不已。

奥林匹克运动是时代的产物，工业革命大大扩展了世界各民族之间在经济、政治和文化等方面的联系，各国或地区交往日益密切，迫切需要以各种沟通手段来加强国家或地区间的相互了解。奥林匹克运动正是为适应这种社会需要而出现的，是人类社会发展到一定阶段的必然产物。

第 1 页，共 2 页

图 3-1　简报第一页效果

同一个世界　同一个梦想

北京奥运会专区

【赛事焦点】

北京奥运会闭幕式后，不少传媒选出了本届奥运会的赛事焦点，以下为路透社所选出的 10 大赛事焦点：

- ✧ 牙买加人博尔特于男子 100 米赛事以 9 秒 69 的成绩刷新世界纪录。
- ✧ 美国游泳选手菲尔普斯一圆八金梦，打破马克·施皮茨于同一届奥运会中夺得 7 枚金牌的最高纪录。
- ✧ 雅典奥运会男子 110 米栏金牌得主刘翔因伤退出，无缘卫冕。
- ✧ 俄罗斯撑杆跳运动员伊辛巴耶娃第 24 次改写女子撑杆跳的世界纪录。
- ✧ 开幕式引人入胜。
- ✧ 德国举重运动员施泰纳在夺金一刻亲吻亡妻的相片。
- ✧ 美国的埃蒙斯在最后一发以 4.4 环的成绩将金牌拱手相让，4 年前的雅典奥运会，他也因最后一发失准失去赢得金牌的机会。
- ✧ 博尔特在 200 米项目上再度打破世界纪录。
- ✧ 阿富汗在跆拳道中赢得铜牌，是该国首枚奥运奖牌。
- ✧ 爱沙尼亚大热门格尔德·甘达夺得男子铁饼的金牌。

总括而言，本届奥运会共打破 132 项奥运纪录及 43 项世界纪录。

【金 牌 榜】

排名	国家及地区	金牌	银牌	铜牌	总数
1	中国	51	21	28	100
2	美国	36	38	36	110
3	俄罗斯	23	21	28	72
4	英国	19	13	15	41
5	德国	16	10	15	41
6	澳大利亚	14	15	17	46
7	韩国	13	10	8	31
8	日本	9	6	10	25
9	意大利	8	10	10	28
10	法国	7	16	17	40

第 2 页，共 2 页

图 3-2　简报第二页效果

3. 实现步骤

1) 新建空白文档并保存

①启动 Word 2010，单击“文件”→“另存为”命令，或者单击“快速访问工具栏”中的 (保存)，打开“另存为”对话框。②在“保存位置”下拉列表框中选择“桌面”选项，在“文件名”文本框中输入“宣传单”，如图 3-4 所示。单击【保存】按钮即可保存成功。

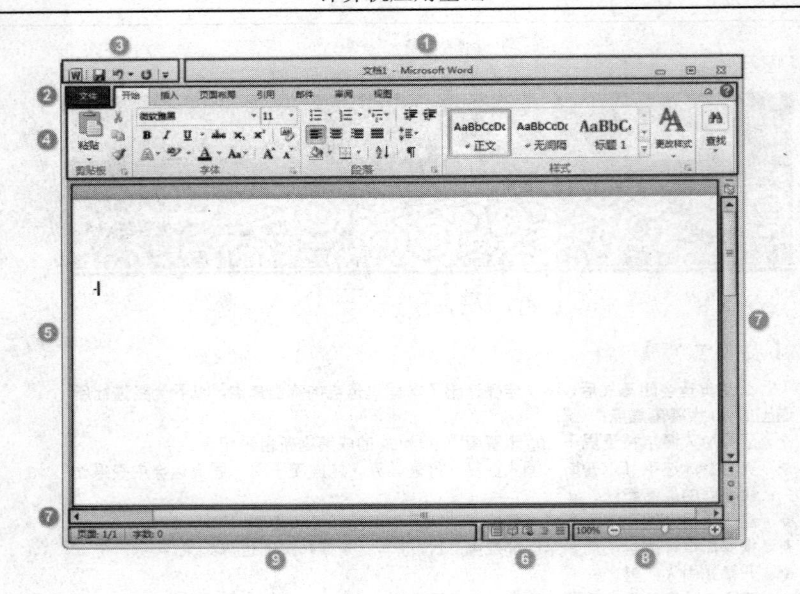

图 3-3　Word 2010 的操作界面

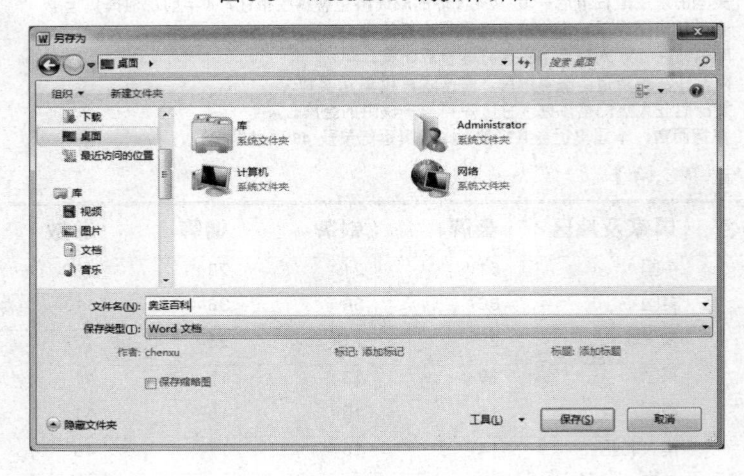

图 3-4　“另存为”对话框

2) 页面设置

页面设置是指设置文档的总体版面布局，以及选择纸张大小、上下左右边距、页眉页脚与边界的距离等内容。

第一，单击“页面布局”→“页面设置”→“页边距”→“自定义边距”命令设置页边距，上、下边距为 2.54 厘米，左、右边距为 3.17 厘米；设置方向为纵向，如图 3-5 所示。

第二，单击“纸张”选项卡，设置纸张大小为 A4，如图 3-6 所示。

3) 制作页眉页脚

①单击“插入”→“页眉页脚”→“页眉”，进入页眉内置界面，选择“空白”选项，在页眉虚线上方的“键入文字处”输入“同一个世界 同一个梦想”。如图 3-7 所示。②单击“设计”→“导航”→“转至页脚”按钮进入页脚的编辑。③单击“设计”→“关闭”按钮，退出页眉页脚的编辑。单击“开始”→“段落”→“居中”按钮，如图 3-8 所示，使插入的页码居中。

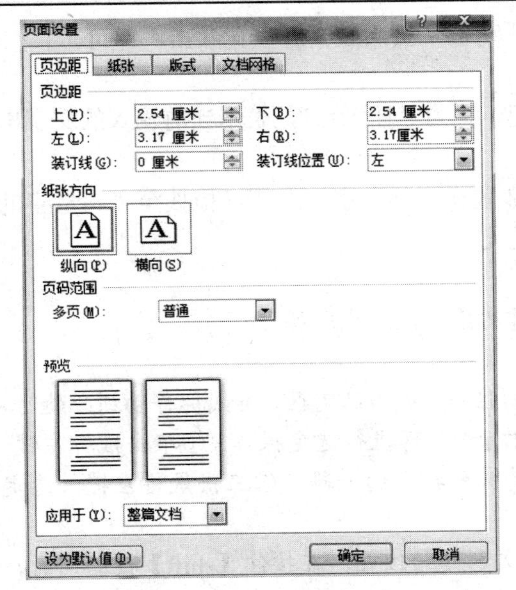

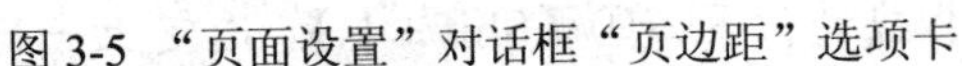
图 3-5 “页面设置”对话框“页边距”选项卡

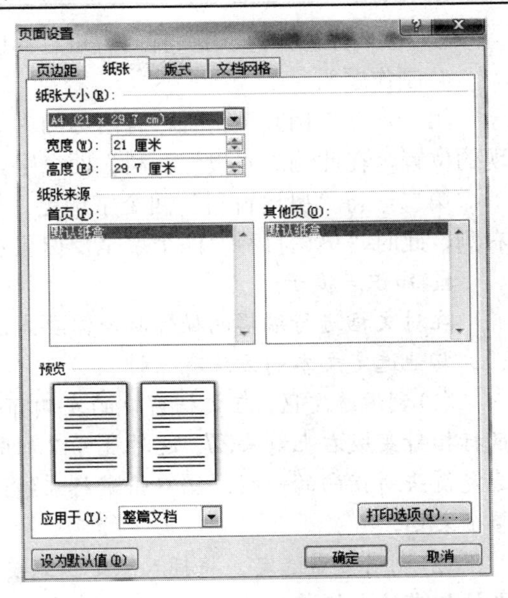

图 3-6 “页面设置”对话框“纸张”选项卡

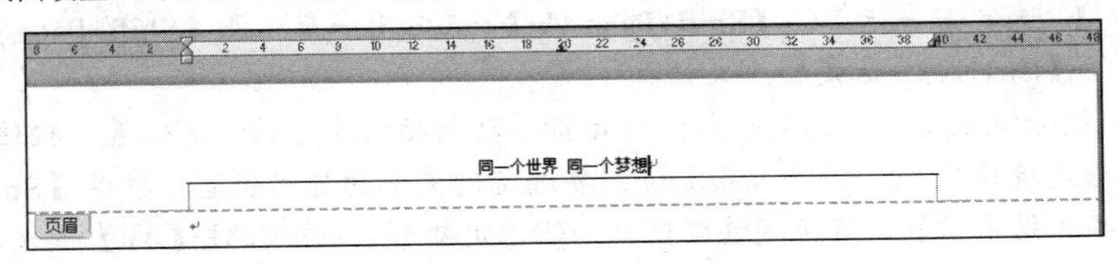

图 3-7 编辑页眉

📖知识点提示：

页眉和页脚是指在文档每一页的顶部和底部加入信息。这些信息可以是文字和图像等。内容可以是文件名、标题名、日期、页码、单位名等。

页眉和页脚的内容还可以用来生成各种文本的“域代码”（如页码、日期等）。域代码与普通文本不同的是，它随时可以被当前的最新内容代替。例如，生成日期的域代码是根据打印时系统时钟生成当前的日期。

在页脚的编辑区域输入“第×页，共×页”，将光标放在“第”与“页”之间，单击“设计”→“插入”→“页码”→“文档部件”→“域”按钮，选择域名为“page”选项；然后将光标放在“共”与“页”之间，单击“设计”→“插入”→“页码”→“文档部件”→“域”，选择域名为“numpages”选项，结果如图 3-9 所示。

图 3-8 “段落”选项组中的“居中”选项

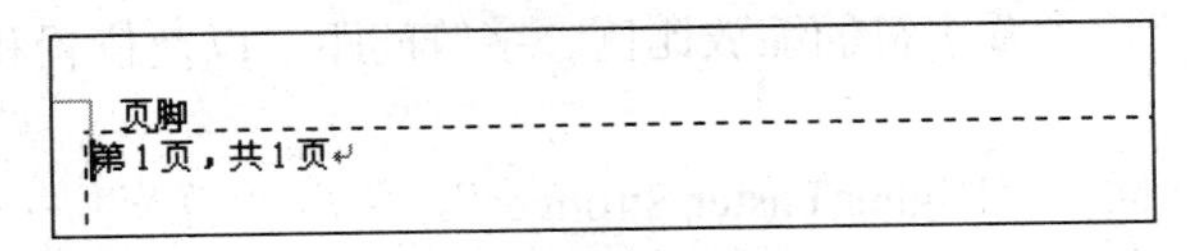

图 3-9 编辑页脚

以后如果需要对页眉页脚内容进行修改的话，可以在页眉或页脚位置双击，即可。

4) 制作题头

第一，在文档开头位置，有闪烁的“｜”标记，称为“插入点”，表示当前输入的文字出现的位置，在此输入“奥运百科”四个字。

第二，将“奥运百科”四个字选定。将鼠标放置在“奥”字的左侧，拖拽至“科”字的右侧，此时“奥运百科”四个字呈反白显示，被选定。

📖知识点提示：

在对文档进行编辑的操作时，需要先选定操作对象，然后进行操作。

其他选定文本的方法有三种。

(1) 利用选定区。在文档窗口的左侧有一个空白区域，成为选定区，当鼠标移动到此处时，鼠标指针变成右上箭头↗。这时就可以利用鼠标对行和段落进行选定操作。①单击鼠标左键：选定箭头所指向的一行。②双击鼠标左键：选定箭头所指向的一段。③三击鼠标左键：选定整个文档。

(2) 利用键盘选定。将插入点定位到要选定的文本起始位置，在按住【shift】键的同时，再按相应的光标移动键，便可将选定的范围扩展到相应的位置。①【Shift+↑】：选定上一行。②【Shift+↓】：选定下一行。③【Shift+Page Up】：选定上一屏。④【Shift+Page Down】：选定下一屏。⑤【Ctrl+A】：选定整个文档。

(3) 使用组合键选定。①选定一句：将光标移动到指向该句的任何位置，按住【Ctrl】键并单击。②选定连续区域：将插入点定位到要选定的文本的起始位置，按住【Shift】键的同时，用鼠标单击结束位置，可选定连续区域。③选定矩形区域：按住【Alt】键，利用鼠标拖拽出要选定的矩形区域。④选定不连续区域：按住【Ctrl】键，再选定不同的区域。⑤选定整个文档：将光标移到文本选定区，按住【Ctrl】键并单击。

第三，设置“奥运百科”的字体格式。选定“奥运百科”，单击“开始”→“字体”选项组中的“字体”右侧的黑三角，在下拉列表中选择“华文行楷”；单击“字号”选项右侧的黑三角，在下拉列表中选择“初号”；单击“以不同颜色突出显示文本”选项右侧的黑三角，选择红色；单击“字体颜色”选项右侧的黑三角，选择白色；单击“段落”→“居中”选项，使其居中，如图 3-10 所示。

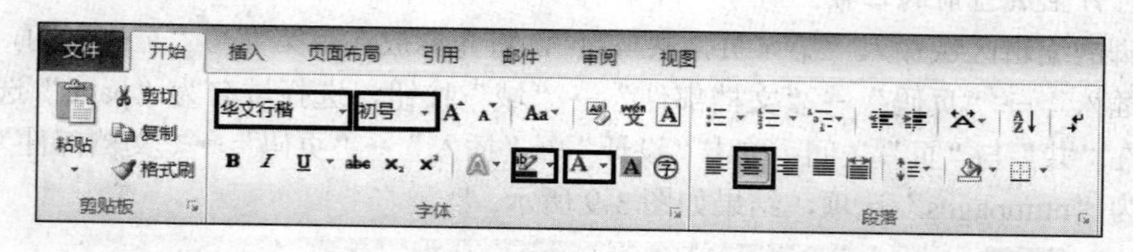

图 3-10 “字体”和“段落”选项组

字体格式的设置可以选中“奥运百科”，单击右键选择“字体”命令打开的“字体”对话框，如图 3-11 所示。①“字体”选项卡：可以进行字体的相关设置，设置字体、字形、字号、字体颜色、下画线、加着重号，以及设置字体的特殊效果。②“高级”选项卡：可以设置字符间距和 opentype 功能，设置字符的缩放比例、字符间距，以及位置和数字间距、数字形式和样式集等。

第四，通过文本框插入“Higher Faster Stronger”。单击“插入”→“文本”→“文本框”→“简单文本”选项，如图 3-12 所示。将文本框用鼠标拖至“奥运百科”四个字的前面，然后在文本框的编辑区域提示内容处输入“Higher”，回车，在第二行输入“Faster”，回车，第三行输入“Stronger”，如图 3-13 所示。

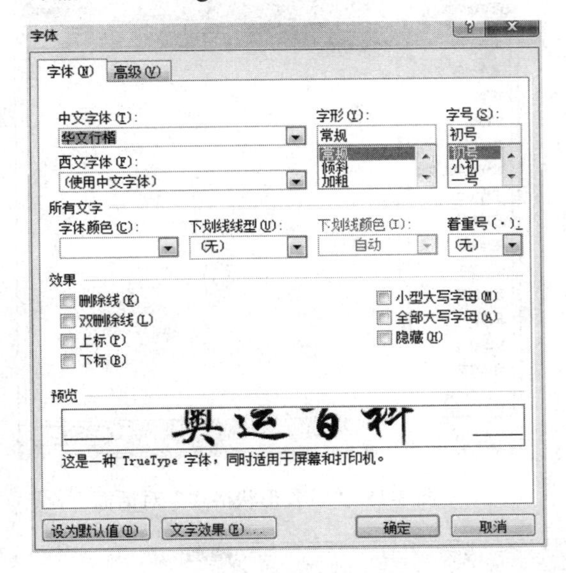

图 3-11　“字体”对话框

图 3-12　创建文本框

图 3-13　添加文本框内容

文本框是将文字和图片精确定位的有效工具。文档中的任何内容放入文本框后，就可以随时被拖拽到文档的任意位置，还可以根据需要缩放。

第五，调整文本框的位置及大小。在文本框的边框单击，选中文本框，将鼠标放在文本框边框上拖动鼠标即可移动文本框。选中文本框后，将鼠标放在文本框四周的圆圈上，鼠标变成双向箭头的时候，拖动鼠标，可以移动文本框。

第六，设置文本框形状格式。在文本框的边界上单击，可以选中文本框。右击，在打开的快捷菜单中，单击“设置形状格式”命令，如图 3-14 所示，打开“设置形状格式”对话框，在“线条颜色”中选择“无线条”，如图 3-15 所示。

第七，设置文本框里的字体。选中文本框，通过“开始”→“字体”→“字体”选项，将其字体设为“Times New Roman”，字号为“五号”，加粗。

第八，利用文本框添加图片。在“奥运百科”后面插入文本框，当光标在文本框内闪烁时，单击“插入”→“插图”→“图片”命令，打开“插入图片”对话框，如图 3-16 所示。在“查找位置”里定位到图片保存的位置，在下方选定要插入的图片——奥运五环，单击“插入”选项。在文本框内插入图片，如图 3-17 所示。

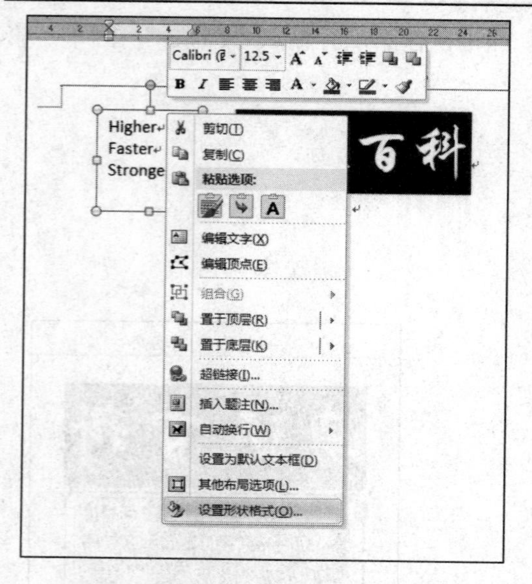

图 3-14　文本框“设置形状格式”命令

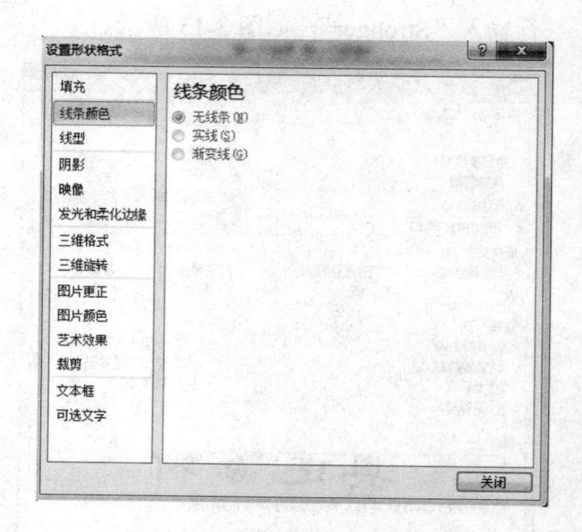

图 3-15　“设置形状格式”对话框

图 3-16　“插入图片”对话框

图 3-17　插入图片后的效果

第九，调整文本框的位置，设置文本框的边框线条为无线条颜色。

第十，添加直线，美化文档。单击“插入”→“形状”→“线条”→“直线”选项，在文档的适当位置拖动画出一条直线，在直线上右击选择“设置形状格式”命令，打开“设置形状格式”对话框，在“线条颜色”选项卡下，设置“颜色”为红色；在“线型”选项卡下，设置“宽度”为 2.5 磅，如图 3-18 所示。

设计完的整体效果如图 3-19 所示。

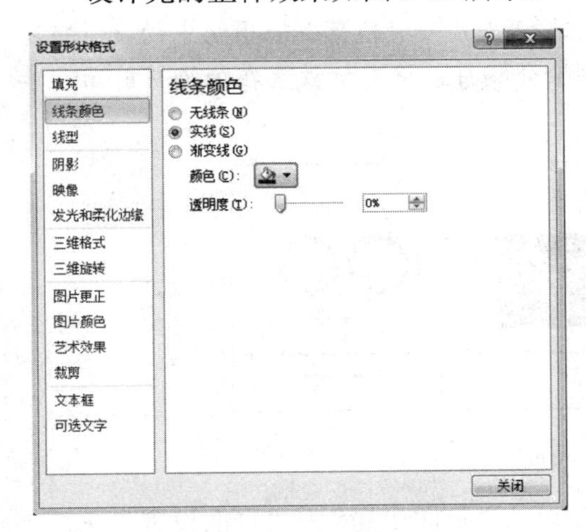

图 3-18 【设置自选图形格式】对话框

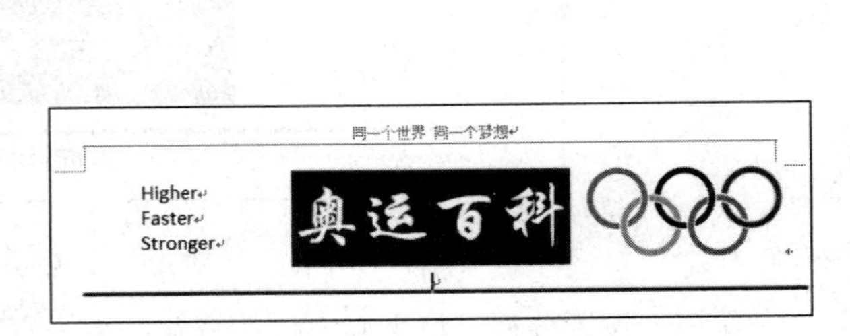

图 3-19　整体效果图

5) 插入分节符，设置分栏

在文档中，上面的内容为一栏，下面的内容设置成两栏，因此需要在此插入分节符，将文档分成两节，分别对每一节设置不同的分栏效果。节可以是整个文档，也可以是文档的一部分，如一段或一页。

第一，在直线线条的下方双击，将光标定位在这个地方。

第二，单击“页面布局”→“页面设置”→“分隔符”→“分节符”→“连续”，如图 3-20 所示。

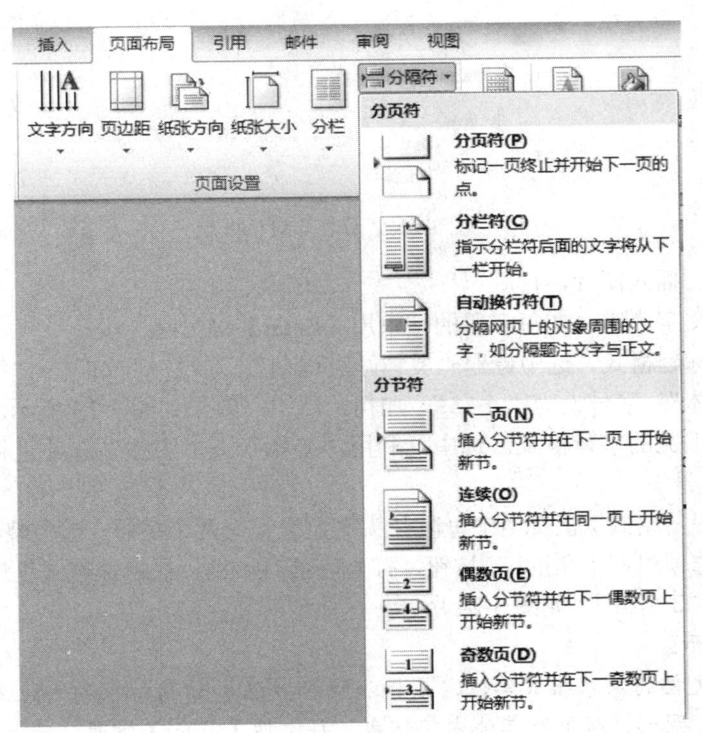

图 3-20 “分隔符”选项框

📖知识点提示：

插入分节符后，看不到文档中有任何变化，单击“开始”→“段落”选项组中的 按钮，可以将分节符显示出来，如图 3-21 所示。如果要删除分隔符，将光标放置在分隔符前面，单击【Delete】键，即可删除分隔符。

图 3-21　查看分隔符

第三，设置分栏。将光标定位在分节符下一行，单击“页面布局”→“页面设置”→“分栏”命令，选择“两栏”或选择“更多分栏”打开“分栏”对话框，在“预设”中选择两栏，如图 3-22 所示。

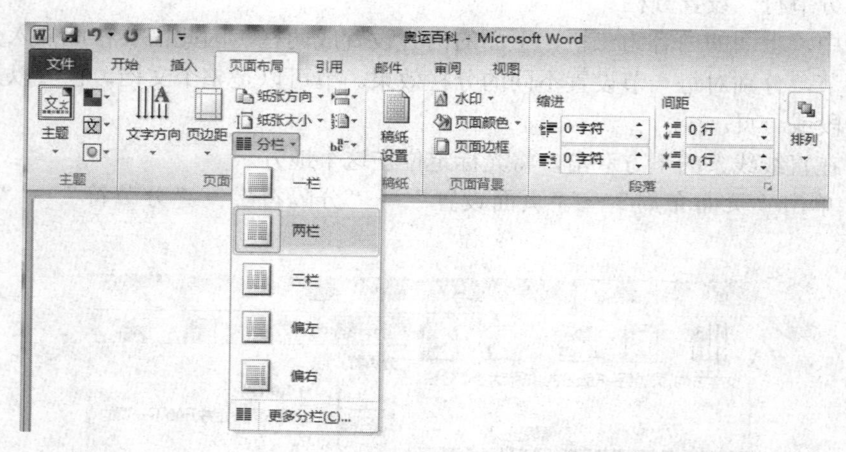

图 3-22　“分栏”对话框

6) 输入文字，插入图片，排版

第一，输入文字内容。在每一段的结束用【Enter】键另起一段。

第二，设置标题格式。选中标题“奥林匹克运动”，通过“开始”→“字体”选项组，将其字体设为“黑体”，字号设为“小二”，加粗，居中，效果如图 3-23 所示。

第三，设置正文的字体格式。选中，利用“开始”→“字体”选项组将其字体设为“宋体”，字号为“五号”。

第四，设置段落格式。正文当中每段开头需要设置空两个字符。选中整个正文，单击“开始”→“段落”选项组右下角的 按钮，打开段落对话框，在特殊格式里选择“首行缩进”，度量值里设置为“2 字符”，如图 3-24 所示。

📖知识点提示：

段落是一个文档的基本组成单位，是指以段落标记 ↵ 作为结束的一段文字。段落可以由任意数量的文字、图形、对象及其他内容组成。每次按【Enter】键时，就产生一个段落标记。

段落标记不仅标识一个段落的结束，还保存段落的格式信息，包括段落的对齐方式、缩进设置、段落间距等。

对段落的格式化，包括对段落左右边界的定位、段落的对齐方式、缩进方式、行间距、段间距等进行设置。

图 3-23　标题效果图

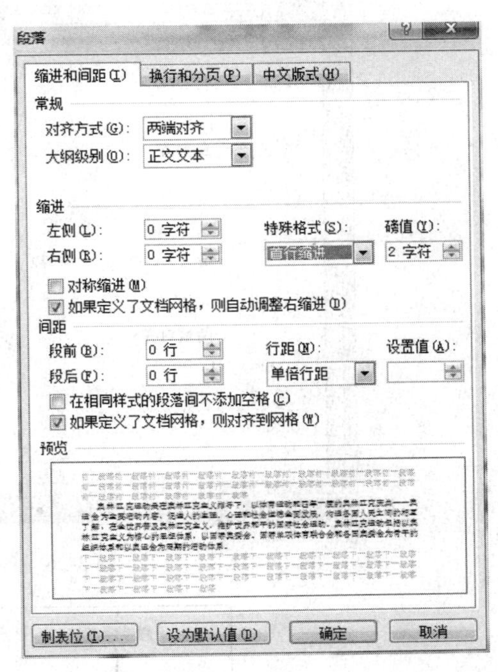

图 3-24　“段落”对话框

在设置段落格式前，必须先选中要设置格式的段落，如果只设置一个段落，可以将插入点移到该段落中，然后再开始对此段落进行格式设置。

(1) 使用“开始”选项卡中的“段落”选项组里的“两端对齐”、“居中”、“文本右对齐”、“文本左对齐”、“分散对齐”、“行和段落间距”选项，如图 3-25 所示，可对段落的相应格式进行设置。

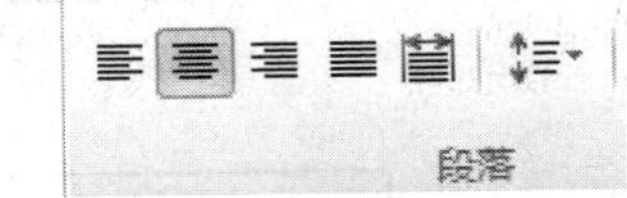

图 3-25 【段落】选项组中的对齐工具

(2) 使用“段落”对话框设置段落格式。单击“开始”|“段落”命令，打开段落对话框。在段落对话框内，可以设置文本的对齐方式，包括左对齐、两端对齐、居中、右对齐和分散对齐，Word 默认的对齐格式是两端对齐。各种对齐效果如图 3-26 所示。在“缩进”区域可以段落缩进。“段落缩进”是指段落文字的边界相对于左、右页边距的距离。段落缩进有以下四种格式。①左缩进：段落左侧边界与左页边距保持一定的距离。②右缩进：段落右侧边界与右页边距保持一定的距离。③首行缩进：段落首行第一个字符与左侧边界保持一定的距离。④悬挂缩进：段落中除首行以外的其他各行与左侧边界保持一定的距离。

(3) 使用水平标尺设置段落格式。通过拖拽水平标尺上相应的缩进标记来设置段落的缩进，标尺上各滑块的作用如图 3-27 所示。

设置完段落格式后的效果如图 3-28 所示。

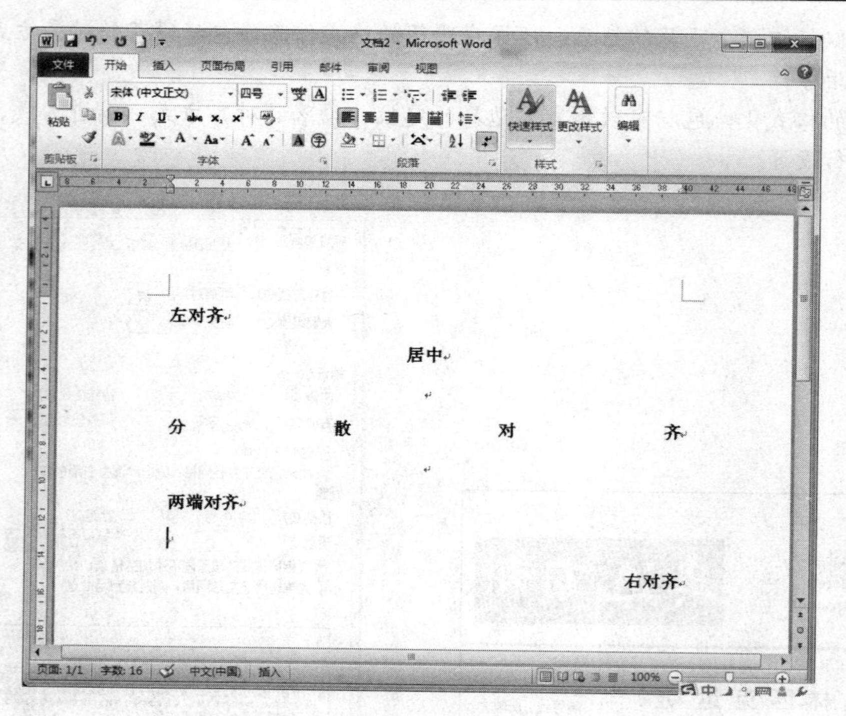

图 3-26 各种对齐方式效果图

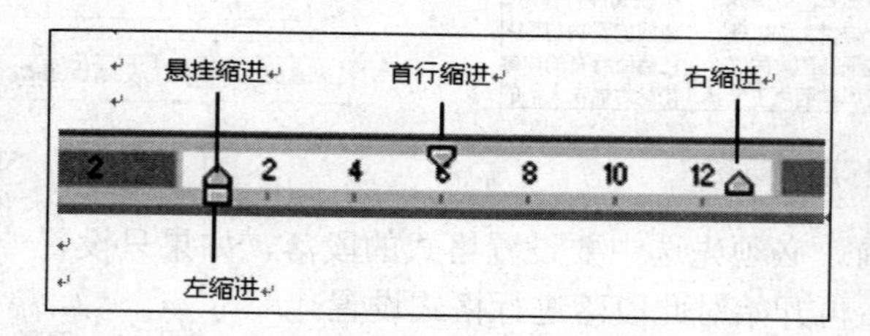

图 3-27 水平标尺

图 3-28 设置段落格式的效果图

第五，插入图片。将光标放在正文第一段的末尾，点击【Enter】键，另起一段。单击“插入”|“图片”，打开“插入图片”对话框，如图 3-29 所示。在对话框中选择要插入的图片，单击【确定】按钮。

插入图片后，可以对所插入的图片进行编辑，首先单击图片，选中要编辑的图片，选中后在图片四周会出现圆圈和方框，如图 3-30 所示。同时会打开“图片工具格式”选项卡，如图 3-31 所示。

图 3-29 【插入图片】对话框

图 3-30　插入的图片

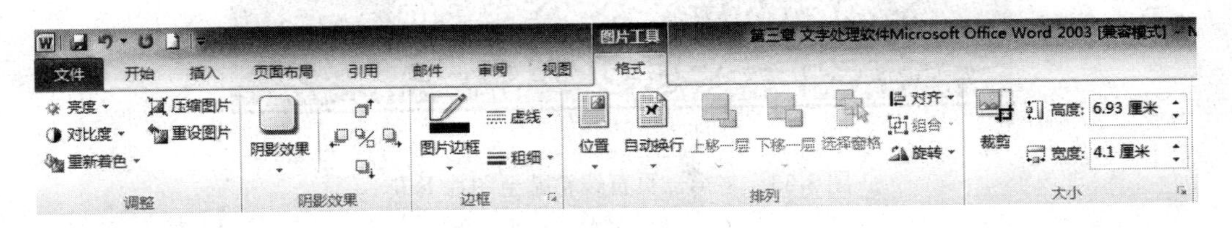

图 3-31 “图片工具格式”选项卡

将鼠标放在图片周围的圆圈和方框上，鼠标变成双向箭头的时候，拖动鼠标即可改变图片大小。

利用“图片工具格式”选项卡上的按钮可以改变图片的颜色效果，增加/降低对比度和亮度，可以将图片进行旋转、剪裁和排列，对图片的文字环绕方式和边框进行设置。

第六，用同样的方法在第三段和最后一段后面分别插入图片。

第七，将光标定位在最后一个图片的后面，在此插入分节符。单击“页面布局”→“页面设置”→“分隔符”→“分节符”命令，在分节符类型里选择“下一页”。

第八，调整图片的大小，使所有内容显示在同一页上，第一页制作完成，最终效果如图 3-1 所示。

7) 在第二页中插入图片，录入文字，进行排版

第一，单击“插入”→“插图”→“图片”命令，查找需要插入的图片，单击“插入”按钮。

第二，选中插入的图片，单击“图片工具格式”→“排列”→“自动换行”选项，在列表中选择“浮于文字上方”，如图 3-32 所示。

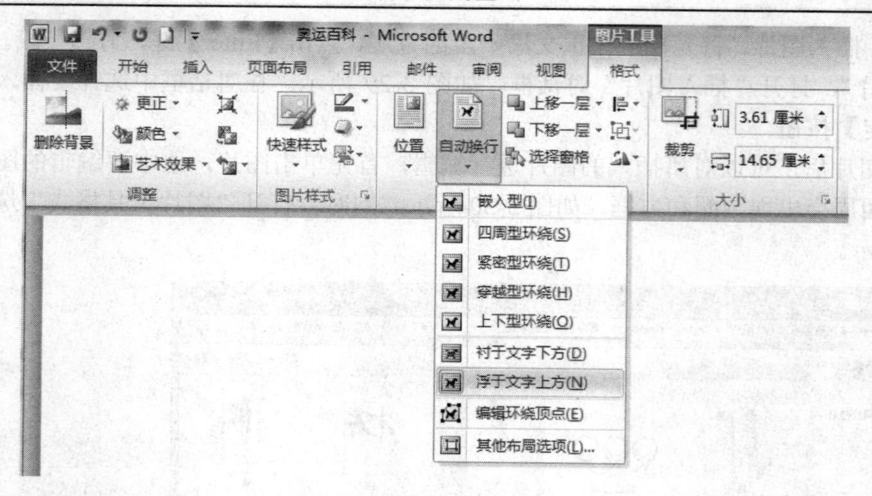

图 3-32　设置图片“浮于文字上方”

第三，复制第一页的直线线条，粘贴到第二页的相应位置。在第一页的直线上单击，选中直线，单击“开始”→“剪贴板”→“复制”命令，将其复制。在第二页的相应位置右击，在快捷菜单中选择“粘贴”，并调整其位置。效果如图 3-33 所示。

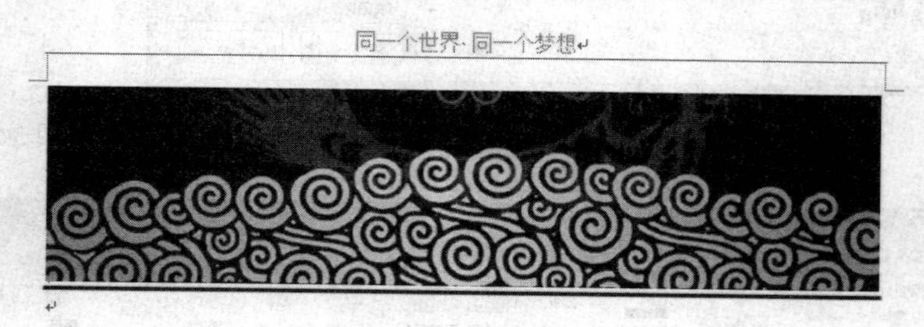

图 3-33　将第一页直线粘贴至图片下方

8) 取消分栏，录入文字信息

第一，单击“页面布局”→“页面设置”→“分栏”命令，选择“一栏”或“更多分栏”打开“分栏”对话框，在“预设”中选择一栏，单击【确定】按钮，如图 3-34 所示。

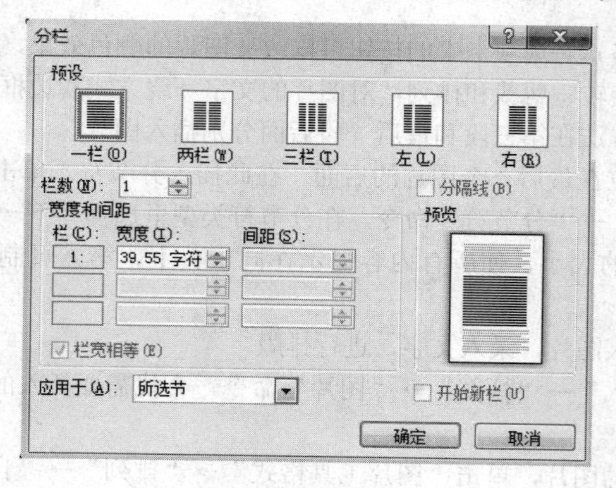

图 3-34　分栏对话框设置分栏

在直线的下方录入文字信息，效果如图 3-35 所示。

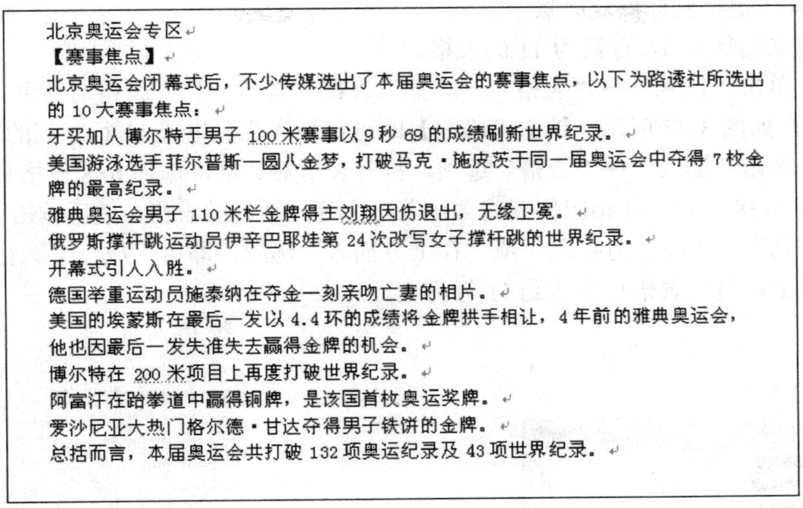

北京奥运会专区
【赛事焦点】
北京奥运会闭幕式后，不少传媒选出了本届奥运会的赛事焦点，以下为路透社所选出的 10 大赛事焦点：
牙买加人博尔特于男子 100 米赛事以 9 秒 69 的成绩刷新世界纪录。
美国游泳选手菲尔普斯一圆八金梦，打破马克·施皮茨于同一届奥运会中夺得 7 枚金牌的最高纪录。
雅典奥运会男子 110 米栏金牌得主刘翔因伤退出，无缘卫冕。
俄罗斯撑杆跳运动员伊辛巴耶娃第 24 次改写女子撑杆跳的世界纪录。
开幕式引人入胜。
德国举重运动员施泰纳在夺金一刻亲吻亡妻的相片。
美国的埃蒙斯在最后一发以 4.4 环的成绩将金牌拱手相让，4 年前的雅典奥运会，他也因最后一发失准失去赢得金牌的机会。
博尔特在 200 米项目上再度打破世界纪录。
阿富汗在跆拳道中赢得铜牌，是该国首枚奥运奖牌。
爱沙尼亚大热门格尔德·甘达夺得男子铁饼的金牌。
总括而言，本届奥运会共打破 132 项奥运纪录及 43 项世界纪录。

图 3-35　录入第二页文字内容

第二，设置标题格式。选中“北京奥运会专区”标题，单击“开始”→“字体”→“字号”右侧的下三角，选择“小一”；单击“字体颜色”右侧的黑三角，选择“红色”；单击“段落”→“居中”按钮，使标题居中显示。选中“【赛事焦点】”，将其字号设为“小三”，字体颜色为“红色”。

第三，设置段落格式。在第一段的任意位置单击，将光标定位在第一段中。单击“开始”→“段落”→“段落”选项，打开“段落”对话框，在“特殊格式”里选择“首行缩进”，度量值为“2 字符”，单击【确定】按钮。

第四，将最后一段设置为同样的格式。

9) 项目符号和编号，在文档中间的十大赛事焦点前面统一添加符号

第一，选中需要添加符号的段落。

第二，单击“开始”→“段落”→“项目符号”按钮右侧▼，打开“项目符号库”的对话框，在“项目符号库”对话框中选择最后一个符号，如图 3-36 所示。

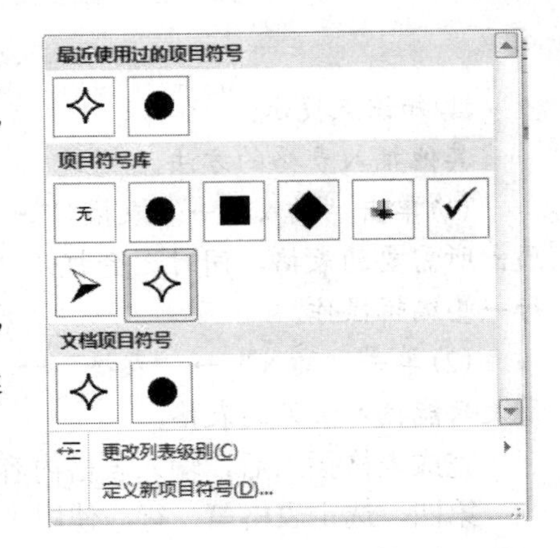

图 3-36 “项目符号库”对话框

10) 制作金牌榜的表格

第一，在新的一行中输入第二部分的小标题。

第二，要将“金牌榜”的格式设置得和“赛事焦点”的格式相同，在这里我们使用“格式刷”工具。选中“赛事焦点”，单击“开始”→“剪贴板”→“格式刷”，此时鼠标变成“刷子”形状，在“金牌榜”上拖动鼠标，可将其格式复制给“金牌榜”，最后回车。

利用“格式刷”可进行字符格式的复制，将一个文本的格式复制到其他文本中。“格式刷”的操作有两种：单击和双击。①单击：可将格式复制到一处连续的文本中。先选中要复制格式的文本，然后单击“格式刷”，在目标文本上拖拽鼠标，即可完成格式的复制。复制完成后鼠标恢复原状。②双击：可将格式复制到多出文本块上。

双击“格式刷”后，在需要设置格式的文本上拖动，完成复制。若取消复制，则单击“格式刷”或按“Esc”键，鼠标恢复原状。

第三，建立列数为 6，行数为 11 的表格。

方法一：单击“插入”→“表格”→“插入表格”选项，打开表格对话框，设置列数为 6，行数为 11，如图 3-37 所示，单击【确定】即可在相应位置生成 11 行 6 列的表格；

方法二：单击“插入”→“表格”选项，打开表格对话框，选择 6×8 表格(列数为 6，行数为 8)，如图 3-38 所示，在相应位置就会插入一个 6 列 8 行的表格。然后单击“表格工具布局”→“行和列”→“在下方插入”或“在上方插入”选项，即可生成一个新行，如图 3-39 所示，重复以上，直至表格行数达到 11 行为止。

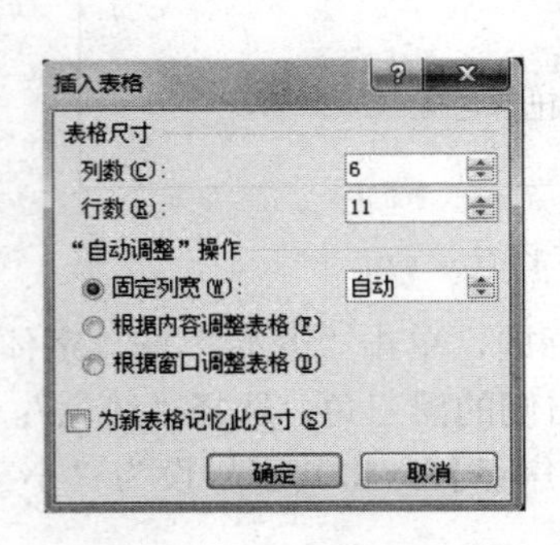

图 3-37 “插入表格”对话框

图 3-38 表格对话框

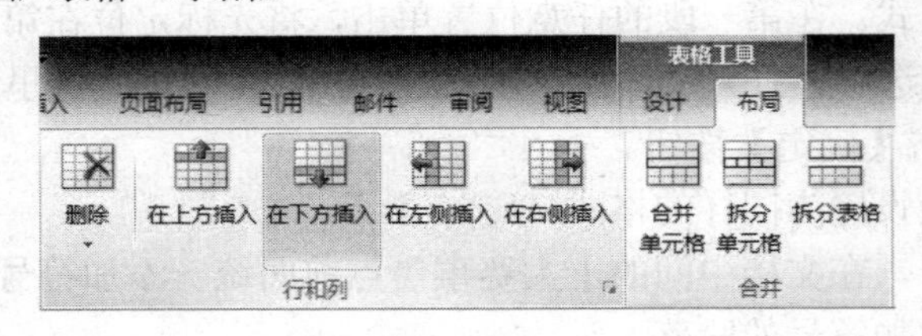

图 3-39 行和列选项组

📖知识点提示:

其他插入表格的方法。

(1)单击“插入”→“表格”→“绘制表格”命令，这是鼠标会变成“笔”的形状，可以画出所需要的表格，同时还会打开“表格工具设计”和“表格工具布局”选项卡，对表格进行一些编辑操作。

(2)单击“插入”→“表格”→“快速表格”命令，选择要插入的表格的规格，这种方式最大只能插入常见的表格。

完成表格插入后，输入表格内容。

第四，选定表格第一行，使用“开始”→“字体”选项组，将第一行的文字设置为四号、宋体、加粗。

在对表格当中的单元格、列、行进行操作时，需要先将其选定，下面我们先介绍一些选定的方法。

(1)选定单元格：将光标移动到要选定的单元格的左侧边界，光标变成指向右上方的黑箭头时单击，即可选定该单元格。

(2) 选定一行：将光标移动到要选定行左侧选定区，当鼠标变成指向右上方的空心箭头时单击，即可选定该行，如要选定相邻的多行可拖动鼠标。

(3) 选定一列：将光标移动到该列顶部选定区，当光标变成指向下方的实心箭头时，单击即可选定该列，如要选定相邻的多列可拖动鼠标。

(4) 选定连续单元格区域：拖拽鼠标选定连续单元格区域即可。这种方法也可用于选定单个、一行或一列单元格。

(5) 选定整个表格：光标指向表格左上角，单击出现的“表格的移动控制点”图标“⊞”，单击即可选定整个表格。

(6) 表格、行、列、单元格的选定，也可以单击【表格工具布局】→【表】→【选择】按钮选择相应命令完成。

第五，设置底纹。

方法一：单击表格任意位置，选择“表格工具设计”→“表格样式”→【浅色列表—强调文字颜色 3】按钮，如图 3-40 所示.

图 3-40　表格样式选项组

方法二：将表格第一行选中，单击右键，选择“边框和底纹”命令，打开“边框和底纹”对话框，在“底纹”选项卡下，选择填充颜色为“浅绿”，如图 3-41 所示，单击【确定】按钮。

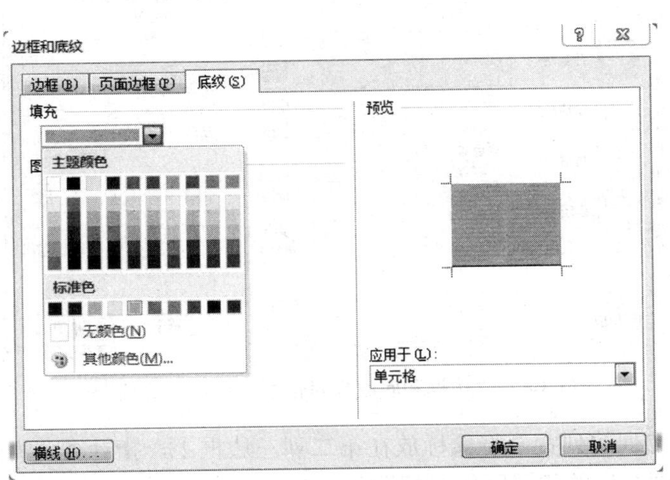

图 3-41　“边框和底纹”对话框“底纹”选项卡

第六，设置边框。

方法一：选中表格，单击“表格工具设计”→“绘画边框”→“笔样式”选项中的“双直线”，然后单击“表格工具设计”→“表格样式”→“边框”→“外侧框线”，如图 3-42 所示。

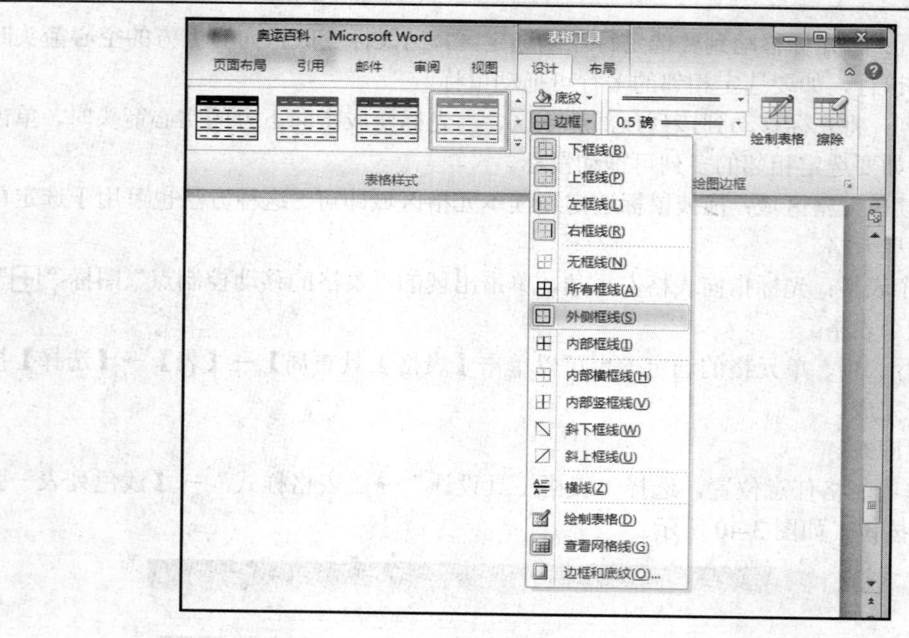

图 3-42　边框按钮

方法二：选中表格，单击右键，选择“边框和底纹”命令，打开“边框和底纹”对话框，选择“边框”选项卡，在“设置”区域选择“方框”，在“样式”区域选择“双直线”，如图 3-43 所示，单击【确定】按钮。

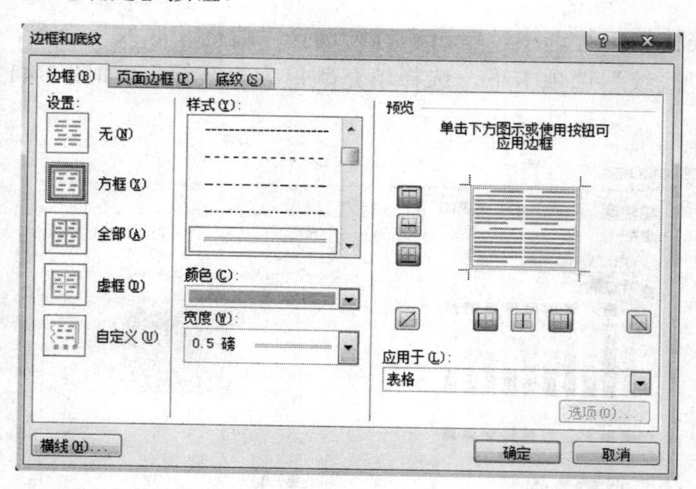

图 3-43 “边框和底纹”对话框“边框”选项卡

第七，调整第二列的列宽。将鼠标放在第二列左边框上，指针变为双向箭头的时候，拖动鼠标改变列宽，到合适的位置释放鼠标即可。

第八，调整行高。将鼠标放在第一行的下边框上，指针变成双向箭头的时候，向下拖动鼠标改变第一行的行高。

第九，将第二行以后的各行高度调整为 0.75 厘米。

方法一：选中第 2 行至第 11 行，在“表格工具布局”→“单元格大小”→“表格行高”选项数值框中输入“0.75 厘米”，如图 3-44 所示。

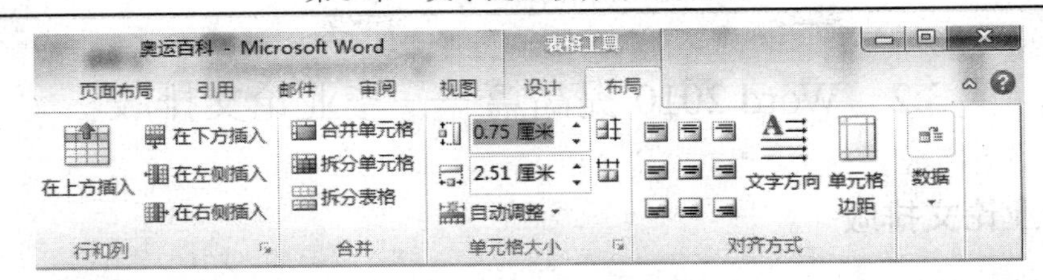

图 3-44　表格行高设置

方法二：选中第 2 行至第 11 行，单击“表格工具布局”→“表”→“属性”选项，打开“表格属性”对话框，单击“行”选项卡，在“尺寸”区域中指定高度复选框，先在“行高值是”选择“固定值”，然后在“指定高度”数值框中输入“0.75 厘米”，单击【确定】按钮，如图 3-45 所示。

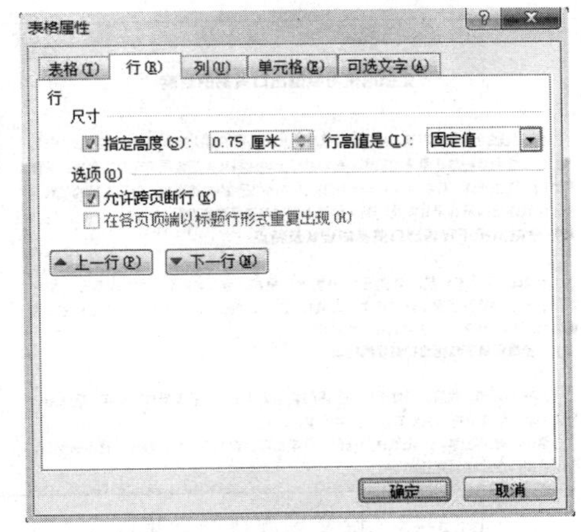

图 3-45　“表格属性”对话框

第十，设置单元格内容对齐方式为水平和垂直均居中。

方法一：选中整个表格，单击“表格工具布局”→“对齐方式”→“水平居中”，如图 3-46 所示。

方法二：选中整个表格，在表格上右击，在弹出快捷菜单中，选择“单元格对齐方式”→“居中”选项，如图 3-47 所示。

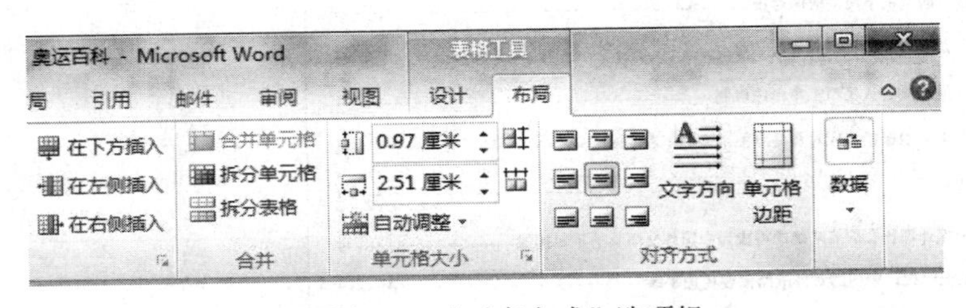

图 3-46　“对齐方式”选项组

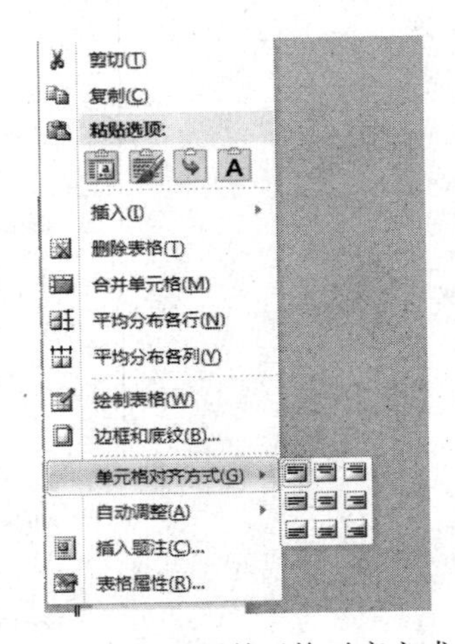

图 3-47　设置单元格对齐方式

奥运简报制作完成。

3.2　Word 2010 提高篇——毕业论文排版

任务 2　毕业论文排版

写毕业论文是每个大学毕业生毕业前的主要工作，而严格的论文格式让小王有些头疼，让我们帮帮他，看看毕业论文如何排版、规范格式和生成目录。

1. 解决方案

将做好的毕业论文按照特定的格式进行排版，并且设置多级编号，最后生成目录，效果图如图 3-48、图 3-49 所示。

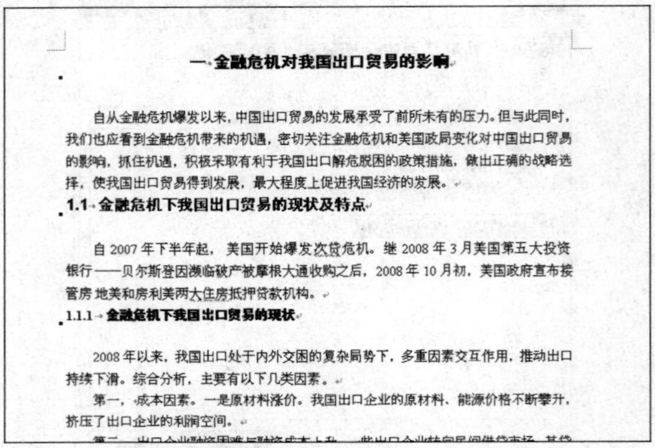

一 金融危机对我国出口贸易的影响

自从金融危机爆发以来，中国出口贸易的发展承受了前所未有的压力。但与此同时，我们也应看到金融危机带来的机遇，密切关注金融危机和美国政局变化对中国出口贸易的影响，抓住机遇，积极采取有利于我国出口解危脱困的政策措施，做出正确的战略选择，使我国出口贸易得到发展，最大程度上促进我国经济的发展。

1.1 金融危机下我国出口贸易的现状及特点

自 2007 年下半年起，美国开始爆发次贷危机。继 2008 年 3 月美国第五大投资银行——贝尔斯登因濒临破产被摩根大通收购之后，2008 年 10 月初，美国政府宣布接管房 地美和房利美两大住房抵押贷款机构。

1.1.1 金融危机下我国出口贸易的现状

2008 年以来，我国出口处于内外交困的复杂局势下，多重因素交互作用，推动出口持续下滑。综合分析，主要有以下几类因素。

第一，成本因素。一是原材料涨价。我国出口企业的原材料、能源价格不断攀升，挤压了出口企业的利润空间。

图 3-48　论文局部排版效果图

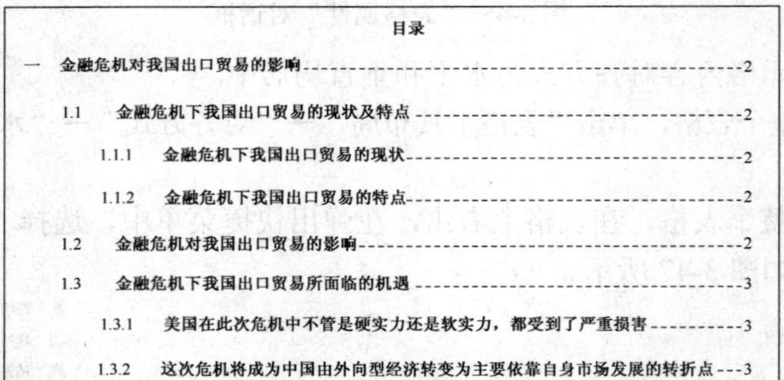

目录

图 3-49　目录生成效果图

2. 实现步骤

1) 页面设置

(1) 单击“页面布局”→“页面设置”→“页边距”→“自定义边距”，打开“页面设置”对话框，在“页边距”区域设置上下均为 2.54 厘米，左、右边距均为 2.5 厘米，如图 3-50 所示。

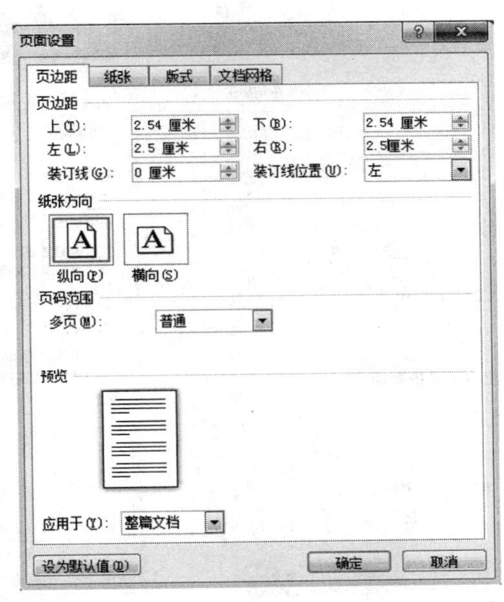

图 3-50 【页面设置】对话框

(2) 单击【确定】按钮。

2) 修改样式

根据论文标题使用多级符号的要求，按照表所示参数，对 Word 模板内置样式进行修改，并应用到论文中。毕业论文标题格式要求，如表 3-1 所示。

表 3-1　毕业论文标题格式要求

名称	字体	字号	间　距	对齐方式
标题 1	宋体 加粗	三号	固定行距 20 磅，段后间距 30 磅	居中
标题 2	宋体 加粗	小三	固定行距 20 磅，段后间距 20 磅	左对齐
标题 3	宋体 加粗	四号	固定行距 20 磅，段后间距 18 磅	左对齐
正文	宋体	四号	单倍行间距	首行缩进两个字符

知识点提示：

毕业论文通常由题目、摘要、目录、正文、结论、参考文献和附录等部分组成，文档长且各部分格式复杂，所以在输入文字之前，先创建好样式再应用会事半功倍，并且论文中标题多级符号的应用也使增、删、改后的标题能自动调整编号。

论文标题的多级符号可以采用 Word 中内置样式模板的“标题 1”、“标题 2”或“标题”等样式，也可以自己新建样式。样式可以根据论文排版的要求修改。

(1) 单击“开始” | “样式” | “标题 1”选项，打开“样式和格式”任务窗格。将鼠标指针移到“标题 1”样式名处，单击其右键选择“修改”选项。

(2) 打开“修改样式”对话框，在“字体”下拉菜单中选择“宋体”，在字号下拉列表中选择“三号”，单击“加粗”选项、单击▤（“居中”），如图 3-51 所示。

(3) 在“修改样式”对话框中，选择“格式”下拉菜单中的“段落”选项，打开“段落”对话框。选择“缩进和间距”选项卡，在“行距”下拉列表中选择“固定值”，在“设置值”中输入“20 磅”，在“段后”数值框中输入“30 磅”，如图 3-52 所示。

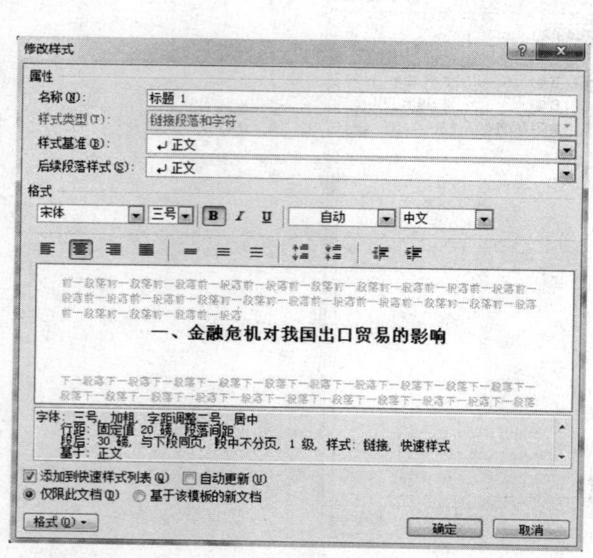

图 3-51 “修改样式”对话框

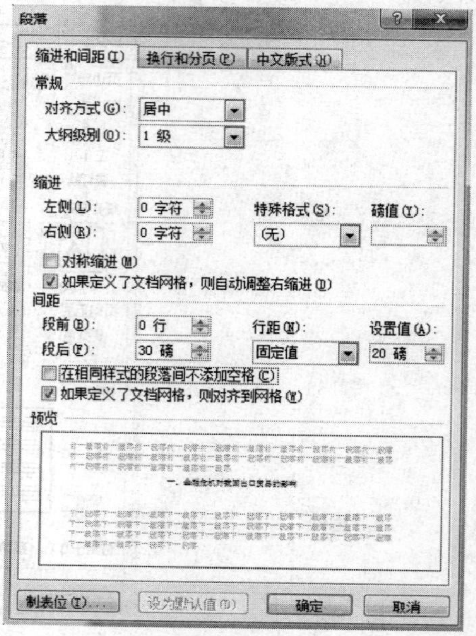

图 3-52 “段落”对话框

(4) 依次单击【确定】按钮即可。

(5) 按照上述方法，根据表所示参数要求设置其他格式。

(6) 应用样式，选中文档中要应用样式的文字，或者定位于要应用样式的段落的任意位置，然后再单击“开始”→“样式”中相应的样式名称按钮即可。

📖知识点提示：

如果要为文档中的多处已经具有同一样式的文字，再应用其他的相同样式，这时可以一次性完成，如本来应该应用“标题 3”样式的文字，在这里全部错误地应用了“标题 2”的样式。实现方法是首先将插入点置于要重新应用样式的段落的任意位置，如某个错误应用了“标题 2”样式的段落中，然后单击“样式”任务窗格中“全选”选项，或者选中文字后单击右键，从弹出的快捷菜单中选择“样式”→“选择格式相似的文本”命令，如图 3-53 所示，这样即可将所有应用了“标题 2”样式的文本选中，然后再单击任务窗格中应用样式的名称(如“标题 3”)即可。

3) 多级编号

标题是论文的眉目，应该突出，简明扼要，层次清晰，按如图 3-54 所示的样式设置多级符号。

(1) 随意选中一个使用“标题 1”样式的段落。

(2) 单击“开始”→“段落”→“多级列表”选项，选择“列表库”中第二样式，如图 3-55 所示。然后单击“定义新的多级列表”选项，打开“定义新多级列表”对话框。

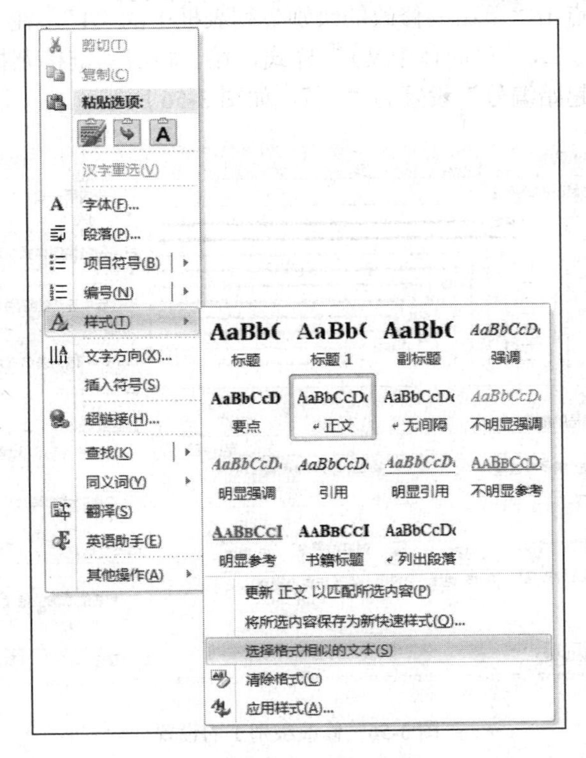

图 3-53 “选择格式相似的文本”命令

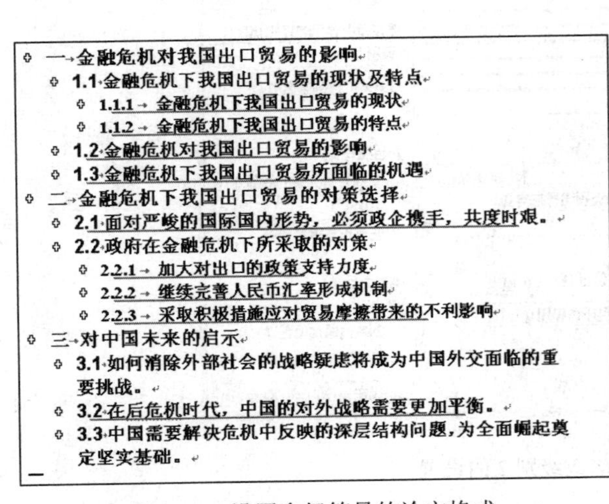

一→金融危机对我国出口贸易的影响

1.1 金融危机下我国出口贸易的现状及特点

1.1.1→ 金融危机下我国出口贸易的现状

1.1.2→ 金融危机下我国出口贸易的特点

1.2 金融危机对我国出口贸易的影响

1.3 金融危机下我国出口贸易所面临的机遇

二→金融危机下我国出口贸易的对策选择

2.1 面对严峻的国际国内形势，必须政企携手，共度时艰。

2.2 政府在金融危机下所采取的对策

2.2.1→ 加大对出口的政策支持力度

2.2.2→ 继续完善人民币汇率形成机制

2.2.3→ 采取积极措施应对贸易摩擦带来的不利影响

三→对中国未来的启示

3.1 如何消除外部社会的战略疑虑将成为中国外交面临的重要挑战。

3.2 在后危机时代，中国的对外战略需要更加平衡。

3.3 中国需要解决危机中反映的深层结构问题，为全面崛起奠定坚实基础。

图 3-54　设置多级符号的论文格式

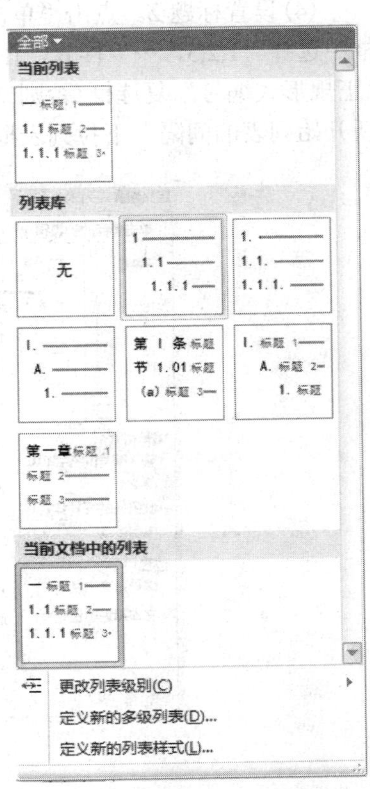

图 3-55 “多级列表”选项卡

(3) 设置标题 1。点击“单击要修改的级别”列表框中的“1”，在“此级别的编号样式”下拉列表中选择“一，二，三(简体中文)”样式，在“将级别链接到样式”下拉列表框中选择“标题 1”样式，“起始编号”设置为“一”，如图 3-56 所示。

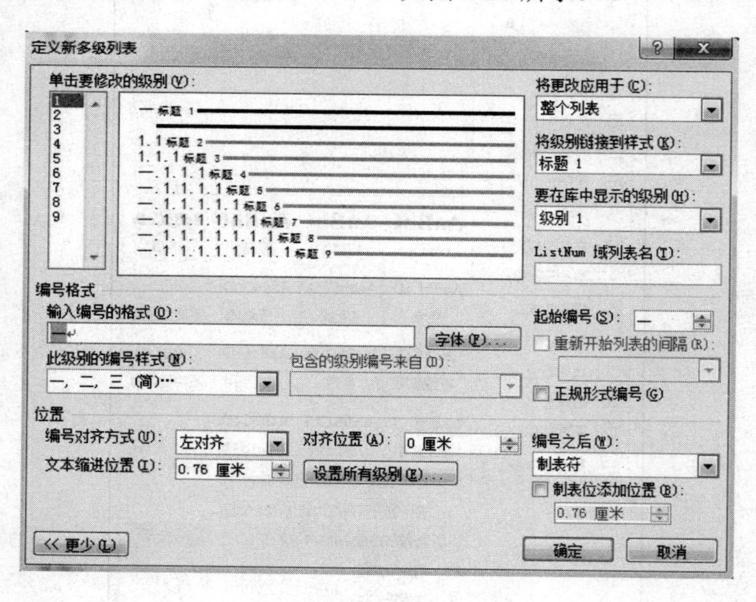

图 3-56　修改级别 1 的设置

(4) 设置标题 2。点击“单击要修改的级别”列表框中的“2”，在“此级别的编号样式”框中选择“1,2,3，…”样式，在“将级别链接到样式”下拉列表框中选“标题 2”样式，选中“正规形式编号”复选框(否则二级标题只能显示为“一.1”)，“起始编号”设置为“1”，“重新开始列表的间隔”下拉列表框中选“级别 1”，如图 3-57 所示。

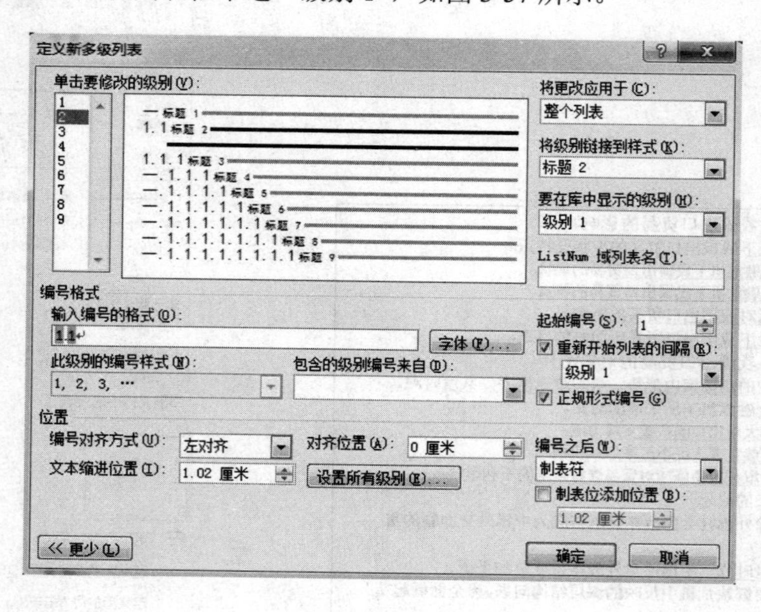

图 3-57　修改级别 2 的设置

(5) 设置标题 3。点击“单击要修改的级别”列表框中的“3”，在“此级别的编号样式”框中选择“1,2,3，…”样式，在“将级别链接到样式”下拉列表框中选“标题 3”样式，选中“正规形式编号”复选框，“起始编号”设置为“1”，“重新开始列表的间隔”下拉列表框中选“级别 2”，如图 3-58 所示。依次单击【确定】按钮即可，设置好的多级符号如图 3-59 所示。

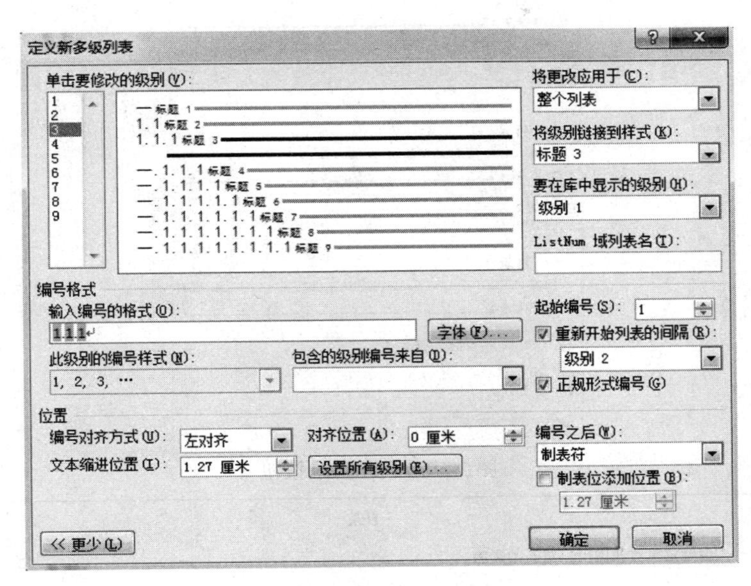

图 3-58　修改级别 3 的设置

图 3-59　设置好的样式效果

4) 创建目录

论文内容确定下来后，还要为论文添加目录，以方便阅读。添加目录之前需要先为文档创建相应级别的标题，在上面的操作中，我们已经设置好了需要创建目录的一、二、三级标题的大纲级别。

(1) 目录都是单独占一页，将插入点定位到文档的最开头，单击“页面布局”→“分隔符”→“分节符”→“下一页”选项。

(2) 将光标定位到空白页，单击“引用”→“目录”→“自动目录 1”选项，如图 3-60 所示。单击“自动目录 1”选项后，得到如图 3-61 所示的目录。

(3) 更新目录。若添加完目录后，又对正文内容进行了改动，并影响了目录中的页码，就需要更新目录。在目录区域内单击鼠标右键，在弹出的快捷菜单中选择“更新域”→“更新整个目录”即可更新目录。

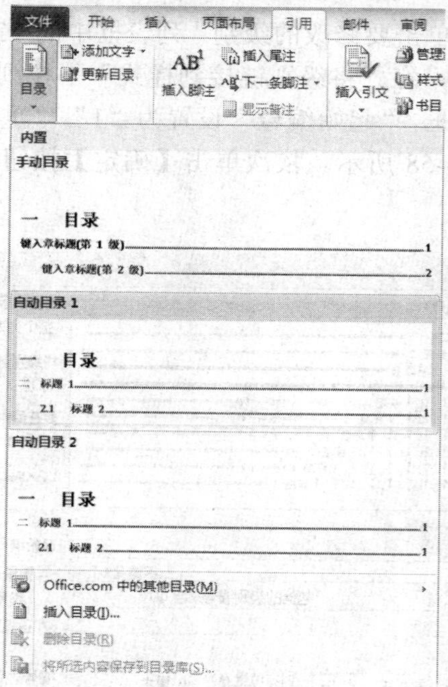

文件　开始　插入　页面布局　引用　邮件　审阅

目录　添加文字　更新目录　插入脚注　插入尾注　下一条脚注　显示备注　插入引文　管理　样式　书目

内置

手动目录

一　目录

键入章标题(第 1 级)......1

键入章标题(第 2 级)......2

自动目录 1

一　目录

二　标题 1......1

2.1　标题 2......1

自动目录 2

一　目录

二　标题 1......1

2.1　标题 2......1

Office.com 中的其他目录(M)

插入目录(I)...

删除目录(R)

将所选内容保存到目录库(S)...

图 3-60　自动目录按钮

目录

一　金融危机对我国出口贸易的影响------2

1.1　金融危机下我国出口贸易的现状及特点------2

1.1.1　金融危机下我国出口贸易的现状------2

1.1.2　金融危机下我国出口贸易的特点------2

1.2　金融危机对我国出口贸易的影响------2

1.3　金融危机下我国出口贸易所面临的机遇------3

1.3.1　美国在此次危机中不管是硬实力还是软实力，都受到了严重损害------3

1.3.2　这次危机将成为中国由外向型经济转变为主要依靠自身市场发展的转折点------3

1.3.3　微观层面，危机将给中国企业提供低成本抄底国外战略性基础产业的机会------3

二　金融危机下我国出口贸易的对策选择------3

2.1　面对严峻的国际国内形势，必须政企携手，共度时艰　3

2.2　政府在金融危机下所采取的对策------3

2.2.1　加大对出口的政策支持力度------3

2.2.2　继续完善人民币汇率形成机制------4

2.2.3　采取积极措施应对贸易摩擦带来的不利影响------4

三　对中国未来的启示------4

3.1　如何消除外部社会的战略疑虑将成为中国外交面临的重要挑战------4

3.2　在后危机时代，中国的对外战略需要更加平衡------4

3.2.1　中国需要解决危机中反映的深层结构问题，为全面崛起奠定坚实基础------5

图 3-61　自动目录效果图

3.3　Word2010 高级应用篇——邮件合并

任务 3　制作工资单

大学毕业后，小王终于争取到了一个去国有企业上班的机会。虽说是国有企业，可是这家企业的信息化程度较低。上班的第一天，小王精心打扮，哼着小调，信息十足地踏入了人力资源部办公室报道。人力资源部告诉他部门暂不定，先在人力资源部帮忙。部长给了他上班后的第一个任务，给全企业 1000 多名职工制作工资单。小王想了想，完了，大学里学了那么多的计算机知识，却不知如何运用。

满腹委屈的小王利用中午的时间给老师打了个电话，诉诉苦。想不到，话刚说话完，老师就笑了起来。老师说，其实很简单，只要懂得利用现代化的工具，很快就能完成任务。经过老师的一番指点，小王终于轻松地完成了任务。

1. 解决方案

我们可以利用 Word 的邮件合并功能，将 Excel 中的数据按照 Word 中的排版格式进行批量打印。

在办公时，我们的数据一般都会在 Excel 中进行保存和管理，如图 3-62 所示。现在我们要将 Excel 中保存的数据按照一定的格式统一打印出来，如图 3-63 所示。那么，我们就可以使用 Word 中的邮件合并功能，将 Excel 中的数据套入 Word 文档的相应位置。

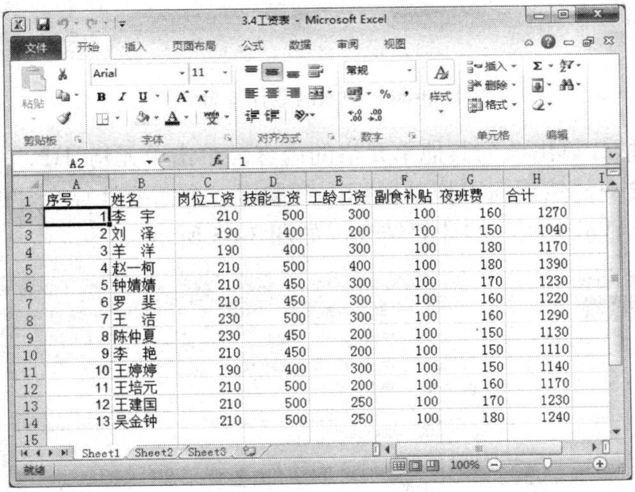

序号	姓名	岗位工资	技能工资	工龄工资	副食补贴	夜班费	合计
1	李　宇	210	500	300	100	160	1270
2	刘　泽	190	400	200	100	150	1040
3	羊　洋	190	400	300	100	180	1170
4	赵一柯	210	500	400	100	180	1390
5	钟婧婧	210	450	300	100	170	1230
6	罗　斐	210	450	300	100	160	1220
7	王　洁	230	500	300	100	160	1290
8	陈仲夏	230	450	200	100	150	1130
9	李　艳	210	450	200	100	150	1110
10	王婷婷	190	400	300	100	150	1140
11	王培元	210	500	200	100	160	1170
12	王建国	210	500	250	100	170	1230
13	吴金钟	210	500	250	100	180	1240

图 3-62　Excel 中的数据

序号	姓名	岗位工资	技能工资
工龄工资	副食补贴	夜班费	合计

图 3-63　工资条格式样板

2. 实现步骤

1) 创建 Excel 表

(1) 单击“开始”→“所有程序”→“Microsoft office”→“Microsoft Excel 2010”，启动 Excel 2010。

(2) 在第一行的各单元格中依次输入工资项目（即列标题），如序号、姓名、岗位工资、技能工资、工龄工资、副食补贴、夜班费、合计。

(3) 在第二行依次输入每人的工资数据。

(4) 单击 H2 单元格，输入公式“=SUM(C2:G2)”，如图 3-64 所示。按【Enter】键后将会计算出合计。

序号	姓名	岗位工资	技能工资	工龄工资	副食补贴	夜班费	合计
1	李　宇	210	500	300	100	160	=SUM(C2:G2)
2	刘　泽	190	400	200	100	150	
3	羊　洋	190	400	300	100	180	
4	赵一柯	210	500	400	100	180	
5	钟婧婧	210	450	300	100	170	
6	罗　斐	210	450	300	100	160	
7	王　洁	230	500	300	100	160	
8	陈仲夏	230	450	200	100	150	
9	李　艳	210	450	200	100	150	
10	王婷婷	190	400	300	100	150	
11	王培元	210	500	200	100	160	
12	王建国	210	500	250	100	170	
13	吴金钟	210	500	250	100	180	

图 3-64　输入函数计算合计

(5) 使用填充手柄计算出该列其他单元格的内容，单击单元格 H2，将鼠标移至该单元格的右下角处鼠标变成✚，然后向下拖动鼠标，至最后一个需要计算合计的单元格，松开鼠标后，这些单元格都会显示出相应的计算结果，如图 3-65 所示。

序号	姓名	岗位工资	技能工资	工龄工资	副食补贴	夜班费	合计
1	李　宇	210	500	300	100	160	1270
2	刘　泽	190	400	200	100	150	1040
3	羊　洋	190	400	300	100	180	1170
4	赵一柯	210	500	400	100	180	1390
5	钟婧婧	210	450	300	100	170	1230
6	罗　斐	210	450	300	100	160	1220
7	王　洁	230	500	300	100	160	1290
8	陈仲夏	230	450	200	100	150	1130
9	李　艳	210	450	200	100	150	1110
10	王婷婷	190	400	300	100	150	1140
11	王培元	210	500	200	100	160	1170
12	王建国	210	500	250	100	170	1230
13	吴金钟	210	500	250	100	180	1240

图 3-65　使用函数计算的“合计”的结果

(6) 单击“文件”→“另保存”选项，打开“另存为”的对话框，保存位置选择“桌面”，文件名为“工资表”，如图 3-66 所示，单击【保存】按钮。

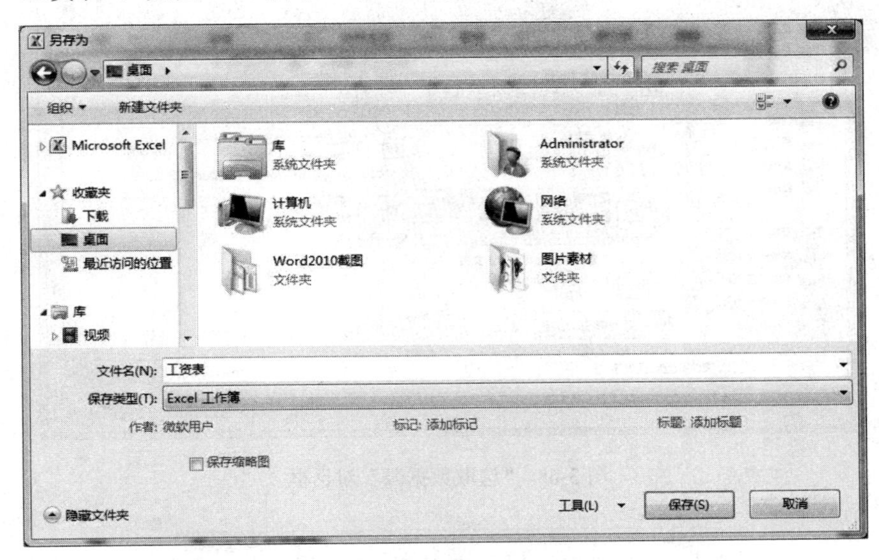

图 3-66　“另存为”对话框

2) 制作 Word 模板

(1) 新建一个 Word 文档。

(2) 单击“插入”→“表格”→“4×4 表格”，在打开的“插入表格”对话框中设置行数为 4，列数为 4。

(3) 在表格相应单元格中输入列标题，如图 3-66 所示。

(4) 调整各行的高度。

(5) 将表格保存在桌面上，文件名为“模板”。

3) 创建数据链接

创建好模板表格后，需要与准备好的工资表进行链接才能实现工资条的批量制作。

(1) 单击“邮件”→“开始邮件合并”→“选择收件人”→“使用现有列表”，如图 3-67 所示，打开“选取数据源”对话框，如图 3-68 所示。

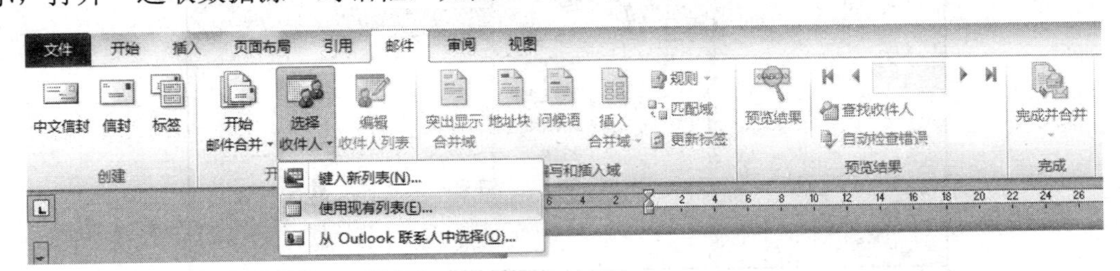

图 3-67　选择使用现有列表

(2) 单击“打开”选项，打开“选择表格”对话框，选中工资表所在的工作表标签“sheet 1”，选中“数据首行包含列标题”选项，如图 3-69 所示，单击【确定】按钮。

(3) 将光标置于“序号”单元格下方的第一个单元格内，然后单击“邮件”→“编写和插入域”→“插入合并域”→“序号”选项，该域的值(即序号)被插入选定单元格内，如图 3-70 所示。

图 3-68 “选取数据源”对话框

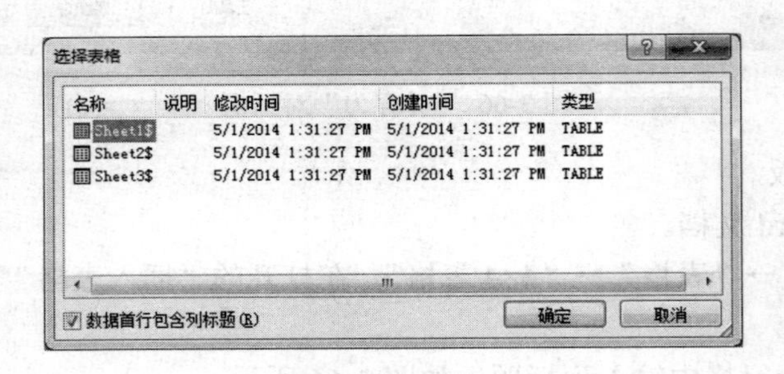

图 3-69 “选择表格”对话框

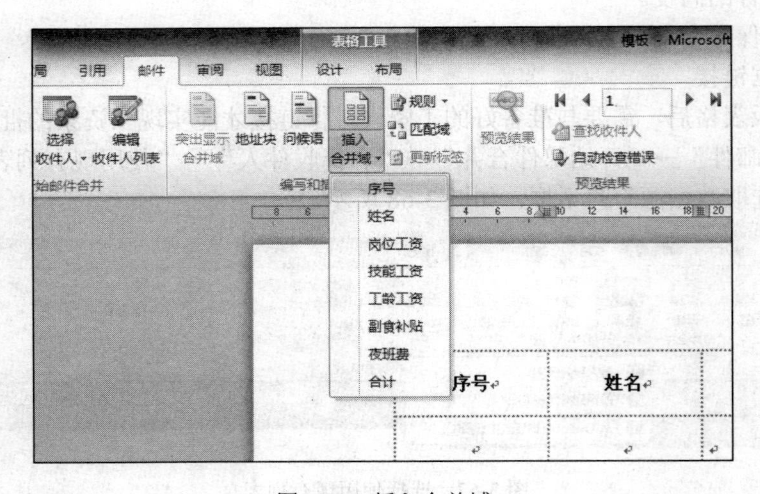

图 3-70 插入合并域

(4) 使用同样的方法，将其他内容的合并域插入相应的单元格内，结果如图 3-71 所示。

4) 批量输出与打印

工资条与数据源建立了链接后，就可以批量打印了。

(1) 单击“邮件”→“预览结果”→“预览结果”，可以实现合并结果的预览，如图 3-72 所示。

序号	姓名	岗位工资	技能工资
«序号»	«姓名»	«岗位工资»	«技能工资»
工龄工资	副食补贴	夜班费	合计
«工龄工资»	«副食补贴»	«夜班费»	«合计»

图 3-71　插入全部合并域

序号	姓名	岗位工资	技能工资
1	李　宇	210	500
工龄工资	副食补贴	夜班费	合计
300	100	160	1270

图 3-72　预览合并结果

(2) 单击“邮件”→“完成”→“完成并合并”→“编辑单个文档”选项或选择“打印文档”选项直接输出打印，在弹出对话框的“合并记录”区域中选择“全部”，单击【确定】按钮。

5) 打印预览与打印

(1) 单击“文件”→“打印”→“打印机”选项的打印机名称右侧的下拉列表中选择要使用的打印机，根据需要设置其他的打印参数，如图 3-73 所示。

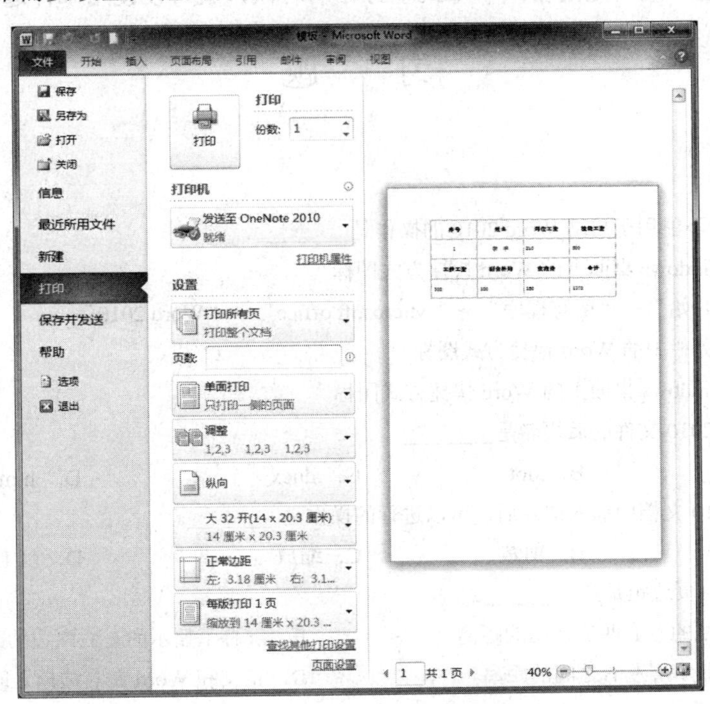

图 3-73　“打印”选项组和打印预览

(2) 单击【确定】按钮，开始批量打印工资条。

📖知识点提示：

Word 2010 提供了集打印预览和打印一体的功能界面，如图 3-73 所示。

打印预览有所见即所得的功能，通过打印预览，可以浏览打印的效果，以便将文档调整到最佳效果，再打印输出。

打印文档的操作步骤如下：单击“文件”→“打印”→“打印份数”设置打印的数量，在“打印机”中选择打印机名称，在“设置”中选择打印页数及其他相关设置，如图 3-73 所示。

本 章 小 结

本章通过三个任务的完成，介绍了 Word 2010 的基本操作，重点掌握字体、段落格式的设置，图片的插入和编辑，项目符号的使用，表格的插入和编辑，格式和样式的使用，多级编号的创建，生成目录，邮件功能。

通过“开始”选项卡能够对字符和段落进行基本设置，对字符和段落进行一些复杂设置，熟练掌握使用“开始”选项卡中的“字体”和“段落”选项组。在文档中还可以插入图片，来增加文档的艺术效果，对于图片的插入和编辑，可以通过“图片”选项。在进行图文排版时，正确设置图片的文字环绕效果，便能自如地美化文档。

论文的排版也是非常重要的，通过设置样式和目录，可以完成论文标题格式的统一设置，并且通过插入目录功能可以自动生成目录，并且如果内容有所改动的时候，还可以自动更新目录。

Word 的邮件功能可以实现批量打印。通常我们会将一些数据保存在 Excel 中，那么如果我们想要将数据套入到一定的格式中来批量打印的时候，就可以使用邮件选项卡。

习 题

一、选择题

1．下列选项中不能用于启动 Word 2010 的操作是________。

A．双击 Windows 桌面上的 Word 快捷方式图标

B．单击“开始”→“所有程序”→“Microsoft office”→“Word 2010”

C．单击任务栏中的 Word 快捷方式图标

D．单击 Windows 桌面上的 Word 快捷方式图标

2．普通 Word 2010 文件的后缀名是________。

A．.doc　　B．.dot　　C．.docx　　D．.htm

3．在 Word 2010 文档中插入图片后，可以进行的操作是________。

A．删除　　B．剪裁　　C．缩放　　D．以上均可

4．Word 中左右页边距是指________。

A．正文到纸的左右两边之间的距离　　B．屏幕上显示的左右两边的距离

C．正文和显示屏左右之间的距离　　D．正文和 Word 左右边框之间的距离

5．下列不能打印输出当前编辑的文档操作是________。

A．单击“文件”选项卡下的“打印”选项组的“打印”选项

B．单击“快速访问栏”中的“快速打印”选项

C．单击“页面布局”选项卡下的“页面设置”选项

D．使用【Ctrl+P】快捷键，然后选择“打印”选项

6．在 Word 编辑状态，利用键盘上________键可以实现插入和改写两种状态切换。

A．【Delete】　　B．【End】　　C．【Home】　　D．【Insert】

7．要把插入点光标快速移到 Word 文档的头部，应按组合键________。

A．【Ctrl+PageUp】　　B．【Ctrl+↓】　　C．【Ctrl+Home】　　D．【Ctrl+End】

8．在 Word 2010 的编辑状态，进行字体设置操作后，按新设置的字体显示的文字是（　　）

A．插入点所在的段落中的所有文字　　B．文档中设置之前上一步被选择的文字

C．插入点所在行中的所有文字　　D．文档的全部文字

9．在 Word 2010 文档中插入的表格（　　）。

A．可以移动其位置和进行缩放　　B．只能移动其位置，不能进行缩放

C．不能移动其位置，只能进行缩放　　D．既不能移动其位置，也不能进行缩放

10．对于 Word 2010 文档中插入的表格叙述正确的是________。

A．不能删除表格中的列

B．表格中的文本只能水平居中

C．可以对表格中数据排序

D．不可以对表格中的数据进行公式计算

二、填空题

1．一个正在编辑的 Word 文档已经保存过，现需存在与先前保存位置不同的地方，要使用________。

2．对已输入的文档内容进行处理，一般先要________，再使用相应的命令或工具按钮。

3．若要输入键盘上没有的特殊符号，可以使用________选项卡下的________命令。

4．Word 2010“开始”→“字体”选项组中的 B，*I*，U，代表字符的粗体、________、下画线标记。

5．Word 中拖动标尺左侧上面的倒三角可设定________。

6．如果放弃刚刚进行的一个文档内容操作(如粘贴)，只需单击快速访问工具栏上的________选项即可。

7．在 Word 中为了能在打印之前看到打印后的效果，以节省纸张和重复打印花费的时间，一般可采用________的方法。

8．________是打印在文档每页顶部或底部的说明性内容。

9．在编辑较长文件时，为防止因突然停电而丢失已编辑的内容，常用________命令将文件保存，而后继续编辑。

10．若将文档全部内容选中，可以使用________组合键来实现；若将选中文字内容字号放大，可以使用________组合键来实现。

三、上机操作

1．要求完成茶座宣传单，最终效果如图 3-74 所示。

2．利用邮件功能，将数据文件“学生成绩表”(图 3-75)合并到如图 3-76 所示的模板文档中，生成每个同学的成绩通知单(图 3-77)，并用 A4 纸打印出来。

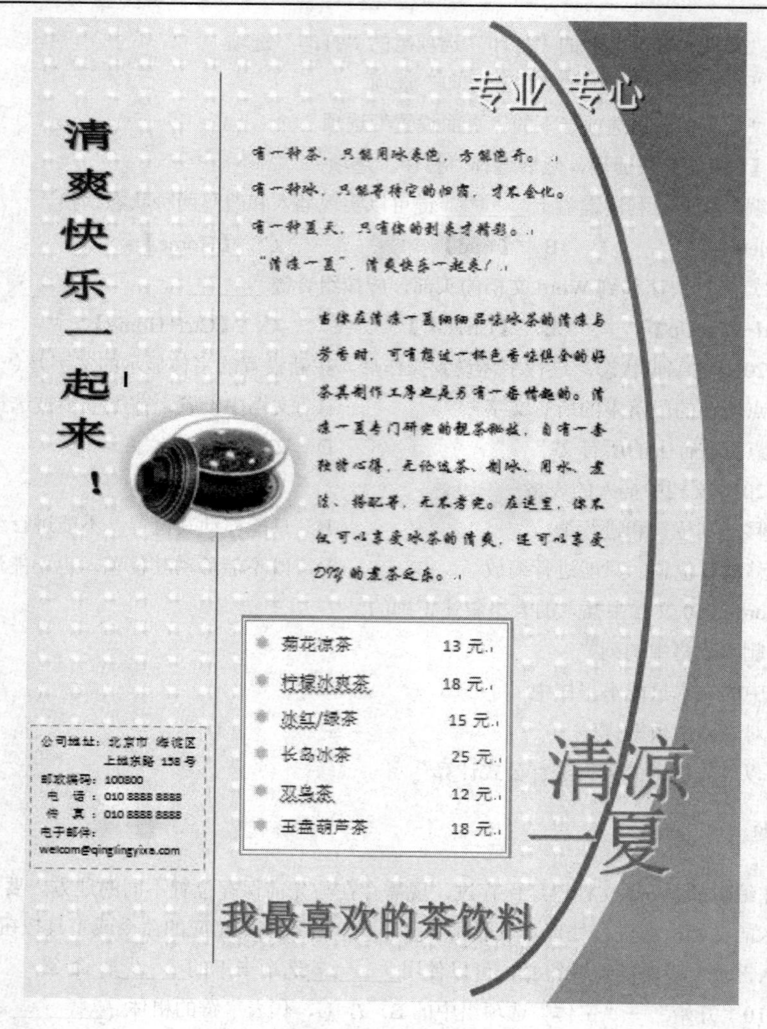

图 3-74 茶座宣传单

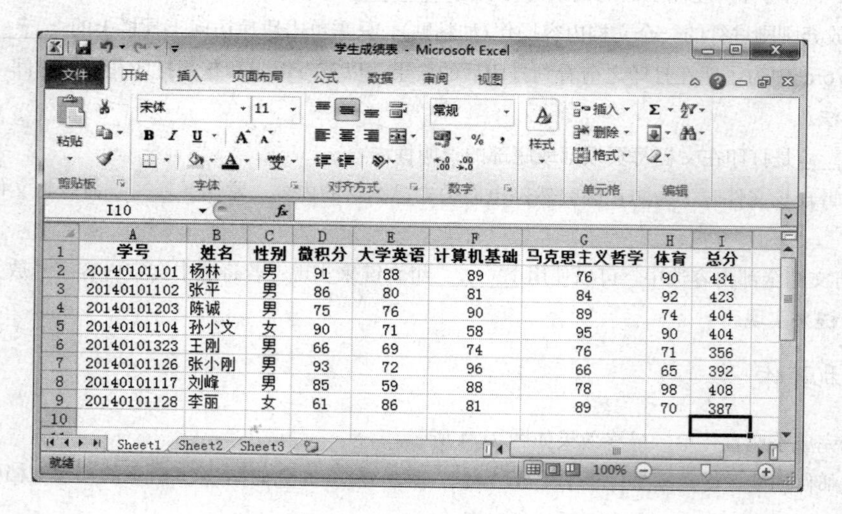

	A	B	C	D	E	F	G	H	I
1	学号	姓名	性别	微积分	大学英语	计算机基础	马克思主义哲学	体育	总分
2	20140101101	杨林	男	91	88	89	76	90	434
3	20140101102	张平	男	86	80	81	84	92	423
4	20140101203	陈诚	男	75	76	90	89	74	404
5	20140101104	孙小文	女	90	71	58	95	90	404
6	20140101323	王刚	男	66	69	74	76	71	356
7	20140101126	张小刚	男	93	72	96	66	65	392
8	20140101117	刘峰	男	85	59	88	78	98	408
9	20140101128	李丽	女	61	86	81	89	70	387
10									

图 3-75 “学生成绩表”

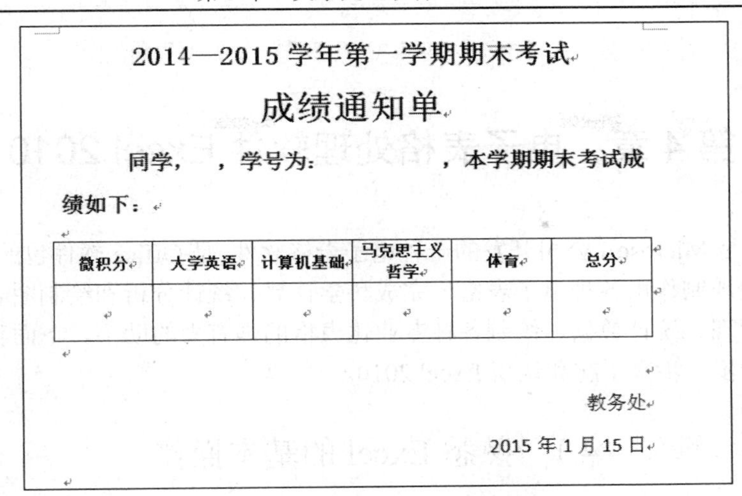

2014—2015 学年第一学期期末考试

成绩通知单

同学，　，学号为：　　　　，本学期期末考试成绩如下：

微积分	大学英语	计算机基础	马克思主义哲学	体育	总分

教务处

2015 年 1 月 15 日

图 3-76　学生成绩通知单

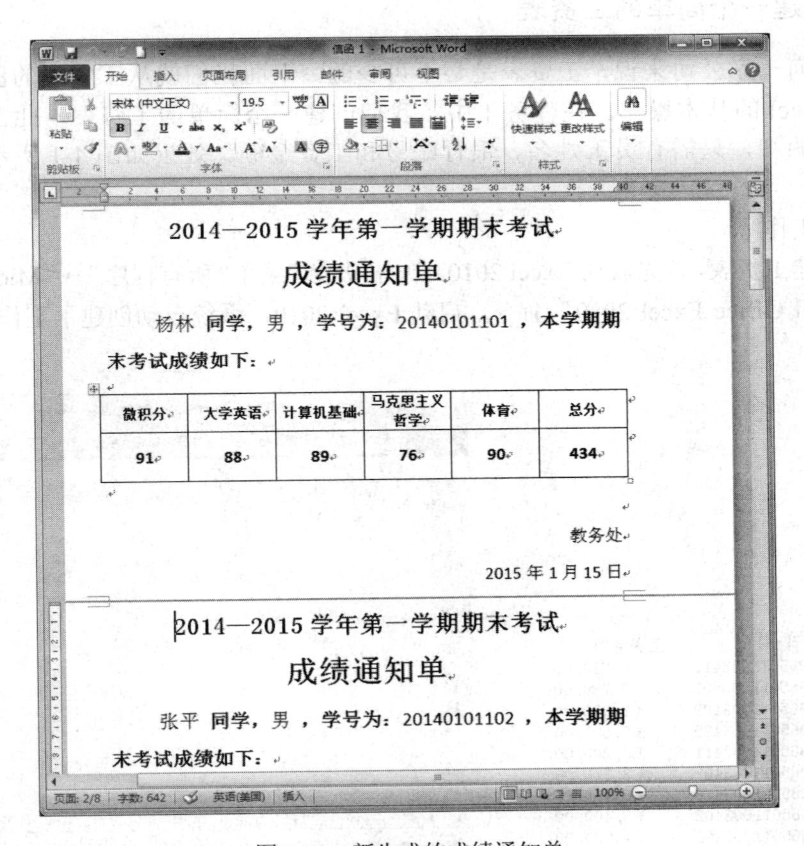

2014—2015 学年第一学期期末考试

成绩通知单

杨林 同学，男 ，学号为：20140101101 ，本学期期末考试成绩如下：

微积分	大学英语	计算机基础	马克思主义哲学	体育	总分
91	88	89	76	90	434

教务处

2015 年 1 月 15 日

2014—2015 学年第一学期期末考试

成绩通知单

张平 同学，男 ，学号为：20140101102 ，本学期期末考试成绩如下：

图 3-77　新生成的成绩通知单

第 4 章　电子表格处理软件 Excel 2010

Excel 2010 是 Microsoft 公司开发的一种电子表格软件，是 Office 软件包的重要成员之一。利用它可以方便地制作出各种电子表格，完成科学计算、统计分析和绘制图表，它已成为国内外用户财务管理、统计数据、绘制各种专业化表格的强有力的助手。下面我们以建立工资管理系统为例一步一步来了解和认识 Excel 2010。

4.1　熟悉 Excel 的基本操作

任务 1　创建一个简单的工资表

对于任何一家公司来说，工资表是必不可少的。下面我们就从工资表的创建开始，使大家熟悉 Excel 的基本操作。在任务 1 中，我们创建一个简单的工资表，此工资表中不需要有过多的明细，只需有员工姓名、银行账号和工资金额。效果如图 4-1 所示，具体步骤如下所述。

1) 创建工作簿

为了创建工资表，首先启动 Excel 2010。单击“开始”菜单“所有程序”→“Microsoft Office”→“Microsoft Office Excel 2010”命令，启动 Excel 2010，系统自动创建了工作簿，如图 4-2 所示。

姓名	银行账号	工资金额
张磊	42965011003413	￥4, 230. 00
刘星	42965011003401	￥2, 780. 00
卢巧云	42965011003409	￥1, 970. 00
李慧	42965011003425	￥2, 500. 00
王霞	42965011003411	￥3, 200. 00
张亮	42965011003407	￥3, 170. 00
杨瑞	42965011003416	￥2, 960. 00
王海洋	42965011003402	￥3, 400. 00
郝丽丽	42965011003405	￥1, 880. 00

图 4-1　工资表效果图

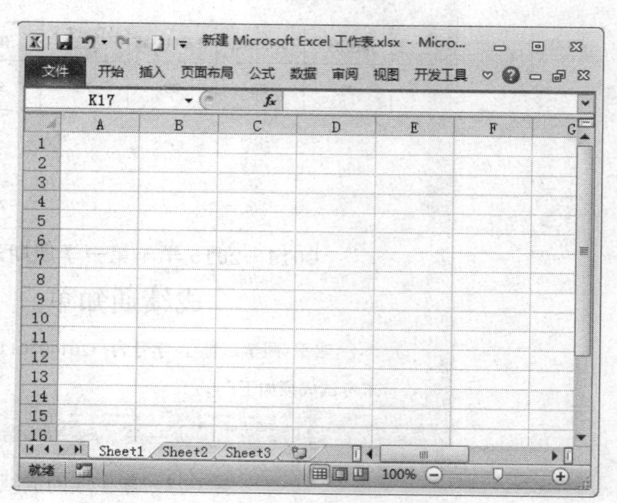

图 4-2　空白工作簿

📖 知识点提示：

(1) 我们要搞清楚 Excel 中工作簿和工作表这两个不同的概念。Excel 文件一般称为 Excel 工作簿，其扩展名为.xlsx。一个工作簿最少有一张工作表，可以有多张工作表。新建的工作簿默认有三张工作表，如图 4-2 左下角所示，即 Sheet 1、Sheet 2 和 Sheet 3，在实际使用时可以根据需要进行增加、重命名和删除等操作。Excel 工作表用于组织和分析数据。一张工作表共有 1 048 576 行和 16 384 列，默认名称 Sheet+序号，如 Sheet 1、Sheet 2 和 Sheet 3。当前工作表称为活动工作表。

(2) 启动 Excel 2010 的方法有很多种，常用的其他几种方法：双击“桌面”的 Excel 2010 应用程序快捷方式图标启动；或者找到相应的 Excel 文档，直接双击文件即可。

2) 保存工作簿

单击窗口左上角“文件”选项卡→“保存”命令，弹出“另存为”对话框，在“保存位置”右边的下拉列表中选择要存储的位置，如本书选择存储在计算机→磁盘 E→工资管理系统文件夹中，命名为“工资表”，单击“保存”选项即可。目前工作簿的名字是“工资表”，方便以后查找。

📖 知识点提示：

(1) 菜单“文件”中“保存”命令与“另存为”命令的区别：若工作簿是第一次存盘，此时单击“保存”与“另存为”的结果是一样的，都会弹出“另存为”的对话框；若要保存的工作簿已经保存过，此时对文件再进行了修改，单击“保存”时，系统将不会再弹出“另存为”对话框，而是在原文件的基础上进行继续存盘。若单击“另存为”，则系统将会弹出“另存为”对话框，这时就必须对文件进行再一次的重命名保存。

(2) 保存工作簿方法有很多种，常用的其他几种方法：单击快速工具栏中的(保存) 图标；或者使用【Ctrl+S】快捷键，后面的操作与上述操作方法相同。

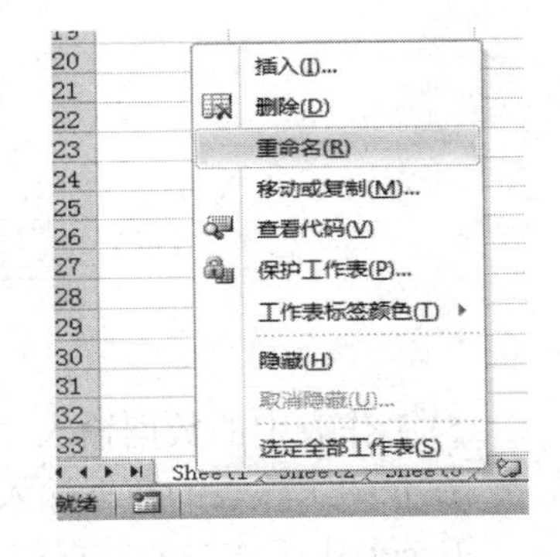

图 4-3　工作表重命名

3) 为工作表命名

将鼠标的指针移到 Sheet 1 工作表标签上，单击鼠标右键，在弹出的快捷菜单中选择“重命名”命令或双击鼠标左键，如图 4-3 所示。

重新输入新的工作表名称“工资表”，如图 4-4 所示。

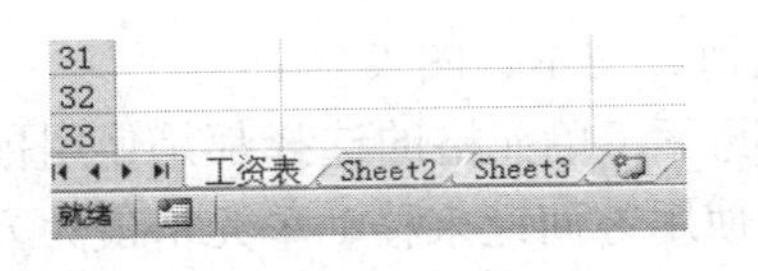

图 4-4　工作表命名后

4) 删除、新建工作表

任务 1 仅需建立一个表格，从而可以把多余的表格删除。

将鼠标的指针移到 Sheet 2 工作表标签上，单击鼠标右键，在弹出的快捷菜单中选择“删除”命令，如图 4-5 所示。用同样的方法可以删除 Sheet 3 工作表。

📖 知识点提示：

工作表多余时可以删除工作表，同样当工作表不足时，可以创建工作表，创建的方法是将鼠标的指针移到工作表标签上，即本文的“工资表”工作表标签上，单击鼠标右键，在弹出的快捷菜单中选择“插入”命令，如图 4-6 所示。

弹出“插入”对话框，在“插入”对话框中选择工作表，如图 4-7 所示。

单击【确定】按钮即可，或者直接单击插入工作表图标“”，可快速完成一个新工作表的插入。在这里我们将新建工作表删除，恢复步骤 4 的操作结果，即只留下一张工资表。

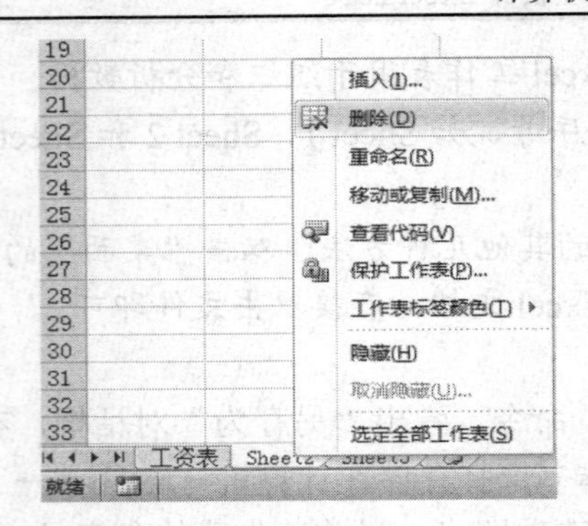

图 4-5　工作表的删除

图 4-6　插入工作表

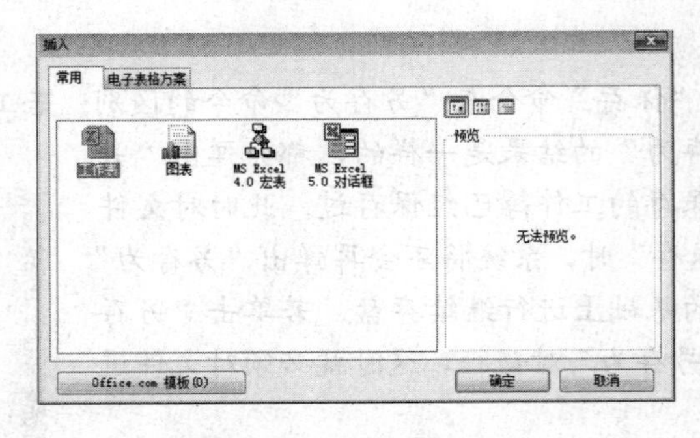

图 4-7　插入图示

5) 工作表中的数据输入

在介绍工作表的数据输入之前，首先要对 Excel 中的单元格有个初步的认识。

Excel 中工作表的数据都是被输入一个个单元格中。在工作表中，行和列交叉的格子称为单元格或“存储单元”，每个单元格以它所在的列标和行号来进行命名的。例如，B5 表示工作表中第 B 列与第 5 行交叉的单元格，如图 4-8 所示。

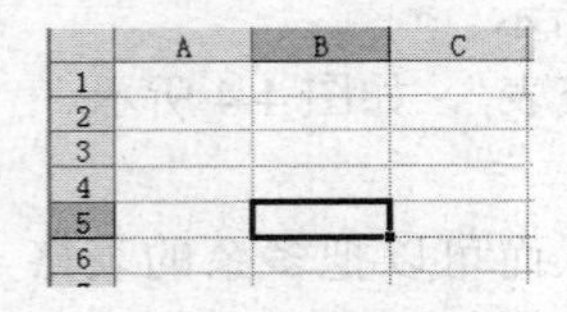

图 4-8　单元格图示

在单元格中输入的数据可以是数值、文本、图表等。

(1) 单元格的移动方向。一般情况下，单元格的选择都是使用鼠标来直接选取，但是在输入数据时，使用方向键来移动单元格最为方便。实际上，Excel 为输入数据提供了一个便捷操作，就是在默认情况下，用户输入数据后按【Enter】键，活动单元格将会自动跳到下一行同一列的单元格。如在 A1 单元格中输入了数据，并按【Enter】键确认后，当前活动单元格就会自动跳到 A2 单元格中。为了提高用户输入数据的效率，Excel 的活动单元格有以下几种快捷移动方式。① 从上到下：按【Enter】键；② 从下到上：按【Shift+Enter】键；③ 从左到右：按【Tab】键；④ 从右到左：按【Shift+Tab】键。

(2) 单元格的选取。① 单个单元格的选定：单击所要选取的单元格，则此单元格被选为活动单元格或当前单元格。② 连续单元格和不连续的单元格统称为单元格区域。连续单元格的选定和不连续的单元格的选定统称为单元格区域的选定。连续单元格区域的选定：将鼠标指针放在起始的单元格，按住鼠标左键开始拖动至目标单元格，松开鼠标即可；或者用鼠标左键单击要选择区域的第一个单元格，并按住【Shift】键不放，用鼠标单击单元格区域的最后一个单元格可以选定一个单元格区域，此时被选取的区域以蓝色显示。不连续的单元格区域的选定：按下【Ctrl】键的同时用鼠标左键单击要选择的单元格或单元格区域，连续多个单元格。单击左上角的单元格，按住【Shift】键，单击右下角单元格。③ 整行或整列单元格的选取：单击某行号或某列号。④ 全部单元格的选取也就是整个工作表的选取。整个工作表的选取：用鼠标单击工作表最左上角行号和列标交叉的灰色区域，可以选定整个工作表所有单元格，或者使用【Ctrl+A】快捷键也可选取整个工作表。⑤ 取消选定的单元格：单击工作表的任意处。

(3) 单元格或区域的表示方法。单元格区域的表示方法主要有：连续区域的表示方法：以最左上角的第一个单元格到最右下角最后一个单元格所组成的区域称为连续区域，如 A3: F6，它表示从 A3 为连续区域最左上角的单元格，F6 为最右下角的单元格区域，中间用英文状态下的冒号连接。

连续区域的表示方法：单元格或单元格区域间用英文状态下的逗号连接，如 E4，F7: F12、A2：A30，C2：C30 等。

对 Excel 中单元格有所了解后，根据图 4-1 创建“工资表”。在输入具体信息时，本书先输入两行数据，会出现这样的现象(图 4-9)。

	A	B	C
1	张磊	4.2965E+13	4230
2	刘星	4.2965E+13	2780

图 4-9　输入效果图

观察“银行账号”那列数据，发现输入每个员工的“银行账号”并不是原本计划输入的情况。产生这种现象的原因是：当直接输入数字“1234”时，Excel 将按照常规方式将其识别为数字，系统将按照数字的方式将其处理。若输入数字的位数超过 11 位时，系统将按照科学计数法显示。因为我们输入“银行账号”数据时，数字的位数过长，总共有 14 位，系统将其识别为数字，按照科学计数法显示。

为避免这种问题的出现，可以将数值型数据的“1234”转换为字符型的“1234”。对于如何将数值型数据的“1234”转换为字符型的“1234”，下文接着介绍。

知识点提示：

(1) 最常用的两种数据。① 字符型数据(文本数据)：字符型数据可以是单独的汉字、单独的字母，或者由数字、空格及中英文字符的组合等。例如，“你好吗”、“ABC”、“44AV”、“你好 123”……一个单元格可以输入 32 767 个英文字符，在默认情况下，字符型数据在单元格中为左对齐。② 数值型数据(数字)：数值型数据是由 0~9 的数组成的数据，还包括以下一些特殊字符：+　-　() /　$　%　.E　e 。在默认情况下，数值型数据在单元格中为右对齐。

(2) 数据的修改。① 输入过程中修改。在确定输入之前，使用【Backspace】键进行删除。② 修改单元格数据。方法一：单击要修改的单元格，重新输入数据。方法二：双击要修改的单元格，进入编辑状态。方法三：光标定位于要修改的单元格，然后单击编辑栏或按【F2】键进入编辑状态，编辑数据。

(3) 数据的删除和清除。删除和清除数据的操作步骤类似，都是选择“编辑”菜单→“清除”或“删除”命令，然后根据所需作相应的选择。两者的区别：执行前者操作将删除对象内所有的内容并完全移除其所在的位置，执行后者操作仅清除单元格的“内容”、“格式”、“批注”或“全部”，但单元格本身仍保留在原位置。

6) 将数值型数据转换为字符型数据

要将“银行账号”列的单元格中的数值型数据转换为字符型数据，首先应选中“银行账号”列的单元格：鼠标指针放在第 B 列，鼠标变为⬇，单击鼠标左键，即可选中“银行账号”这列单元格。单击鼠标右键，在弹出的快捷菜单中选择“设置单元格格式”命令，如图 4-10 所示。

单击“数字”标签，选择“分类”列表框中的“文本”选项，如图 4-11 所示。

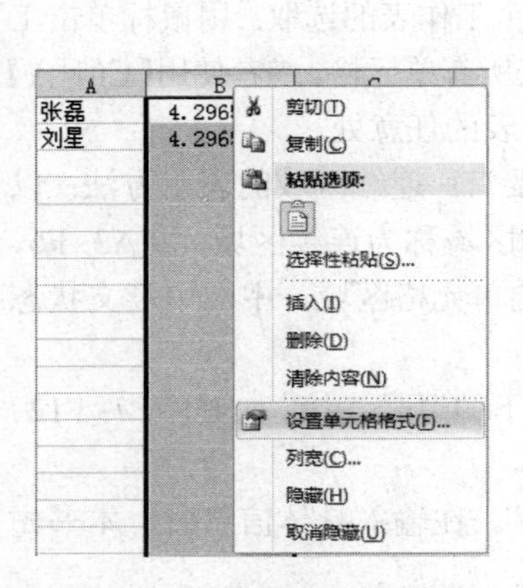

图 4-10　设置单元格格式

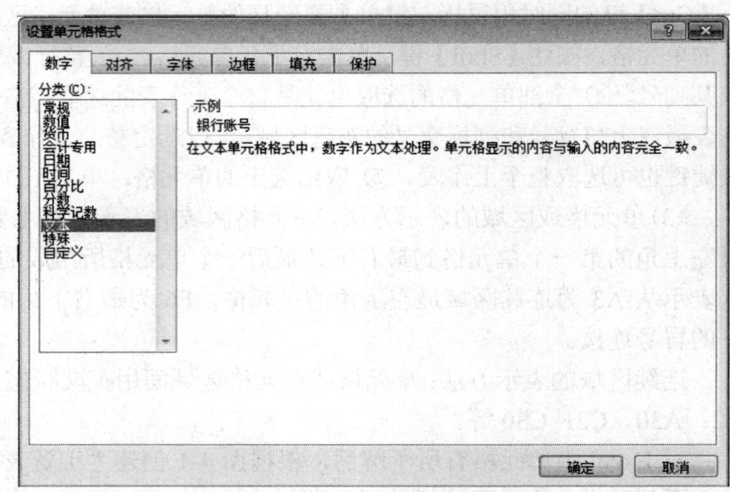

图 4-11　“设置单元格格式”界面

单击【确定】按钮之后，依据任务 1 将数据输入工作表中。

知识点提示:

如将数值型数据的“1234”转换为字符型的“1234”的其他方法是：在英文状态下，在单元格中输入“1234”，则输入的“1234”系统默认为字符型。

7) 调整单元格宽度

当把数据输入后，由于“银行账号”数据过长，而 Excel 的单元格默认长度不足，“银行账号”没有完全显示出来。可以通过调整单元格的列宽，使“银行账号”完全显示出来。

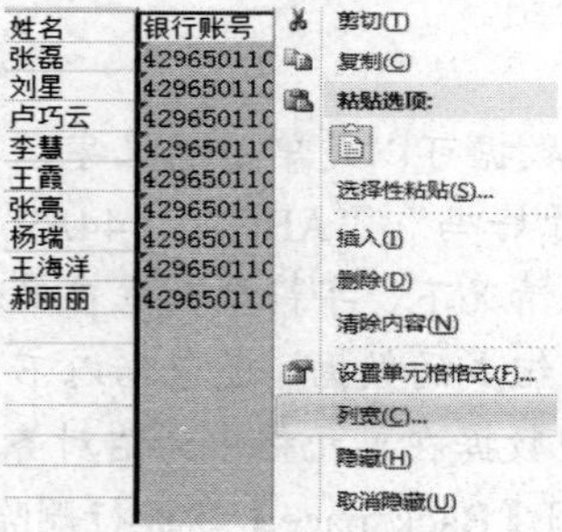

鼠标指针放在第 B 列，鼠标变为，单击鼠标左键，选中“银行账号”这列单元格。单击鼠标右键，从弹出的快捷菜单中选择“列宽”命令，如图 4-12 所示。弹出“列宽”对话框，输入合适的数值，本书输入的数值为 16，如图 4-13 所示。

图 4-12　设置列宽

知识点提示:

调整单元格宽度的其他方法：① 鼠标指针放在第 B 列右侧，鼠标变为，单击鼠标左键拖动鼠标到合适的宽度即可。② 选中 B 列单元格，也即选中“银行账号”这列单元格，单击“开始”选项卡→“单元格选项组”→“格式”→“列宽”命令，同样会弹出“列宽”对话框。

列宽的调制和行高的调整方法类似，大家可以根据自己的想法调整自己喜欢的行高。

8) 设置“工资金额”

在会计工作中，正规写法是“工资金额”前通常会有币种的符号。

选中“工资金额”列的单元格，单击鼠标右键，在弹出的快捷菜单中选择“设置单元格格式”命令，弹出“设置单元格格式”对话框。

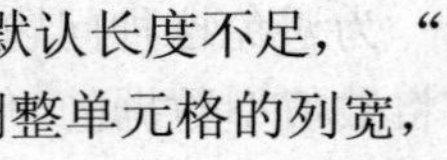

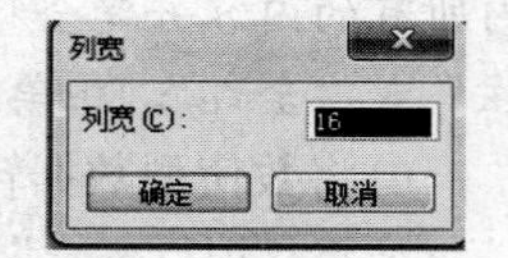

图 4-13　列宽对话框

单击“数字”标签，选择“分类”列表框中的“会计专用”选项，将“小数位数”设置为“2”，选择“货币符号”为人民币符号，如图 4-14 所示。

单击【确定】按钮，效果如图 4-15 所示。

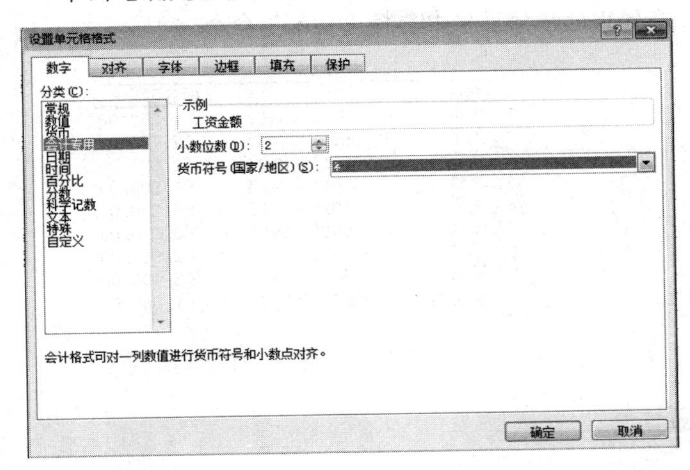

图 4-14　设置单元格格式界面

	A	B	C
1	姓名	银行账号	工资金额
2	张磊	42965011003413	￥4, 230. 00
3	刘星	42965011003401	￥2, 780. 00
4	卢巧云	42965011003409	￥1, 970. 00
5	李慧	42965011003425	￥2, 500. 00
6	王霞	42965011003411	￥3, 200. 00
7	张亮	42965011003407	￥3, 170. 00
8	杨瑞	42965011003416	￥2, 960. 00
9	王海洋	42965011003402	￥3, 400. 00
10	郝丽丽	42965011003405	￥1, 880. 00

图 4-15　设置后效果图

9) 保存工作簿

任务 1 已经完成了，但要记得将你的成果保存起来，方便以后查看。单击 Excel 左上角的，或者单击菜单的“文件”→“保存”命令。

10) 关闭工作簿

单击 Excel 工作界面右上角的（“关闭”），可直接关闭工作簿，退出 Excel 应用程序。

知识点提示：

退出 Excel 2010 的其他几种方法：①执行“文件”选项卡→“退出”选项即可；②使用【Alt+F4】快捷键，也可直接关闭 Excel 应用程序。

任务 2　美化“工资表”工作表

在任务 1 中已经建立了“工资表”工作表，并且将数据都输入到了表格中，还可以对工作表进行一些修饰，使其更加美观。Excel 提供了丰富的工作表修饰工具，用来设置工作表的格式，以创建更加美观的工作表。美化后的“工资表”效果如图 4-16 所示。

实现步骤如下。

步骤 1：打开任务 1 所创建的“工资表”。

启动 Excel 软件，单击左上角“文件”选项卡→“打开”选项，弹出“打开”对话框，选择“工资表”所在的位置，如本文存储的位置是：计算机→磁盘 E→工资管理系统中的“工资表”，单击【确定】按钮。

步骤 2：添加工作表表头。

通常一个工作表的首行是工作表的表头。对于任务 1 建立的工资表，缺少表头，应该为它添加一个表头。要为工作表的首行添加表头，首先选中第一行单元格：鼠标指针放在第 1 行，鼠标变为，单击鼠标左键，选中第一行单元格，如图 4-17 所示。

单击鼠标右键，在弹出的快捷菜单中选择“插入”命令，如图 4-18 所示，插入行后效果如图 4-19 所示。

知识点提示：

(1) 插入行的其他方法：选定所要插入位置后面的行，单击“开始”选项卡 →“单元格”

→“插入”命令按钮。表格中既然可以插入行，相应的也可以插入列，操作类似，选定所要插入位置后面的列，单击鼠标右键，在弹出的快捷菜单中选择“插入”命令。

2月工资发放表

姓名	银行账号	工资金额
张磊	42965011003413	￥4,230.00
刘星	42965011003401	￥2,780.00
卢巧云	42965011003409	￥1,970.00
李慧	42965011003425	￥2,500.00
王霞	42965011003411	￥3,200.00
张亮	42965011003407	￥3,170.00
杨瑞	42965011003416	￥2,960.00
王海洋	42965011003402	￥3,400.00
郝丽丽	42965011003405	￥1,880.00

图 4-16　美化后的工资表

	A	B	C
1	姓名	银行账号	工资金额
2	张磊	42965011003413	￥4,230.00
3	刘星	42965011003401	￥2,780.00
4	卢巧云	42965011003409	￥1,970.00
5	李慧	42965011003425	￥2,500.00
6	王霞	42965011003411	￥3,200.00
7	张亮	42965011003407	￥3,170.00
8	杨瑞	42965011003416	￥2,960.00
9	王海洋	42965011003402	￥3,400.00
10	郝丽丽	42965011003405	￥1,880.00

图 4-17　选中一行效果图

剪切(T)
复制(C)
粘贴选项:
选择性粘贴(S)...
插入(I)
删除(D)
清除内容(N)
设置单元格格式(F)...
行高(R)...
隐藏(H)
取消隐藏(U)

图 4-18　右键快捷菜单

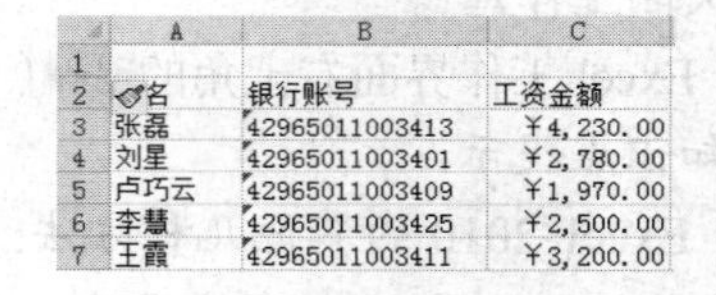

	A	B	C
1			
2	姓名	银行账号	工资金额
3	张磊	42965011003413	￥4,230.00
4	刘星	42965011003401	￥2,780.00
5	卢巧云	42965011003409	￥1,970.00
6	李慧	42965011003425	￥2,500.00
7	王霞	42965011003411	￥3,200.00

图 4-19　插入一行

(2)可以插入行列，对应的也可以删除行(列)，选定所要删除的行(列)，单击鼠标右键，在弹出的快捷菜单中选择“删除”命令。

步骤 3：在 A1 单元格中输入“2 月工资发放表”，效果如图 4-20 所示。

步骤 4：合并单元格，使表头居中。工作表表头通常在首行居中的位置，将“2 月工资发放表”居中。使“2 月工资发放表”居中，首先选中 A1：C1 单元格区域：将鼠标指针放在起始的单元格 A1，按住鼠标左键开始拖动至目标单元格 C1，松开鼠标即可，如图 4-21 所示。单击鼠标右键，在弹出的快捷菜单中选择“设置单元格格式”命令，如图 4-22 所示。弹出“单元格格式”对话框：①选择“对齐”标签，水平对齐选择“居中”选项，垂直对齐选择“居中”选项，文本控制选项选择“合并单元格”选项，如图 4-23 所示；②选择“字体”标签，将标题的字体、字形和字号按照自己的要求进行设置，如本书设定为字体为“隶书”，字形“加粗”，字号为“20”，如图 4-24 所示。单击【确定】按钮即可。

	A	B	C
1	2月工资发放表		
2	姓名	银行账号	工资金额
3	张磊	42965011003413	￥4,230.00
4	刘星	42965011003401	￥2,780.00
5	卢巧云	42965011003409	￥1,970.00

图 4-20　输入表标题

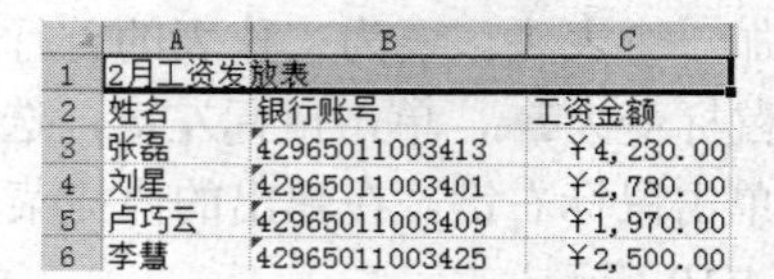

	A	B	C
1	2月工资发放表		
2	姓名	银行账号	工资金额
3	张磊	42965011003413	￥4,230.00
4	刘星	42965011003401	￥2,780.00
5	卢巧云	42965011003409	￥1,970.00
6	李慧	42965011003425	￥2,500.00

图 4-21　选中标题行

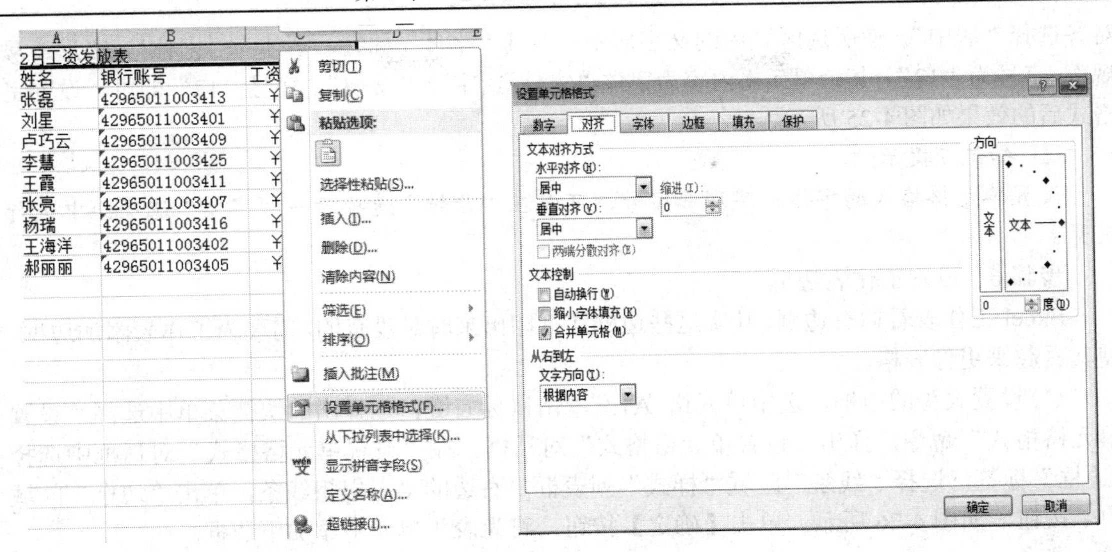

图 4-22　右键快捷菜单　　　　图 4-23　设置对齐格式

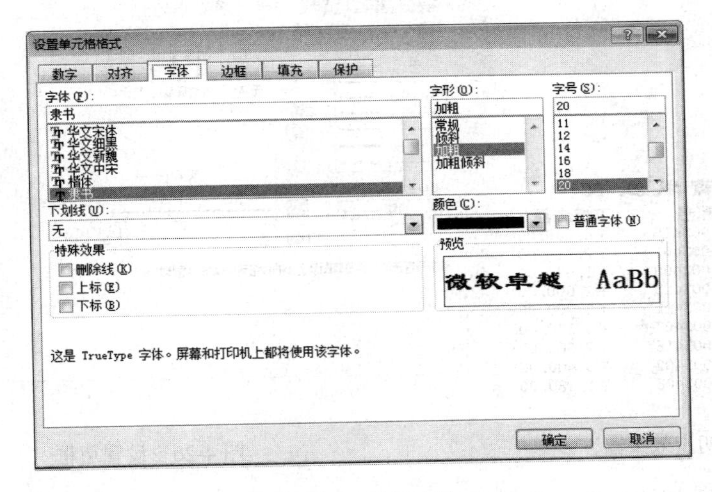

图 4-24　设置字体

📖 知识点提示:

合并单元格的其他方法是: ①选定所要合并的单元格区域, 单击“开始”选项卡 →“单元格”→格式→设置单元格格式命令, 弹出“单元格格式”对话框, 再进行相关设置即可; ②选定所要合并的单元格区域, 单击“开始”选项卡→“对齐方式”→“合并及居中”图标, 即可合并所选区域, 并可同时使区域内的文字居中。

步骤 5：设置工作表其他部分的格式。

同步骤 4 类似，读者可以根据自己的喜好设置其他单元格格式。

本书的设置如下：选中 A2：C2 单元格区域(即工作表标题区域)，单击鼠标右键，在弹出的快捷菜单中选择“设置单元格格式”命令，弹出“单元格格式”对话框。①选择“对齐”标签，水平对齐选择“居中”，垂直对齐选择“居中”，使所选区域内的文字居中，也就是使工作表标题文字居中；②选择“字体”标签，字体为“宋体”，字形“加粗”，字号为“12”。同样的方法，选中 A3：A11 单元格区域，将其“对齐”标签，水平对齐选择“居中”，垂直对齐选择“居中”，使所选区域内的文字居中；将其“字体”标签，字体为“宋体”，字形“常规”，字号为“12”。其余单元格内容为字体“宋体”，字形“常规”，字号“12”即可。设置完格式后的效果如图 4-25 所示。

📖 知识点提示：

设置单元格格式的字体、字形和字号，可以在“开始”选项卡→“字体”选项组中进行设置。

步骤 6：设置工作表边框。

Excel 工作表看似有边框，其实这些边框在打印出来时是没有的，需要为工作表添加边框，使其看起来更像表格。

(1) 设置表头的边框，选中单元格 A1，单击鼠标右键，在弹出的快捷菜单中选择“设置单元格格式”命令，弹出“设置单元格格式”对话框。在“设置单元格格式”对话框中选择“边框”标签，选择“线条”区域“样式”列表框中右边的第五根粗线条，单击“边框”区域中按钮，如图 4-26 所示。单击【确定】按钮，将为表头单元格添加下边框。

2月工资发放表

姓名	银行账号	工资金额
张磊	42965011003413	￥4,230.00
刘星	42965011003401	￥2,780.00
卢巧云	42965011003409	￥1,970.00
李慧	42965011003425	￥2,500.00
王霞	42965011003411	￥3,200.00
张亮	42965011003407	￥3,170.00
杨瑞	42965011003416	￥2,960.00
王海洋	42965011003402	￥3,400.00
郝丽丽	42965011003405	￥1,880.00

图 4-25　初步效果图

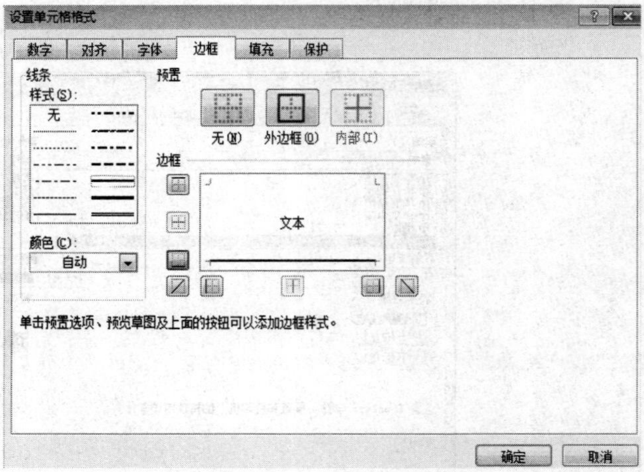

图 4-26　设置边框

(2) 设置其他区域的边框，将鼠标指针放在单元格 A2 上，按住鼠标左键开始拖动至单元格 C11，松开鼠标，选中工作表的其他区域。

单击鼠标右键，在弹出的快捷菜单中选择“设置单元格格式”命令，弹出“设置单元格格式”对话框。在“设置单元格格式”对话框中选择“边框”标签，选择“线条”区域“样式”列表框中左边的第七根细线条，然后单击“预置”区域中的（“外边框”），单击【确定】按钮，效果如图 4-27 所示。

📖 知识点提示：

(1) 选中单元格区域的其他方法是：用鼠标左键单击要选择区域的第一个单元格，并按住【Shift】键不放，用鼠标单击单元格区域的最后一个单元格可以选定一个单元格区域。

(2) 要为单元格设置边框，也可在“开始”选项卡→“字体”选项组（“边框”）的下拉列表中选择相应的边框选项进行设置。

步骤 7：设置颜色。

为了让表格更加美观，我们可以根据个人的喜好，通过改变字体或单元格背景颜色来实现。

(1)选中 A2：C2 单元格区域(即工作表标题区域)，单击鼠标右键，在弹出的快捷菜单中选择“设置单元格格式”命令，弹出“单元格格式”对话框。选择“图案”标签，本书要将颜色设置为“浅灰色”，如图 4-28 所示。

2月工资发放表		
姓名	银行账号	工资金额
张磊	42965011003413	￥4,230.00
刘星	42965011003401	￥2,780.00
卢巧云	42965011003409	￥1,970.00
李慧	42965011003425	￥2,500.00
王霞	42965011003411	￥3,200.00
张亮	42965011003407	￥3,170.00
杨瑞	42965011003416	￥2,960.00
王海洋	42965011003402	￥3,400.00
郝丽丽	42965011003405	￥1,880.00

图 4-27　边框效果图

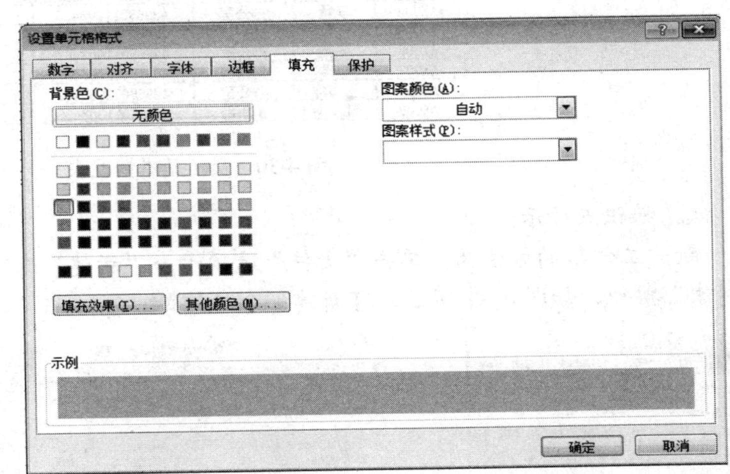

图 4-28　设置背景色

(2)用类似的方法，选中 A3：A11 单元格区域，将其背景颜色设置为“浅青绿”，选中 B3：B11 单元格区域，将其背景颜色设置为“淡蓝”，选中 C3：C11 单元格区域，将其背景颜色设置为“浅绿”。效果如图 4-29 所示。

2月工资发放表		
姓名	银行账号	工资金额
张磊	42965011003413	￥4,230.00
刘星	42965011003401	￥2,780.00
卢巧云	42965011003409	￥1,970.00
李慧	42965011003425	￥2,500.00
王霞	42965011003411	￥3,200.00
张亮	42965011003407	￥3,170.00
杨瑞	42965011003416	￥2,960.00
王海洋	42965011003402	￥3,400.00
郝丽丽	42965011003405	￥1,880.00

图 4-29　完成效果图

知识点提示：

要为单元格背景设置颜色，也可在“开始”选项卡→“字体”选项组→（“填充颜色”）的下拉列表中选择相应的颜色进行设置。

步骤 8：保存工作簿。

任务 2 已经完成了，但要记得将你做的成果保存起来。单击 Excel 左上角的（“保存”），或者单击“文件”选项卡→“保存”选项。

4.2　进一步熟悉 Excel 的基本操作

任务 3　建立员工基本情况表

在实际财务管理工作中，员工工资与许多信息相关，如员工的当月出勤情况等。我们为员工基本信息建立一个小小的档案，方便工资的核算。效果如图 4-30 所示。

实现步骤如下。

步骤 1：新建工作簿、保存工作簿。

在前面的任务已经提到过启动 Excel，系统将会自动新建一个工作簿。保存工作簿，本书存储的位置是“计算机”→“磁盘 E”→“工资管理系统文件夹”下，命名为“企业工资管理系统”。在已打开的工作簿里，使用【Ctrl+N】快捷键可新建一个工作簿。

员工基本情况表

员工编号	姓名	所属部门	银行账号	基本工资
AX001	张磊	财务部	42965011003413	4000
AX002	刘星	销售部	42965011003401	2000
AX003	卢巧云	企划部	42965011003409	1800
AX004	李慧	办公室	42965011003425	2500
AX005	王霞	财务部	42965011003411	3100
AX006	张亮	办公室	42965011003407	3100
AX007	杨瑞	企划部	42965011003416	2900
AX008	王海洋	办公室	42965011003402	3200
AX009	郝丽丽	销售部	42965011003405	1800

图 4-30　员工基本情况表

📖 知识点提示：

新建工作簿的方法为：单击“文件”选项卡→“新建”选项，选中“空白工作簿”，单击“创建”按钮，如图 4-31 所示，可新建一个工作簿。

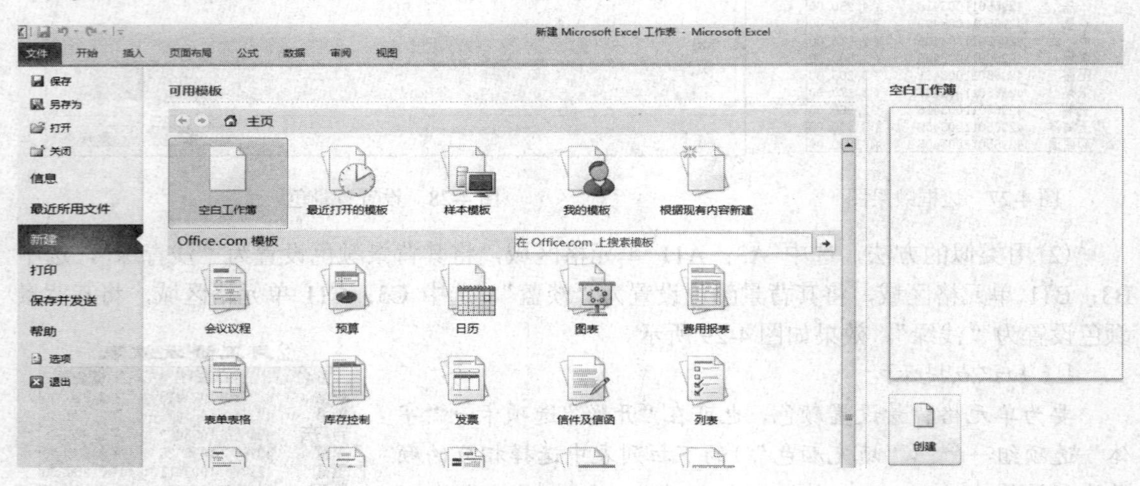

图 4-31　新建工作簿

步骤 2：重命名“Sheet 1”工作表标签。

双击工作簿中的“Sheet 1”工作表标签，将“Sheet 1”改名为“员工基本情况表”。

步骤 3：录入“员工编号”这列。

本步骤的准备知识是数据的自动填充。

在录入“员工标号”这列，观察“员工标号”这列，会发现这列的数据非常有规律。对于有规律的一些数据，我们可以用数据的自动填充，使这些数据可以很快输入。

在表格的制作过程中，常会出现有规律的数据输入，Excel 提供了一些快捷、方便的自动填充方法，可以将单元格的内容向上、下、左、右四个方向进行填充。数据的自动填充功能特别是在表格中输入年份、月份、学号、编号等序列数据时非常方便。图 4-32 即为使用自动填充的效果。

A 列操作方法：在 A1 单元格中键入序列数据的起始数据 12，然后将鼠标定位到单元格右下角的填充句柄处，当鼠标指针变成黑色十字形时，按住鼠标左键不放，向下拖动，拖到目标位置后松开鼠标左键，此时为复制的操作，即结果将都为 12。

B 列操作方法：在 B1 单元格中键入序列数据的起始数据 12，然后将鼠标定位到单元格右下角的填充句柄处，当鼠标指针变成黑色十字形时，按住【Ctrl】键并按住鼠标左键不放，向下拖动，拖到目标位置后松开【Ctrl】键和鼠标左键，此时为自动加 1 的填充操作。当然，用这样的方法也可以向上、向右、向左按序列自动填充。但需要注意的是向上和向左填充都是递减填充。

此外，也可以通过“开始”选项卡 →“编辑”选项组→“填充”命令按钮，对数据进行自动填充。分别在 A3、A4 单元格内输入第一个编号和第二个编号，如图 4-33 所示。

	A	B	C	D	E
1	12	12			
2	12	13			
3	12	14			
4	12	15			
5	12	16			
6	12	17			
7	12	18			
8	12	19			
9					
10					
11					

图 4-32　自动填充效果

	A	B	C
1	员工基本情况表		
2	员工编号		
3	AX001		
4	AX002		
5			

图 4-33　输入员工编号

选中 A3：A4 单元格区域，将鼠标定位在该区域的右下角的填充句柄处，当鼠标变为黑色十字形时，按住鼠标左键向下拖动，拖动到 A11 单元格，可以实现编号的自动填充(拖动时，会显示出编号提示)，如图 4-34 所示。

📖 知识点提示：

单元格加 1 的自动填充的其他方法是：在 A3 单元格内输入第一个编号，将鼠标定位到单元格右下角的填充句柄处，当鼠标指针变成黑色十字形时，按住【Ctrl】键并按住鼠标左键不放，向下拖动，拖到目标位置后松开【Ctrl】键和鼠标左键。

步骤 4：录入“姓名”和“银行卡号”这列。

因为任务 2 和任务 3 是为同一个公司所做的工作表，所以“员工基本情况表”中的许多数据和建立的“工资表”的许多数据是一样的，这时就没有必要重新输入一遍数据，可以使用前面任务的数据。

(1) 打开“工资表”，单击左上角“文件”选项卡→“打开”命令按钮，系统会弹出“打开”对话框，再选择文件所在的位置，如本文存储在“我的电脑”→“本地磁盘 E”→“工资管理系统”中的“工资表”，单击【确定】按钮。

(2) 打开“工资表”后，选中 A2：A11 单元格区域，单击鼠标右键，在弹出的快捷菜单中选择“复制”命令，或者直接用快捷键 Ctrl+C，如图 4-35 所示。

	A	B
1	员工基本情况表	
2	员工编号	
3	AX001	
4	AX002	
5	AX003	
6	AX004	
7	AX005	
8	AX006	
9	AX007	
10	AX008	
11	AX009	

图 4-34　员工编号自动填充

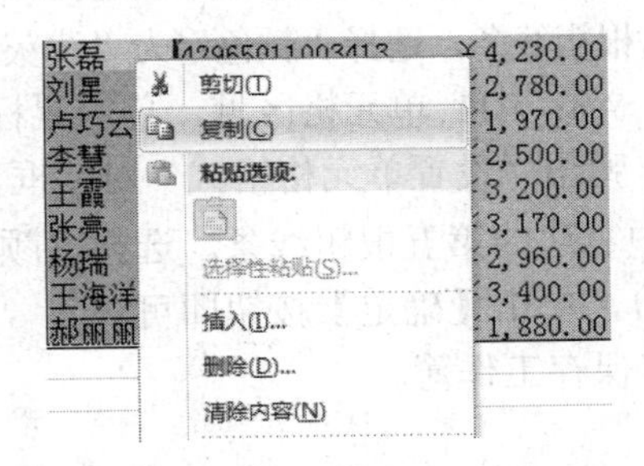

图 4-35　复制列

(3) 最小化“工资表”工作表，注意是单击工作表右上角的最小化按钮，而不是工作簿的，是下面的窗口最小化，而不是上面的，如图 4-36 所示。

(4) 此时显示的是“员工基本情况表”，选中 B3 单元格，单击鼠标右键，在弹出的快捷菜

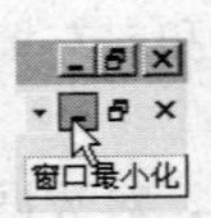

图 4-36　窗口截图

单中选择“选择性粘贴”命令。如图 4-37 所示。弹出“选择性粘贴”对话框，选中粘贴数值选项。

用同样的方法可以录入“银行卡号”这列。

步骤 5：将其他的单元格录入数据，调整列宽行高。

步骤 6：设置表格文字格式和对齐方式。

(1) 选中 A1：E1 单元格区域，单击鼠标右键，在弹出的快捷菜单中选择“设置单元格格式”命令，弹出“设置单元格格式”对话框，将单元格“对齐方式”设定为“水平居中”和“垂直居中”，将“文本控制”设置为“合并单元格”，“字体”设置为“楷体”，“字形”设置为“加粗”，“字号”设置为“20”。

(2) 选中 A2：E2 单元格区域，将单元格“对齐方式”设定为“水平居中”和“垂直居中”，“字体”设置为“华文新魏”，“字形”设置为“加粗”，“字号”设置为“14”。

(3) 选中 A3：E11 单元格区域，将单元格“对齐方式”设定为“水平居中”和“垂直居中”，“字体”设置为“宋体”，“字形”设置为“常规”，“字号”设置为“12”。

按照工作表的内容，调整工作表的行高、列宽。效果如图 4-38 所示。

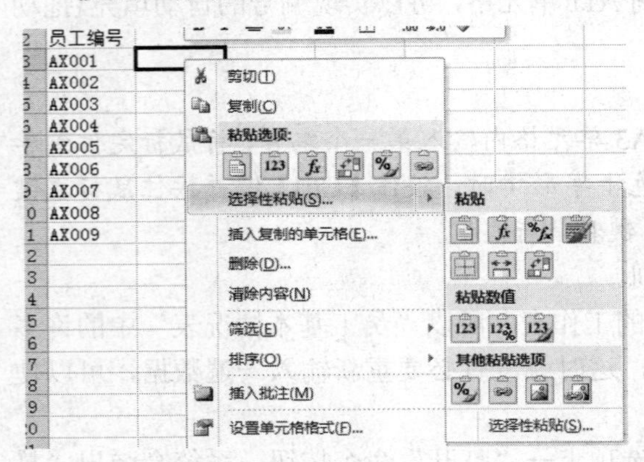

图 4-37　选择性粘贴

员工基本情况表

员工编号	姓名	所属部门	银行账号	基本工资
AX001	张磊	财务部	42965011003413	4000
AX002	刘星	销售部	42965011003401	2000
AX003	卢巧云	企划部	42965011003409	1800
AX004	李慧	办公室	42965011003425	2500
AX005	王霞	财务部	42965011003411	3100
AX006	张亮	办公室	42965011003407	3100
AX007	杨瑞	企划部	42965011003416	2900
AX008	王海洋	办公室	42965011003402	3200
AX009	郝丽丽	销售部	42965011003405	1800

图 4-38　员工基本情况表

步骤 7：为表格添加边框。

(1) 选中 A2：E2 单元格区域，单击鼠标右键，在弹出的快捷菜单中选择“设置单元格格式”命令，弹出“设置单元格格式”对话框，选择“边框”选项卡，选择“线条”区域“样式”列表框中右边的第六根粗线条，选择“颜色”为“浅灰色”，然后单击▭(下边线)，单击【确定】按钮。

(2) 选中 A3：E11 单元格区域，单击鼠标右键，在弹出的快捷菜单中选择“设置单元格格式”命令，弹出“设置单元格格式”对话框，选择“边框”选项卡，选择“线条”区域“样式”列表框中右边的第五根粗线条，选择“颜色”为“浅灰色”，然后单击▭(“外边框”)，⊞(“内部”)，单击【确定】按钮即可。

步骤 8：保存工作簿。

4.3　Excel 中公式与函数的运用

通过前面任务的学习，我们知道 Excel 可以创建工作表、编辑工作表，但那么在财务管理工作中，常常需要对数据进行统计。但对于 Excel 来说，除了可以创建、编辑工作表外，最重要的功能是数据计算处理能力。在 Excel 中，用户不仅可以通话使用公式和函数来完成对工作表的计算，而且还可以进行数据的多维引用来完成各种复杂的运算。我们下面以任务 4 为例，体会一下 Excel 中一些简单公式和函数的应用。

任务 4　通过对“工资表”的操作，了解几个简单的公式和函数

在前面的任务中，我们已经创建了“工资表”。我们要对“工资表”进行分析。例如，要计算一下本月工资总额、本月平均工资、本月最高工资和本月最低工资等。

实现步骤如下。

步骤 1：打开“工资表”。

启动 Excel 软件，单击左上角“文件”选项卡→“打开”命令按钮，选择文件存储的位置，打开“工资表”。

步骤 2：为每个员工增加工资金额。

由于公司效益好，决定为每个员工涨工资 500 元，不需要重新修改每个员工的工资金额，用 Excel 软件的公式可轻松完成。

(1) 在 D2 单元格内输入“涨后的工资”。

(2) 选中 D3 单元格，输入公式“=C3+500”，如图 4-39 所示。

(3) 按【Enter】键或单击编辑栏上的【√】确认，此时在 D3 单元格内会显示数值，此数值为 C3 原有的工资加 500 后的工资数额，如图 4-40 所示。

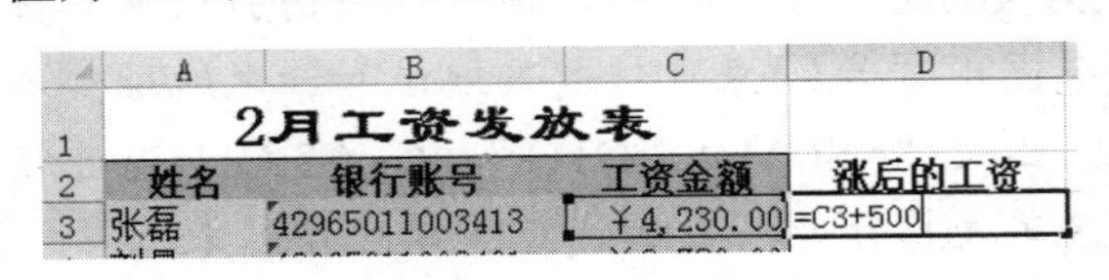

图 4-39　公式的输入

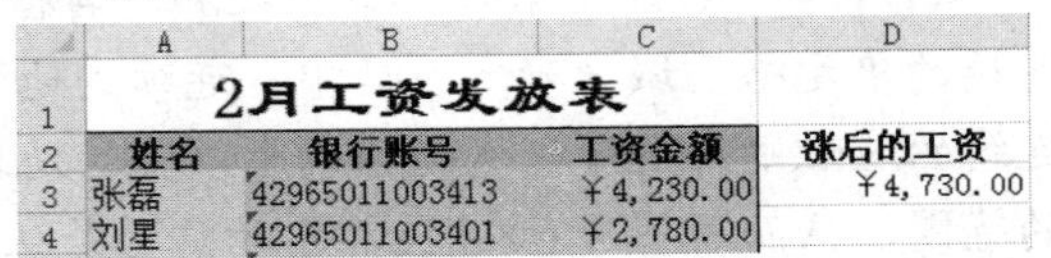

图 4-40　计算后结果

📖 知识点提示：

按【Enter】键 D3 单元格可能会出现错误提示，在公式输入无误的情况下，错误的原因很可能是函数中出现的标点符号没有在英文状态下输入，需要切换输入法，修改公式即可。对于其他公式输入也应该注意输入状态的选择，同样要求函数中出现的标点符号需要在英文状态下输入。

(4) 通过复制公式快速统计出每一位员工“涨后的工资”。选中 D3 单元格，将光标定位到该单元格的右下角的填充句柄处，当鼠标指针变成黑色十字形时，按住鼠标左键不放，向下拖动，拖到目标位置后松开鼠标左键，此时可快速复制公式。公式复制后，可以看到每个单元格运用公式得到的结果，即快速计算出每位员工“涨后的工资”，如图 4-41 所示。

📖 知识点提示：

在 Excel 中建立了公式之后，可以通过复制公式快速建立其他单元格的公式。在上面的公式中我们对单元格都采用了相对数据引用的方式。所谓相对数据引用，是指把一个含有单元格地址的公式复制到一个新的位置时，公式中的单元格地址会随着改变。例如，选中 D4 单元格，观察编辑栏的公式为“=C4+500”，而不是 D3 单元格内输入的“=C3+500”，如图 4-42 所示。

Excel 默认情况下使用的是相对数据引用。另外一种单元格的引用方式为绝对数据引用，是指把公式复制或填入新位置，公式中的固定单元格地址保持不变，但单元格绝对引用方式需要将单元格书写方式(以 C3 单元格为例)变为：$C$3。

	A	B	C	D
1	2月工资发放表			
2	姓名	银行账号	工资金额	涨后的工资
3	张磊	42965011003413	￥4,230.00	￥4,730.00
4	刘星	42965011003401	￥2,780.00	￥3,280.00
5	卢巧云	42965011003409	￥1,970.00	￥2,470.00
6	李慧	42965011003425	￥2,500.00	￥3,000.00
7	王霞	42965011003411	￥3,200.00	￥3,700.00
8	张亮	42965011003407	￥3,170.00	￥3,670.00
9	杨瑞	42965011003416	￥2,960.00	￥3,460.00
10	王海洋	42965011003402	￥3,400.00	￥3,900.00
11	郝丽丽	42965011003405	￥1,880.00	￥2,380.00

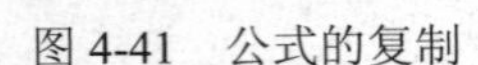

图 4-41　公式的复制

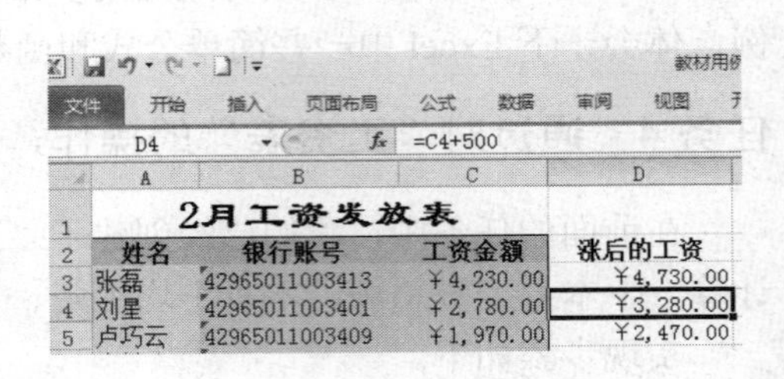

	A	B	C	D
1	2月工资发放表			
2	姓名	银行账号	工资金额	涨后的工资
3	张磊	42965011003413	￥4,230.00	￥4,730.00
4	刘星	42965011003401	￥2,780.00	￥3,280.00
5	卢巧云	42965011003409	￥1,970.00	￥2,470.00

图 4-42　单元格相对引用

步骤 3：分别计算出涨工资前后工资额“总计”。

(1) 在 A12 单元格内输入“总计”。

(2) 选中 C12 单元格，在编辑栏中输入公式“=SUM(C3:C11)”，如图 4-50 所示。按【Enter】键或单击编辑栏上的【√】确认，此时在 C12 单元格内会显示数值，此数值是涨工资前工资额“总计”，如图 4-43 所示。

(3) 用同样的方法可以计算出涨工资后工资额“总计”，选中 D12 单元格，在编辑栏中输入公式“=SUM(D3:D11)”，按回车键或单击编辑栏上的【√】确认即可。

📖 知识点提示：

(1) 函数 SUM 用来计算数值之和，其格式为=SUM（地址范围），地址范围由引用运算符连接的单元格区域来确定。其中，连续的地址范围用冒号(:)来连接起始地址和结束地址；不连续的地址则用逗号(，)连接两个以上的地址。本文“=SUM(C3:C11)”中，C3:C11 是连续的范围，从而用冒号(:)连接，它的意思是从 C3 单元格开始一直加到 C11 单元格结束。

(2) 其他几个常用函数(AVERAGE、MAX、MIN、COUNT)的用法与 SUM 函数类似。AVERAGE、MAX、MIN、COUNT 的通用格式为“=函数名(地址范围)”。

(3) 函数也可以利用“插入函数”对话框来实现。以 SUM 函数为例，选中 D12 单元格删除已计算好数值，单击“公式”→“插入函数”命令，弹出“插入函数”对话框，“选择类别”选择“常用函数”选项，在“选择函数”选择“SUM” 函数，如图 4-44 所示。

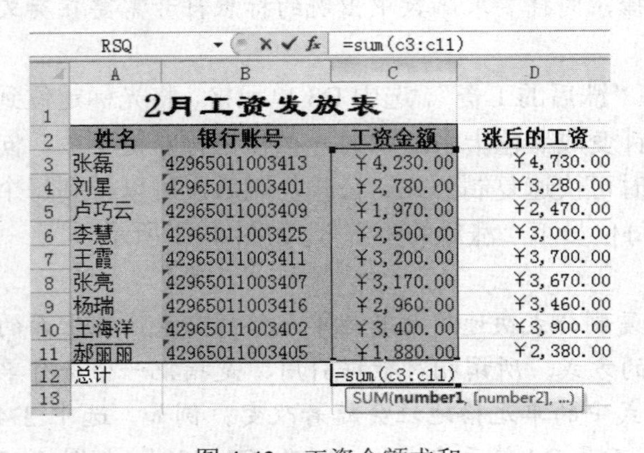

	A	B	C	D
1	2月工资发放表			
2	姓名	银行账号	工资金额	涨后的工资
3	张磊	42965011003413	￥4,230.00	￥4,730.00
4	刘星	42965011003401	￥2,780.00	￥3,280.00
5	卢巧云	42965011003409	￥1,970.00	￥2,470.00
6	李慧	42965011003425	￥2,500.00	￥3,000.00
7	王霞	42965011003411	￥3,200.00	￥3,700.00
8	张亮	42965011003407	￥3,170.00	￥3,670.00
9	杨瑞	42965011003416	￥2,960.00	￥3,460.00
10	王海洋	42965011003402	￥3,400.00	￥3,900.00
11	郝丽丽	42965011003405	￥1,880.00	￥2,380.00
12	总计		=sum(c3:c11)	
13			SUM(number1, [number2], ...)	

图 4-43　工资金额求和

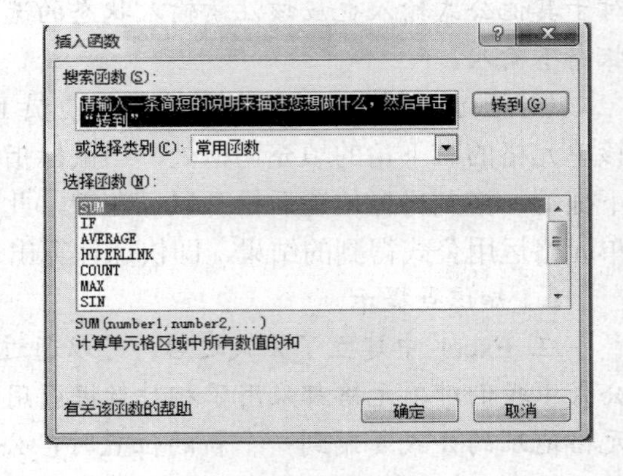

图 4-44　插入函数

单击【确定】按钮，弹出“函数参数”对话框，单击“Number1”右侧的■，在工作表中选中要求和的数据区域 C3:C11，再单击按钮■返回“函数参数”对话框，单击【确定】按钮即可，如图 4-45 所示。

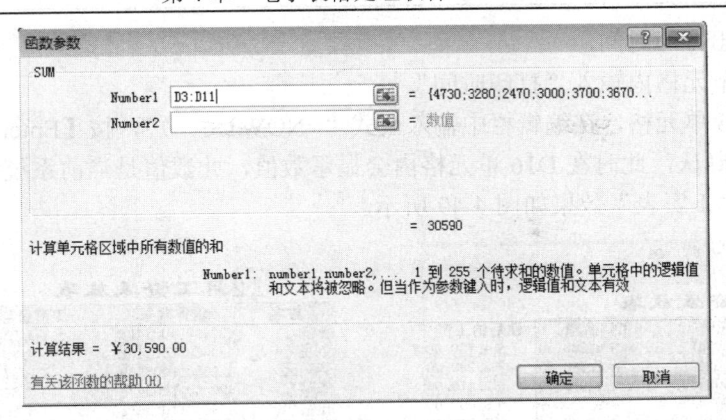

图 4-45　函数参数对话框

步骤 4：分别计算出涨工资前后工资额“平均工资”。

(1) 在 A13 单元格内输入“平均工资”。

(2) 选中 C13 单元格，在编辑栏中输入公式“=AVERAGE(C3:C11)”，如图 4-52 所示。按【Enter】键或单击编辑栏上的【√】确认，此时在 C13 单元格内会显示数值，此数值是涨工资前工资额“平均工资”，如图 4-46 所示。

(3) 用同样的方法可以计算出涨工资后“平均工资”，选中 D13 单元格，在编辑栏中输入公式“=AVERAGE(D3:D11)”，按【Enter】键或单击编辑栏上的【√】确认即可。

步骤 5：分别计算出涨工资前后“最高工资额”。

(1) 在 A14 单元格内输入“最高工资额”。

(2) 选中 C14 单元格，在编辑栏中输入公式“=Max(C3:C11)”。按【Enter】键或单击编辑栏上的【√】确认，此时在 C14 单元格内会显示数值，此数值是涨工资前“最高工资额”，如图 4-47 所示。

SUM　=AVERAGE(c3:c11)

	A	B	C	D
1	2月工资发放表			
2	姓名	银行账号	工资金额	涨后的工资
3	张磊	42965011003413	¥4,230.00	¥4,730.00
4	刘星	42965011003401	¥2,780.00	¥3,280.00
5	卢巧云	42965011003409	¥1,970.00	¥2,470.00
6	李慧	42965011003425	¥2,500.00	¥3,000.00
7	王霞	42965011003411	¥3,200.00	¥3,700.00
8	张亮	42965011003407	¥3,170.00	¥3,670.00
9	杨瑞	42965011003416	¥2,960.00	¥3,460.00
10	王海洋	42965011003402	¥3,400.00	¥3,900.00
11	郝丽丽	42965011003405	¥1,880.00	¥2,380.00
12	总计		¥26,090.00	¥30,590.00
13	平均工资		=AVERAGE(c3:c11)	

图 4-46　工资金额求平均

SUM　=Max(c3:c11)

	A	B	C	D
1	2月工资发放表			
2	姓名	银行账号	工资金额	涨后的工资
3	张磊	42965011003413	¥4,230.00	¥4,730.00
4	刘星	42965011003401	¥2,780.00	¥3,280.00
5	卢巧云	42965011003409	¥1,970.00	¥2,470.00
6	李慧	42965011003425	¥2,500.00	¥3,000.00
7	王霞	42965011003411	¥3,200.00	¥3,700.00
8	张亮	42965011003407	¥3,170.00	¥3,670.00
9	杨瑞	42965011003416	¥2,960.00	¥3,460.00
10	王海洋	42965011003402	¥3,400.00	¥3,900.00
11	郝丽丽	42965011003405	¥1,880.00	¥2,380.00
12	总计		¥26,090.00	¥30,590.00
13	平均工资		¥2,898.89	¥3,398.89
14	最高工资额		=Max(c3:c11)	

图 4-47　工资金额最大值

(3) 用同样的方法可以计算出涨工资后“最高工资额”，选中 D14 单元格，在编辑栏中输入公式“= Max (D3:D11)”，按【Enter】键确认即可。

步骤 6：计算涨工资前后“工资总差额”。

(1) 在 A15 单元格内输入“工资总差额”。

(2) 选中 D15 单元格，在编辑栏中输入公式“=D12-C12”，如图 4-54 所示。按【Enter】键或单击编辑栏上的【√】确认，此时在 E20 单元格内会显示数值，此数值是涨工资前后“工资总差额”，如图 4-48 所示。

步骤 7：输出打印时间。

(1)在 A16 单元格内输入“打印时间”。

(2)选中 D16 单元格，在编辑栏中输入公式“=NOW(　　)”，按【Enter】键键或单击编辑栏上的【√】确认，此时在 D16 单元格内会显示数值，此数值是当前系统默认时间。

操作到此，“工资表”效果如图 4-49 所示。

SUM　=D12-C12

	A	B	C	D
1	2月工资发放表			
2	姓名	银行账号	工资金额	涨后的工资
3	张磊	42965011003413	￥4,230.00	￥4,730.00
4	刘星	42965011003401	￥2,780.00	￥3,280.00
5	卢巧云	42965011003409	￥1,970.00	￥2,470.00
6	李慧	42965011003425	￥2,500.00	￥3,000.00
7	王霞	42965011003411	￥3,200.00	￥3,700.00
8	张亮	42965011003407	￥3,170.00	￥3,670.00
9	杨瑞	42965011003416	￥2,960.00	￥3,460.00
10	王海洋	42965011003402	￥3,400.00	￥3,900.00
11	郝丽丽	42965011003405	￥1,880.00	￥2,380.00
12	总计		￥26,090.00	￥30,590.00
13	平均工资		￥2,898.89	￥3,398.89
14	最高工资额		￥4,230.00	￥4,730.00
15	工资总差额			=D12-C12

图 4-48　工资差额

2月工资发放表			
姓名	银行账号	工资金额	涨后的工资
张磊	42965011003413	￥4,230.00	￥4,730.00
刘星	42965011003401	￥2,780.00	￥3,280.00
卢巧云	42965011003409	￥1,970.00	￥2,470.00
李慧	42965011003425	￥2,500.00	￥3,000.00
王霞	42965011003411	￥3,200.00	￥3,700.00
张亮	42965011003407	￥3,170.00	￥3,670.00
杨瑞	42965011003416	￥2,960.00	￥3,460.00
王海洋	42965011003402	￥3,400.00	￥3,900.00
郝丽丽	42965011003405	￥1,880.00	￥2,380.00
总计		￥26,090.00	￥30,590.00
平均工资		￥2,898.89	￥3,398.89
最高工资额		￥4,230.00	￥4,730.00
工资总差额			4,500.00
打印时间			2014/4/16 16:12

图 4-49　工资表

步骤 8：设置“工资表”格式。

因为新增加了内容，“工资表”看起来不够美观了，通过对表“设置单元格格式”对话框的设置，重新设置“工资表”，要求效果如图 4-50 所示。

2月工资发放表			
姓名	银行账号	工资金额	涨后的工资
张磊	42965011003413	¥4,230.00	¥4,730.00
刘星	42965011003401	¥2,780.00	¥3,280.00
卢巧云	42965011003409	¥1,970.00	¥2,470.00
李慧	42965011003425	¥2,500.00	¥3,000.00
王霞	42965011003411	¥3,200.00	¥3,700.00
张亮	42965011003407	¥3,170.00	¥3,670.00
杨瑞	42965011003416	¥2,960.00	¥3,460.00
王海洋	42965011003402	¥3,400.00	¥3,900.00
郝丽丽	42965011003405	¥1,880.00	¥2,380.00
总计		¥26,090.00	¥30,590.00
平均工资		¥2,898.89	¥3,398.89
最高工资额		¥4,230.00	¥4,730.00
工资总差额			¥4,500.00
打印时间		2014/4/16 16:18	

图 4-50　工资表效果图

步骤 9：保存工作簿。

任务 5　建立“本月员工奖金提成表”

根据员工本月的业绩，可以发放奖金以提高员工的积极性，因此员工业绩此栏数据直接会影响最终工资发放金额。另外员工的业绩每月和每月通常是不同的，它是一个变数，因此将“本月员工奖金提成表”单独制作成表，然后按照每个月实际情况修改其中的数据，有利于提高我们的工作效率。任务 5 主要通过“本月员工奖金提成表”学会 IF 函数的使用。

实现步骤如下。

步骤 1：打开“企业工资管理系统”。

启动 Excel 软件，单击左上角“文件”选项卡→“打开”命令按钮，选择存储的位置，打开“企业工资管理系统”。

步骤 2：双击工作簿中的“Sheet 2”工作表标签，将“Sheet 2”改名为“本月员工奖金提成表”。

步骤 3：制作出如图 4-51 所示的“本月员工奖金提成表”工作表。

	A	B	C	D	E	F
1	本月员工奖金提成表					
2	员工编号	姓名	所属部门	本月月绩	业绩奖金	备注
3	AX001	张磊	财务部	40000		
4	AX002	刘星	销售部			
5	AX003	卢巧云	企划部	28000		
6	AX004	李慧	办公室			
7	AX005	王霞	财务部			
8	AX006	张亮	办公室			
9	AX007	杨瑞	企划部	14000		
10	AX008	王海洋	办公室			
11	AX009	郝丽丽	销售部	68000		

图 4-51　本月员工奖金提成表

步骤 4：计算每位员工业绩奖金。

准备知识：IF 函数。IF 函数是条件选择函数，其格式为

IF(条件判断，真时值，假时值)

条件判断：任何可判断为 TRUE 或 FALSE 的数值或表达式。

真时值：满足条件时所返回的值。如果忽略，则返回 TRUE。

假时值：不满足条件时所返回的值。如果忽略，则返回 FALSE。

以考试成绩为例，若 A2 单元格输入的数为 76(它表示某科成绩)，则编辑表达式 IF(A2>=59,“合格”,“不合格”)，则此表达式返回的值为合格。

📖 知识点提示：

(1) 一个 IF 函数只能得到两种结果，如上例，返回的结果要么是“合格”，要么是“不合格”。三种结果必须用到两个 IF 函数。因此要得到多种情况的结果，则必须用到 IF 的嵌套。

(2) 函数名的字母不区别大小写，但函数中出现的标点符号需在英文状态下输入。若标点符号不在英文状态下输入，会使得 Excel 2010 出现“输入的公式包含错误”的提示从而无法计算，因此，在输入时要注意输入法的切换。

对于业绩奖金，公司规定如下。

当本月月绩为 20 000 元及以下时，提成率为 2%。

当本月月绩为 20 001~50 000 元时，提成率为 5%。

当本月月绩为 50 001 元及以上时，提成率为 10%。

(1) 选中 E3 单元格，在公式编辑器中输入公式：

“= IF(D3="",0,IF(D3<=20000,D3*0.02,IF(D3<=50000,D3*0.05,D3*0.1)))”

按【Enter】键即可判断 E3 单元格是否有数值，如果有数值，此数值即为第一位员工的业绩奖金，如图 4-52 所示。按【Enter】键 E3 单元格可能会出现错误提示，在公式输入无误的情况下，错误的原因很可能是函数中出现的标点符号没有在英文状态下输入，需要切换输入法，修改公式即可。对于其他公式输入也应该注意输入状态的选择，同样要求函数中出现的标点符号在英文状态下输入。

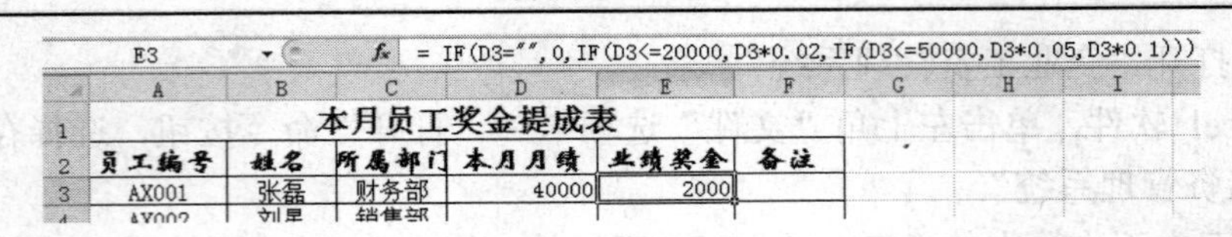

图 4-52　计算业绩奖金

📖 知识点提示：

“= IF(D3="",0,IF(D3<=20000,D3*0.02,IF(D3<=50000,D3*0.05,D3*0.1)))”，此公式的含义为如果 D3=""(即 D3 单元格内容为空)，则在 E3 单元格内输出“0”(因为选中的是 E3 单元格)。反之，就是如果 D3 不等于""，E3 单元格是其他内容，则在 E3 单元格内输出 IF(D3<=20000,D3*0.02,IF(D3<=50000,D3*0.05,D3*0.1))的值，它的值需要进一步利用 IF 语言得到，读者可以尝试分析此表达式。

(2)通过复制公式快速统计出每一位员工的业绩奖金。选中 E3 单元格，将光标定位到该单元格的右下角填充句柄处，当鼠标指针变成黑色十字状时，按住鼠标左键不放，向下拖动，拖到目标位置后松开鼠标左键，此时可快速复制公式。公式复制后，可以看到每个单元格运用公式得到的结果，即快速计算出销售部每位员工本月业绩提成，如图 4-53 所示。

步骤 5：本公司其他员工的奖励情况，具体情况手工输入，并在“备注”列中加以说明，如图 4-54 所示。

本月员工奖金提成表

员工编号	姓名	所属部门	本月月绩	业绩奖金	备注
AX001	张磊	财务部	40000	2000	
AX002	刘星	销售部		0	
AX003	卢巧云	企划部	28000	1400	
AX004	李慧	办公室		0	
AX005	王霞	财务部		0	
AX006	张亮	办公室		0	
AX007	杨瑞	企划部	14000	280	
AX008	王海洋	办公室		0	
AX009	郝丽丽	销售部	68000	6800	

图 4-53　计算全部业绩奖金

本月员工奖金提成表

员工编号	姓名	所属部门	本月月绩	业绩奖金	备注
AX001	张磊	财务部	40000	2000	
AX002	刘星	销售部		0	
AX003	卢巧云	企划部	28000	1400	
AX004	李慧	办公室		200	工作认真
AX005	王霞	财务部		0	
AX006	张亮	办公室		500	协助策划
AX007	杨瑞	企划部	14000	280	
AX008	王海洋	办公室		0	
AX009	郝丽丽	销售部	68000	6800	

图 4-54　输入备注

步骤 6：保存工作簿。

任务 6　建立“4 月份考勤表”

考勤表是为了规范员工的工作时间而建立的，对于迟到、请假应在当月工资扣除相应的金额。任务 6 主要通过“4 月份考勤表”的创建，学会使用 COUNTIF 函数。

实现步骤如下。

步骤 1：打开“企业工资管理系统”。

启动 Excel 软件，单击左上角菜单“文件”→“打开”命令，选择存储的位置，打开“企业工资管理系统”。

步骤 2：双击工作簿中的“Sheet 3”工作表标签，将“Sheet 3”改名为“4 月份考勤表”。

步骤 3：制作出如图 4-55 所示的“4 月考勤表”工作表。

步骤 4：建立统计区域表(统计出“4 月份考情表”的情况)。

因为要用“4 月份考勤表”中的信息，为了可以直接使用这些数据，在当前“4 月份考勤表”的右侧空白位置建立“4 月份考勤表”统计区域。此统计区域是将“4 月份考勤表”中的较多的数据变得明了一些。

在“4 月份考勤表”的右侧空白位置建立“4 月份考勤表”统计区域，将 Z 列拖动至最左侧，效果如图 4-56 所示。

4月考勤表

本月实际出勤天数：20天

扣款制度：迟到扣款10元 请假扣款20元，缺勤扣款100元

员工编号	姓名	所属部门	1 星期二	2 星期三	3 星期四	4 星期五	7 星期一	8 星期二	9 星期三	10 星期四	11 星期五	14 星期一	15 星期二	16 星期三	17 星期四	18 星期五	21 星期一	22 星期二	23 星期三
AX001	张磊	财务部		迟到															
AX002	刘星	销售部							请假				请假						迟到
AX003	卢巧云	企划部														旷工			
AX004	李慧	办公室			请假		迟到												
AX005	王霞	财务部							旷工										
AX006	张亮	办公室														迟到			
AX007	杨瑞	企划部	迟到									迟到							
AX008	王海洋	办公室							请假									请假	
AX009	郝丽丽	销售部		旷工															

图 4-55　考勤表

步骤 5：统计每位员工请假天数。

准备知识：COUNTIF 函数。

COUNTIF 用来计算某个区域中满足给定条件的单元格数目，其格式为

COUNTIF(区域,"满足条件")

区域：需要计算其中满足条件的单元格数目的单元格区域。

满足条件：确定哪些单元格将被计算在内的条件，其形式可以是数字、表达式或文本。

以考试成绩为例，统计“及格人数”的表达式为 COUNTIF(所要查找的区域,">=60")，统计“成绩为 85 分人数”的表达式为 COUNTIF(所要查找的区域,"85")。

(1) 选中 Z6 单元格，在公式编辑器中输入公式“=COUNTIF(D6:Y6,"请假")”，按【Enter】键可统计出第一位员工“请假”天数，如图 4-57 所示。

	Z	AA	AB	AC
1	统计区域			
2				
3				
4	请假天数	迟到天数	旷工天数	应扣金额
5				
6				
7				
8				
9				
10				
11				
12				
13				
14				

图 4-56　考勤统计表

fx =COUNTIF(D6:Y6,"请假")

Z	AA	AB	AC
统计区域			
请假天数	迟到天数	旷工天数	应扣金额
0			

图 4-57　统计请假天数

(2) 通过复制公式快速统计出每一位员工的“请假”天数。选中 Z6 单元格，将光标定位到该单元格的右下角填充句柄处，当鼠标指针变成黑色十字状时，按住鼠标左键不放，向下拖动，拖到目标位置后松开鼠标左键，此时可快速复制公式。公式复制后，可以看到每个单元格运用公式得到的结果。如图 4-58 所示。

步骤 6：统计每位员工迟到天数。

选中 AA6 单元格，在公式编辑器中输入公式“=COUNTIF(D6:Y6,"迟到")”，按【Enter】键可统计出第一位员工“迟到”天数。选中 Z6 单元格，将光标定位到该单元格的右下角填充句柄处，当鼠标指针变成黑色十字状时，按住鼠标左键不放，向下拖动，拖到目标位置后松开鼠标左键，此时可快速复制公式。公式复制后，可统计出每位员工本月迟到的次数，如图 4-59 所示。

	A	Z	AA	AB	AC
1	4月考勤表	统计区域			
2	本月实际出勤				
3	扣款制度：迟到				
4-5	员工编号	请假天数	迟到天数	旷工天数	应扣金额
6	AX001	0			
7	AX002	2			
8	AX003	0			
9	AX004	1			
10	AX005	0			
11	AX006	0			
12	AX007	0			
13	AX008	2			
14	AX009	0			

图 4-58 计算所有员工的请假天数

AA6 =COUNTIF(D6:Y6,"迟到")

	Z	AA	AB	AC	AD	AE
1-2	统计区域					
3						
4-5	请假天数	迟到天数	旷工天数	应扣金额		
6	0	1				
7	2	1				
8	0	0				
9	1	1				
10	0	0				
11	0	1				
12	0	2				
13	2	0				
14	0	0				

图 4-59 统计迟到天数

步骤 7：统计每位员工旷工天数。

选中 AB6 单元格，在公式编辑器中输入公式“=COUNTIF(D6:Y6,"旷工")”，按【Enter】键可统计出第一位员工“旷工”天数。选中 AB6 单元格，将光标定位到该单元格的右下角填充句柄处，当鼠标指针变成黑色十字状时，按住鼠标左键不放，向下拖动，拖到目标位置后松开鼠标左键，此时可快速复制公式。公式复制后，可统计出每位员工本月迟到的次数，如图 4-60 所示。

步骤 8：计算应扣金额。

在“4 月份考勤表”中指出迟到扣款制度：请假一次扣罚款 10 元，迟到一次扣罚款 20 元，旷工一次扣罚款 100 元，从而应扣工资总额为“请假次数×10+迟到次数×20+旷工次数×100”。

选中 AC6 单元格，在公式编辑器中输入公式“=Z6*10+AA6*20+AB6*100”，按【Enter】键可统计出第一位员工因请假、迟到和旷工应扣工资总额。选中 AC6 单元格，将光标定位到该单元格的右下角填充句柄处，当鼠标指针变成黑色十字状时，按住鼠标左键不放，向下拖动，拖到目标位置后松开鼠标左键，此时可快速复制公式。公式复制后，可统计出每位员工本月因请假、迟到和旷工应扣工资合计总额，如图 4-61 所示。

步骤 9：保存工作簿。

AB6 =COUNTIF(D6:Y6,"旷工")

	Z	AA	AB	AC	AD
1-2	统计区域				
3					
4-5	请假天数	迟到天数	旷工天数	应扣金额	
6	0	1	0		
7	2	1	0		
8	0	0	1		
9	1	1	0		
10	0	0	1		
11	0	1	0		
12	0	2	0		
13	2	0	0		
14	0	0	1		

图 4-60 统计旷工天数

AC6 =Z6*10+AA6*20+AB6*100

	Z	AA	AB	AC	AD
1-2	统计区域				
3					
4-5	请假天数	迟到天数	旷工天数	应扣金额	
6	0	1	0	20	
7	2	1	0	40	
8	0	0	1	100	
9	1	1	0	30	
10	0	0	1	100	
11	0	1	0	20	
12	0	2	0	40	
13	2	0	0	20	
14	0	0	1	100	

图 4-61 计算应扣金额

任务 7 创建“工资汇总表”

在建立上面各个表格之后，接着可以创建“工资汇总表”了。

实现步骤如下。

步骤 1：打开"企业工资管理系统"。

启动 Excel 软件，单击左上角菜单"文件"→"打开"命令，选择存储的位置，打开"企业工资管理系统"。

步骤 2：插入新的工作表，将新的工作表命名为"工资汇总表"。

步骤 3：制作出如图 4-62 所示的"工资汇总表"。

"工资汇总表"中的数据在我们前面的任务中都涉及过，我们仅仅通过复制粘贴就可快速输入。值得一提的是，关于"业绩奖金"和"应扣金额"这两列在粘贴时，应将鼠标放在 F3 单元格，单击鼠标右键，在弹出的快捷菜单中选择"选择性粘贴"，在弹出的"选择性粘贴"对话框中，在粘贴选型中选择"数值"，我们粘贴的内容仅仅是表格中的数值，而没有粘贴所涉及的公式。

工资汇总表

员工编号	姓名	所属部门	银行账号	基本工资	业绩奖金	应扣金额	税前工资	个人所得税	实际工资
AX001	张磊	财务部	42965011003413	4000	2000	20			
AX002	刘星	销售部	42965011003401	2000	0	40			
AX003	卢巧云	企划部	42965011003409	1800	1400	100			
AX004	李慧	办公室	42965011003425	2500	200	30			
AX005	王霞	财务部	42965011003411	3100	0	100			
AX006	张亮	办公室	42965011003407	3100	500	20			
AX007	杨瑞	企划部	42965011003416	2900	280	40			
AX008	王海洋	办公室	42965011003402	3200	0	20			
AX009	郝丽丽	销售部	42965011003405	1800	6800	100			

图 4-62　工资汇总表

步骤 4：计算每位员工"税前工资额"。

员工税前工资额为基本工资+业绩奖金-应扣金额。

选中 H3 单元格，在公式编辑器中输入公式"=E3+F3-G3"，按【Enter】键可统计出第一位员工"税前工资额"。选中 H3 单元格，将光标定位到该单元格的右下角填充句柄处，当鼠标指针变成黑色十字状时，按住鼠标左键不放，向下拖动，拖到目标位置后松开鼠标左键，此时可快速复制公式。公式复制后，可统计出每位员工"税前工资"，如图 4-63 所示。

H3　　fx　=E3+F3-G3

	A	B	C	D	E	F	G	H
1	工资汇总表							
2	员工编号	姓名	所属部门	银行账号	基本工资	业绩奖金	应扣金额	税前工资
3	AX001	张磊	财务部	42965011003413	4000	2000	20	5980
4	AX002	刘星	销售部	42965011003401	2000	0	40	1960
5	AX003	卢巧云	企划部	42965011003409	1800	1400	100	3100
6	AX004	李慧	办公室	42965011003425	2500	200	30	2670
7	AX005	王霞	财务部	42965011003411	3100	0	100	3000
8	AX006	张亮	办公室	42965011003407	3100	500	20	3580
9	AX007	杨瑞	企划部	42965011003416	2900	280	40	3140
10	AX008	王海洋	办公室	42965011003402	3200	0	20	3180
11	AX009	郝丽丽	销售部	42965011003405	1800	6800	100	8500

图 4-63　计算税前工资

步骤 5：计算每位员工"个人所得税"。

通常，每位员工都需要交纳个人所得税。计算个人所得税，首先要约定税率，假设本公司约定如下：工资在 3500 元以下，免征个人所得税。工资在 3500～5000 元，超过 3500 的部分按 3%的税率征收。工资在 5000～8000 元，超过 5000 的部分按 10%的税率征收。工资在 8000 元以上，超过 8000 的部分按 20%的税率征收。

选中 I3 单元格，在公式编辑器中输入公式

“=IF(H3<3500,0,IF(H3<5000，(H3-3500)*0.03,IF(H3<8000，(H3-5000)*0.1，(H3-8000)*0.2)))”

按【Enter】键可统计出第一位员工“个人所得税”。选中 I3 单元格，将光标定位到该单元格的右下角填充句柄处，当鼠标指针变成黑色十字状时，按住鼠标左键不放，向下拖动，拖到目标位置后松开鼠标左键，此时可快速复制公式。公式复制后，可统计出每位员工“个人所得税”，如图 4-64 所示。

I3　=IF(H3<3500,0,IF(H3<5000, (H3-3500)*0.03,IF(H3<8000, (H3-5000)*0.1, (H3-8000)*0.2)))

	A	B	C	D	E	F	G	H	I	J	K
1				工资汇总表							
2	员工编号	姓名	所属部门	银行账号	基本工资	业绩奖金	应扣金额	税前工资	个人所得税	实际工资	
3	AX001	张磊	财务部	42965011003413	4000	2000	20	5980	98		
4	AX002	刘星	销售部	42965011003401	2000	0	40	1960	0		
5	AX003	卢巧云	企划部	42965011003409	1800	1400	100	3100	0		
6	AX004	李慧	办公室	42965011003425	2500	200	30	2670	0		
7	AX005	王霞	财务部	42965011003411	3100	0	100	3000	0		
8	AX006	张亮	办公室	42965011003407	3100	500	20	3580	2.4		
9	AX007	杨瑞	企划部	42965011003416	2900	280	40	3140	0		
10	AX008	王海洋	办公室	42965011003402	3200	0	20	3180	0		
11	AX009	郝丽丽	销售部	42965011003405	1800	6800	100	8500	100		

图 4-64　计算个人所得税

步骤 6：计算每位员工“实际工资额”。

实际工资总额为税前工资-个人所得税。

选中 J3 单元格，在公式编辑器中输入公式“= H3–I3”，按【Enter】键可统计出第一位员工“实际工资额”。选中 J3 单元格，将光标定位到该单元格的右下角填充句柄处，当鼠标指针变成黑色十字状时，按住鼠标左键不放，向下拖动，拖到目标位置后松开鼠标左键，此时可快速复制公式。公式复制后，可统计出每位员工“实际工资”，如图 4-65 所示。

J3　= H3-I3

	A	B	C	D	E	F	G	H	I	J
1				工资汇总表						
2	员工编号	姓名	所属部门	银行账号	基本工资	业绩奖金	应扣金额	税前工资	个人所得税	实际工资
3	AX001	张磊	财务部	42965011003413	4000	2000	20	5980	98	5882
4	AX002	刘星	销售部	42965011003401	2000	0	40	1960	0	1960
5	AX003	卢巧云	企划部	42965011003409	1800	1400	100	3100	0	3100
6	AX004	李慧	办公室	42965011003425	2500	200	30	2670	0	2670
7	AX005	王霞	财务部	42965011003411	3100	0	100	3000	0	3000
8	AX006	张亮	办公室	42965011003407	3100	500	20	3580	2.4	3577.6
9	AX007	杨瑞	企划部	42965011003416	2900	280	40	3140	0	3140
10	AX008	王海洋	办公室	42965011003402	3200	0	20	3180	0	3180
11	AX009	郝丽丽	销售部	42965011003405	1800	6800	100	8500	100	8400

图 4-65　计算实际工资

步骤 7：保存工作簿。

4.4　Excel 中图表的应用

Excel 具有图表功能，其可以把工作表中的数据直观地表达出来，使原本枯燥无味的数据信息变得生动形象起来，有时用许多文字无法表达的问题，也可以用图表轻松解决。图表创建完后，又可以对图表进行格式设置，以达到美化的目的，使其更加赏心悦目。我们下面以任务 8 为例，体会一下 Excel 中图表的创建和应用。

任务 8　使用图表向导为“工资汇总表”作图表

已经建立了“工资汇总表”，接着可以为“工资汇总表”作图表了，我们可以把工作表中的数据直观地表达出来。图表效果如图 4-66 所示。

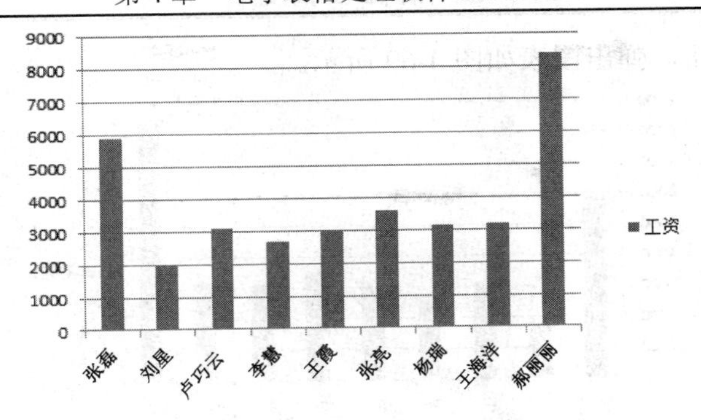

图 4-66　员工工资图

实现步骤如下。

步骤 1：打开“企业工资管理系统”。

步骤 2：打开“工资汇总表”工作表。

鼠标单击“工资汇总表”标签，打开“工资汇总表”工作表。

步骤 3：选中“姓名”和“实际工资”。

选中 B3 到 B11，接着按下【Ctrl】键的同时，选中 J3 到 J11，如图 4-67 所示。

J3　　fx　= H3-I3

	A	B	C	D	E	F	G	H	I	J
1	工资汇总表									
2	员工编号	姓名	所属部门	银行账号	基本工资	业绩奖金	应扣金额	税前工资	个人所得税	实际工资
3	AX001	张磊	财务部	42965011003413	4000	2000	20	5980	98	5882
4	AX002	刘星	销售部	42965011003401	2000	0	40	1960	0	1960
5	AX003	卢巧云	企划部	42965011003409	1800	1400	100	3100	0	3100
6	AX004	李慧	办公室	42965011003425	2500	200	30	2670	0	2670
7	AX005	王霞	财务部	42965011003411	3100	0	100	3000	0	3000
8	AX006	张亮	办公室	42965011003407	3100	500	20	3580	2.4	3577.6
9	AX007	杨瑞	企划部	42965011003416	2900	280	40	3140	0	3140
10	AX008	王海洋	办公室	42965011003402	3200	0	20	3180	0	3180
11	AX009	郝丽丽	销售部	42965011003405	1800	6800	100	8500	100	8400

图 4-67　选中两列效果

步骤 4：制作图表。

单击“插入”选项卡→“图表”选项组的图标，弹出“插入图表”窗口，如图 4-68 所示，用户也可以根据自己的喜好选择，本书选择第一个柱形图。

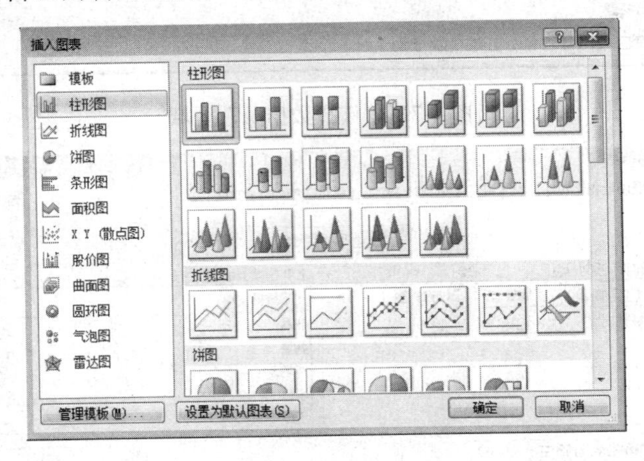

图 4-68　插入图表

单击【确定】按钮，弹出图表如图 4-69 所示。

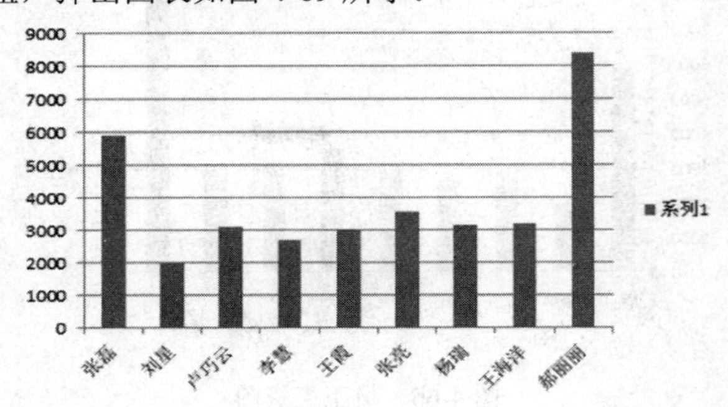

图 4-69　插入后效果图

📖 知识点提示:

在创建图表时，如果没有先选定需要数据的区域，进行图表创建的操作时(此时依旧选择柱形图)，则会出现一片空白的图标区，这时单击“图标工具”→“设计”→“数据”→“选择数据”，弹出“选择数据源”窗口，如图 4-70 所示。

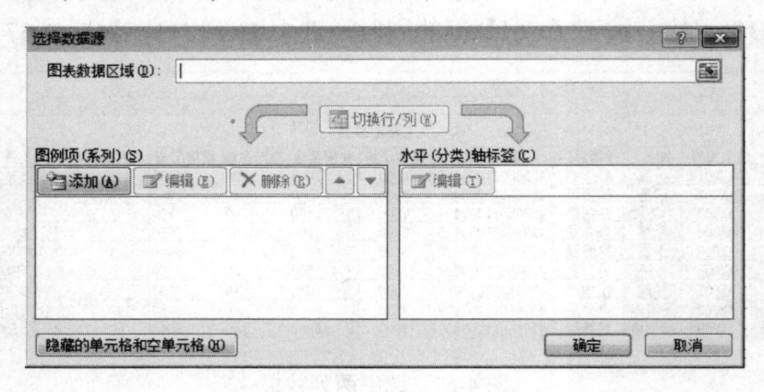

图 4-70 “选择数据源”窗口

单击图标数据区域右侧的，选择创建图表的数据区域，用鼠标在“工资汇总表”中选择姓名和实际工资的内容，如图 4-71 所示，单击返回到“选择数据源”窗口，如图 4-72 所示。

图 4-71 “选择数据源”区域

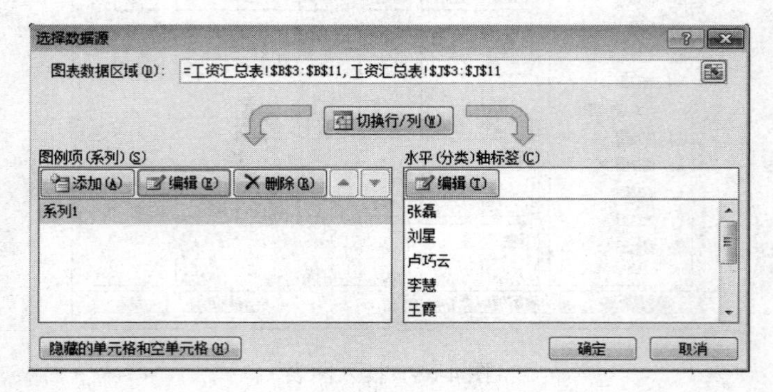

图 4-72 “选择数据源”窗口

在“选择数据源”窗口中，可以对图的水平和垂直坐标轴进行设计。选中图例项下方的“系列 1”，单击“编辑”选项，可对系列名称和值进行编辑。在系列名称中输入“工资”，如图 4-73 所示，单击【确定】按钮，则图表效果如图 4-74 所示。

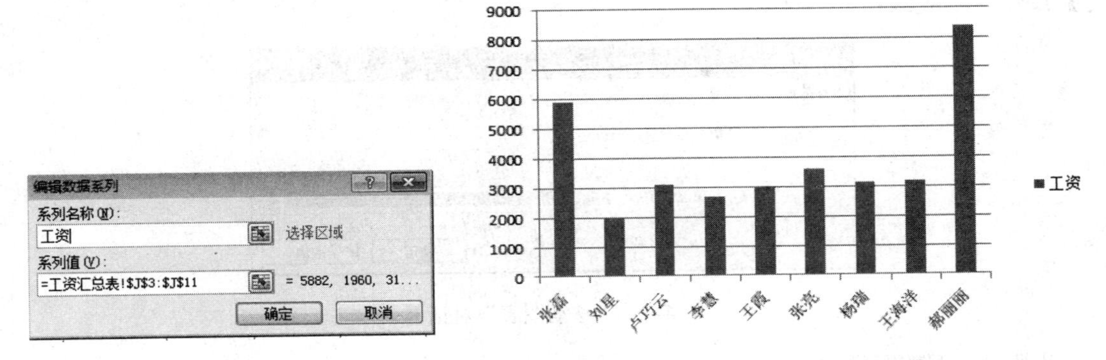

图 4-73　编辑数据系列　　　　图 4-74　编辑数据系列后效果图

步骤 5：保存工作簿。

任务 9　美化任务 8 创建的图表

在任务 8 中已经建立了“工资汇总表”的图表了，还可以对图表进行一些修饰，使其更加美观。美化后的“工资汇总表”的图表效果如图 4-75 所示。

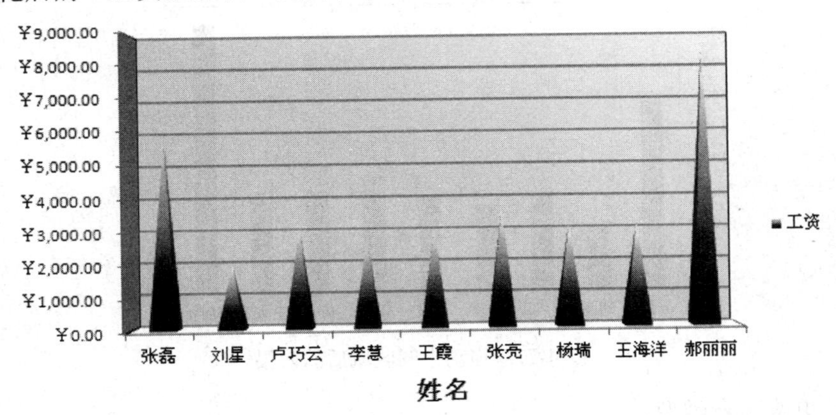

图 4-75　美化后效果

实现步骤如下。

步骤 1：打开“企业工资管理系统”。

步骤 2：鼠标单击“工资汇总表”标签，打开“工资汇总表”工作表。

步骤 3：调整图表位置。

用鼠标单击图表的空白区域(而不是单击具体的图表)，选中整个图表，按鼠标左键不放并拖动，到达目标位置释放鼠标即可完成操作。

📖 知识点提示：

(1)单击具体的图表，选中的仅仅是图表的某个区域；鼠标单击图表的空白区域，选中的则是整个图表。

(2) 如果要将图表移动到其他工作表中，则操作步骤如下：选中整个图表，单击“图表工具”→“设计”→“位置”→“移动图表”命令，或者单击鼠标右键，在弹出的快捷菜单中选择“移动图表”，弹出“移动图表”对话框，如图 4-76 所示。选择相应的工作表，单击【确定】按钮，完成操作。

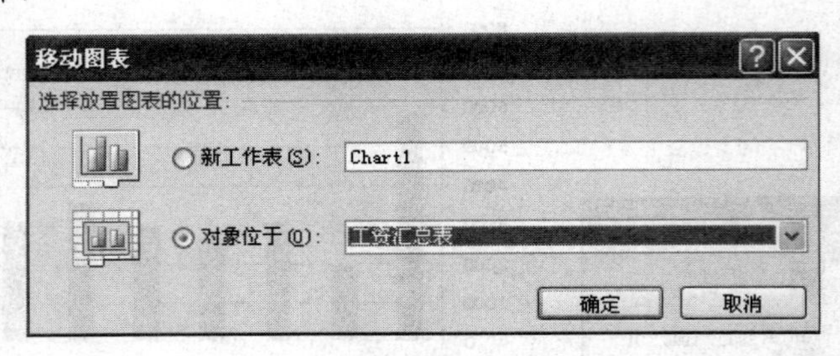

图 4-76 “移动图表”对话框

步骤 4：调整图表大小。

选中整个图表，在图表区的四周边框上出现 8 个浅灰色的控制点，将鼠标移至控制点上，此时形状变为双箭头，按住鼠标不放并拖动即可调整大小。需要注意的是，若鼠标选中的只是图表中间的图形区域，也会出现 8 个控制点，若移动鼠标至此进行拖动，则改变的只是中间图形区域的大小，图表的大小不变。在这里拖动鼠标将中间的图形区域变宽，效果如图 4-77 所示，姓名变成横向排列。

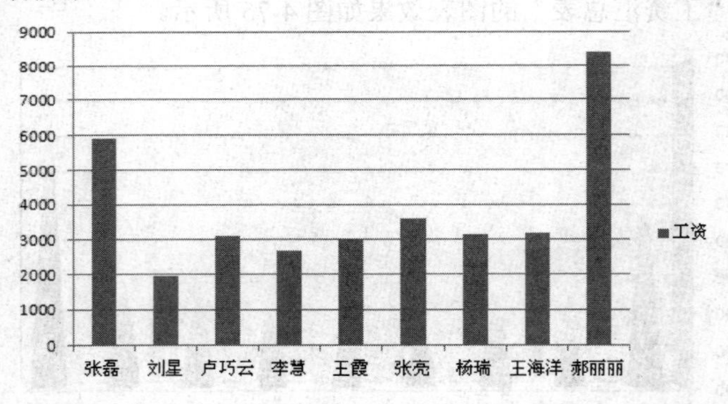

图 4-77 拖动中间区域后的效果

步骤 5：更改图表类型。

在任务 8 中创建的图表是“柱形图”，在 Excel 中可以将所作的“柱形图”更改图为其他类型，如“饼状图”“条形图”“折线图”等。

用鼠标单击图表空白区域，选中整个图表，单击“图表工具”→“设计”→“类型”→“更改图表类型”命令，或者单击鼠标右键，在弹出的快捷菜单中选择“更改图表类型”，在对话框，选择柱形图的金字塔形图样，读者也可根据自己的喜好选择合适的图标类型，如图 4-78 所示。单击【确定】按钮，效果如图 4-79 所示。

此时，图形有立体感，但似乎有点倾斜，可以作调整。选中整个图表，单击鼠标右键，在弹出的快捷菜单中选择“设置图表区格式”，单击左侧的三维旋转，如图 4-80 所示，可重新调整 X 轴和 Y 轴的旋转角度，本书在这里都设置为 0，单击关闭，效果如图 4-81 所示。

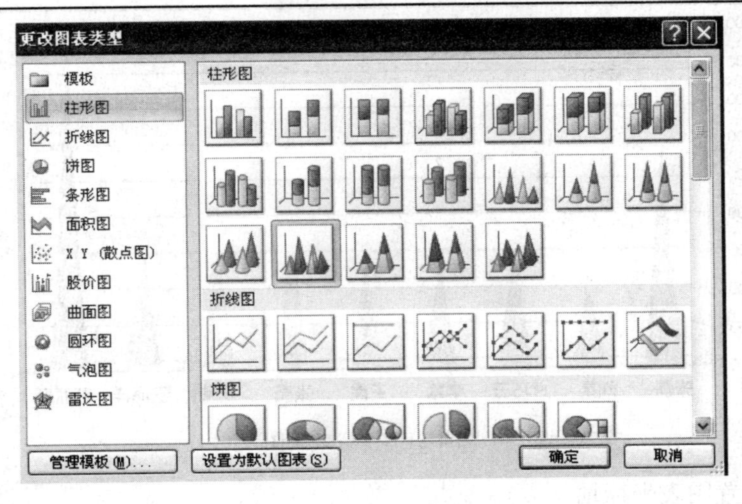

图 4-78 “更改图表类型”对话框

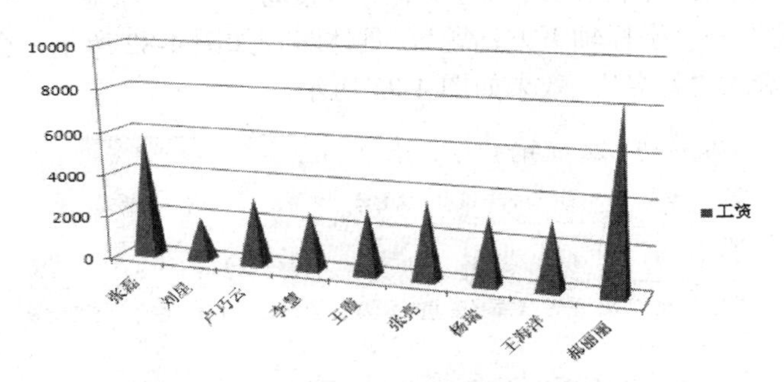

图 4-79　金字塔形柱形图

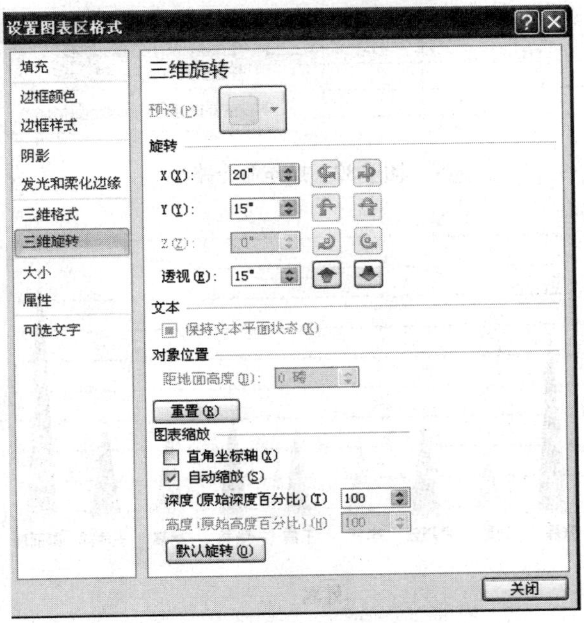

设置图表区格式
填充
边框颜色
边框样式
阴影
发光和柔化边缘
三维格式
三维旋转
大小
属性
可选文字
三维旋转
预设(P):
旋转
X(X): 20°
Y(Y): 15°
Z(Z): 0°
透视(E): 15°
文本
保持文本平面状态(K)
对象位置
距地面高度(D): 0 磅
重置(R)
图表缩放
直角坐标轴(X)
自动缩放(S)
深度(原始深度百分比)(T) 100
高度(原始高度百分比)(H) 100
默认旋转(O)
关闭

图 4-80 “设置图表区格式”对话框

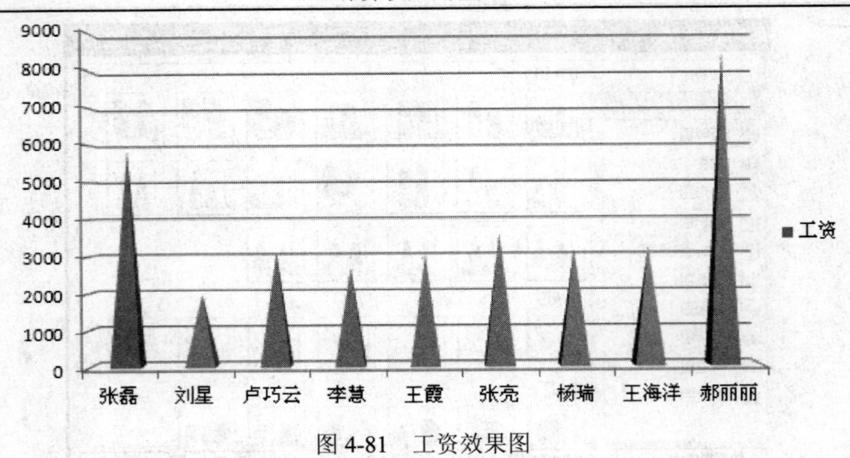

图 4-81　工资效果图

步骤 6：设置图表坐标轴。

选中整个图表，单击“图表工具”选项卡→“布局” →“标签” →“坐标轴标题” →“主要横坐标轴标题”→“坐标轴下方标题”，具体路径如图 4-82 所示，会弹出坐标轴标题的文本框，重新编辑输入“姓名”，效果如图 4-83 所示。

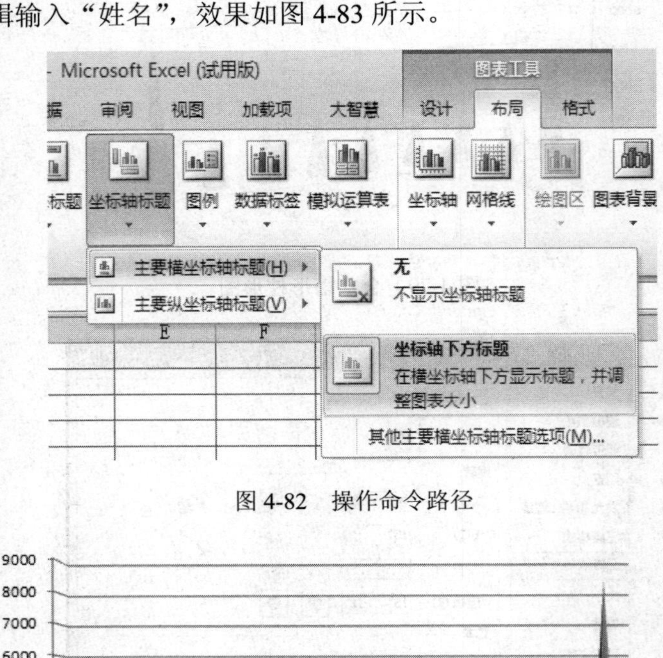

图 4-82　操作命令路径

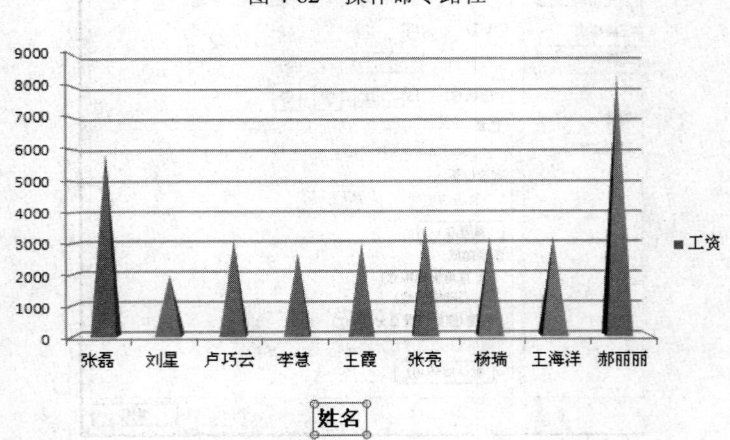

图 4-83　设置坐标抽标题

选中姓名文本框，将它拖动至合适的位置，在“开始”选项卡下可对字体、颜色进行设置。本书仅设置为宋体、14、加粗。选中纵坐标轴的数字，选中后会有方框将所有数字框起来，单击鼠标右键，选择“设置坐标轴格式”，对话框如图 4-84 所示。选择左侧“数字”，在右侧“类别”下方选择货币，效果如图 4-85 所示。

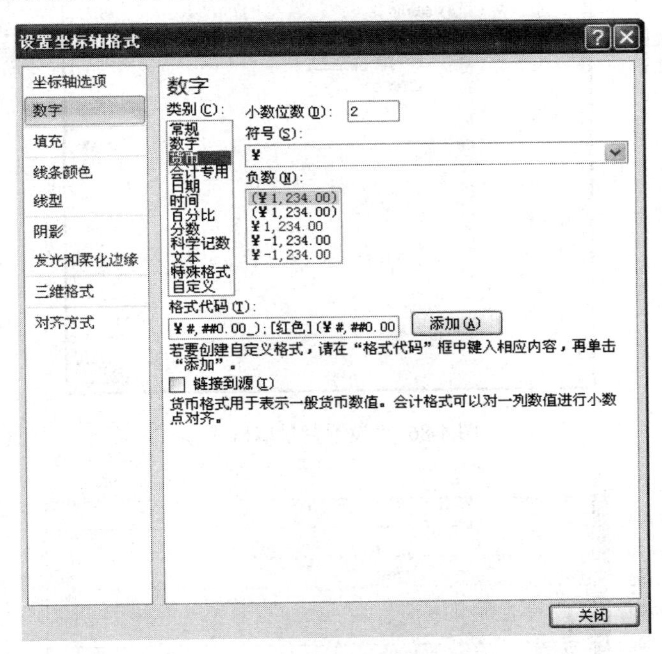

图 4-84　“设置坐标轴格式”

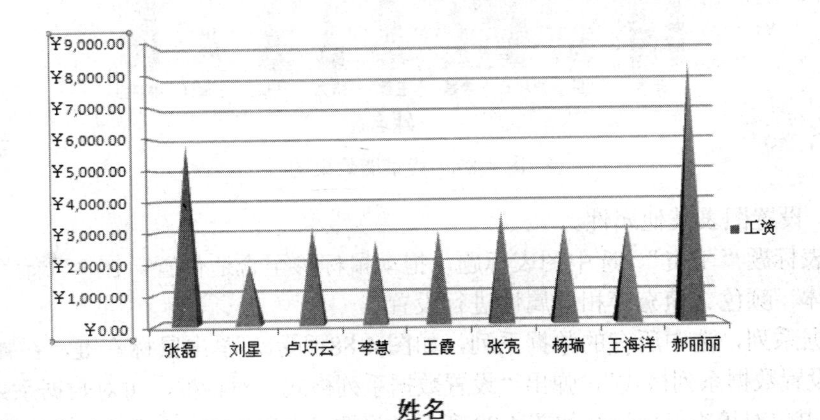

图 4-85　工资效果图

在“设置坐标轴格式”对话框中，还可对坐标轴的线型、线条颜色等属性进行设置。

步骤 7：设置图表背景墙。

选中图表中的横线区域，单击鼠标右键，在弹出的快捷菜单中选择“设置背景墙格式”，对话框如图 4-86 所示，单击左侧的“填充”，在右侧填充的下方选择“纯色填充”，填充颜色选择浅灰色，单击关闭。效果如图 4-87 所示。在“设置背景墙格式”对话框中，还可对背景墙的边框颜色和样式等属性进行设置。

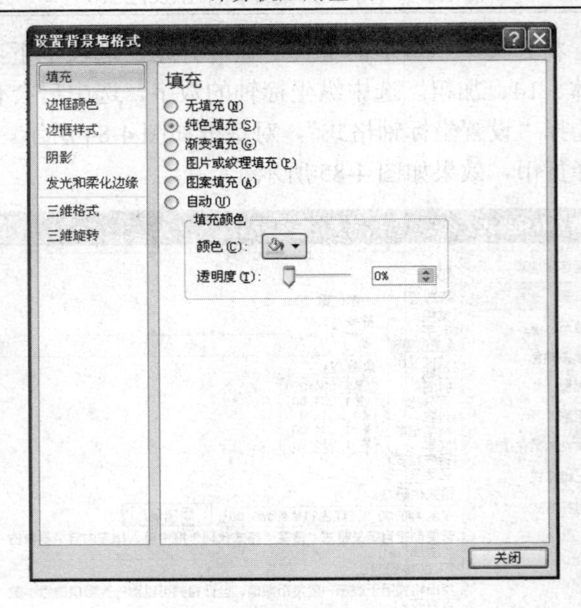

图 4-86 “设置背景墙格式”

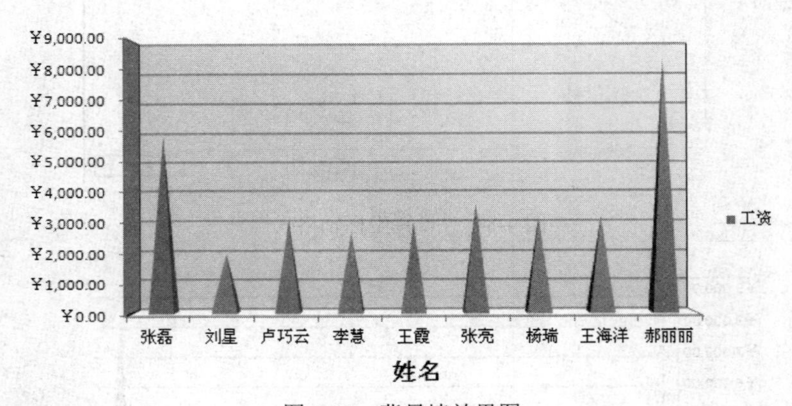

图 4-87 背景墙效果图

步骤 8：设置图表其他属性。

单击图表标题“工资”，选中图表标题，拖动鼠标移至合适位置，在“开始”选项卡下可对标题的字体、颜色、填充等相关属性进行设置。

单击数据系列，选中所有的数据系列，如图 4-88 所示，单击鼠标右键，在弹出的快捷菜单中选择“设置数据系列格式”，弹出“设置数据系列格式”对话框，可对数据系列的相关属性进行设置，本书仅对填充颜色进行如图 4-89 所示的设置。同样的方法还可对右侧的图例进行设置。

经过以上步骤，工资图最终如图 4-75 所示。

步骤 9：为图表添加数据。

假设公司来了一位新同事，那么工作表及图表中都没有他的数据，首先需要将这个新同事的数据添加到工作表内，效果如图 4-90 所示。

要将这位新同事的“实际工资”数据添加到图表上，首先选定整个图表，单击鼠标右键，在弹出的快捷菜单中单击“选择数据”，弹出“选择数据源”对话框，如图 4-91 所示。在图表数据区域里显示目前图表的数据源，单击其右侧图标重新选择数据源即可。

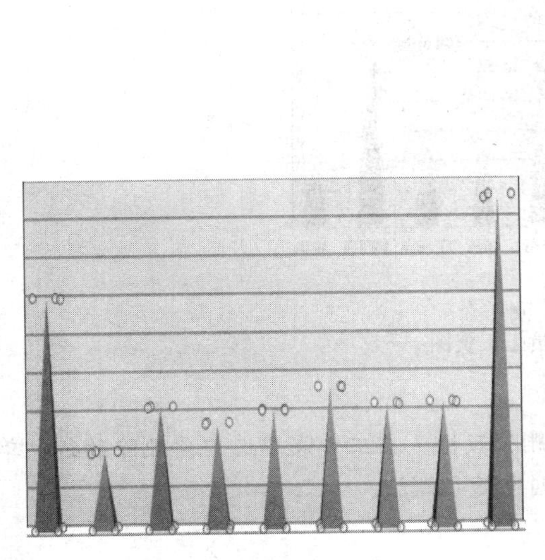

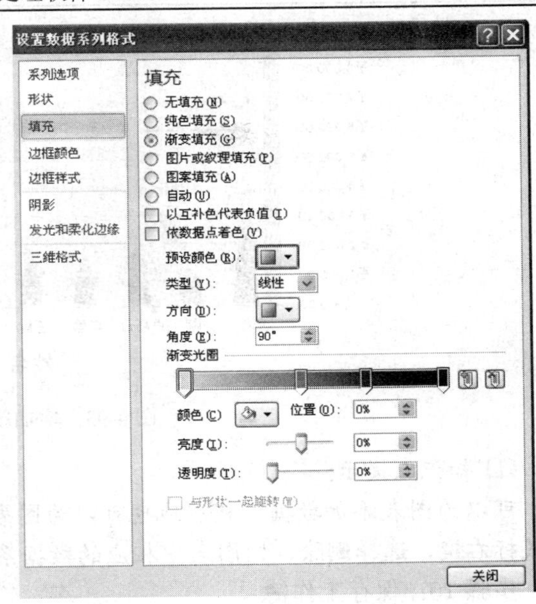

图 4-88　数据系列被选中　　　　图 4-89　“设置数据系列格式”

工资汇总表									
员工编号	姓名	所属部门	银行账号	基本工资	业绩奖金	应扣金额	税前工资	个人所得税	实际工资
AX001	张磊	财务部	42965011003413	4000	2000	20	5980	98	5882
AX002	刘星	销售部	42965011003401	2000	0	40	1960	0	1960
AX003	卢巧云	企划部	42965011003409	1800	1400	100	3100	0	3100
AX004	李慧	办公室	42965011003425	2500	200	30	2670	0	2670
AX005	王霞	财务部	42965011003411	3100	0	100	3000	0	3000
AX006	张亮	办公室	42965011003407	3100	500	20	3580	2.4	3577.6
AX007	杨瑞	企划部	42965011003416	2900	280	40	3140	0	3140
AX008	王海洋	办公室	42965011003402	3200	0	20	3180	0	3180
AX009	郝丽丽	销售部	42965011003405	1800	6800	100	8500	100	8400
AX010	张华	办公室	42965011003421	2500	0	0	2500	0	2500

图 4-90　新增员工数据效果图

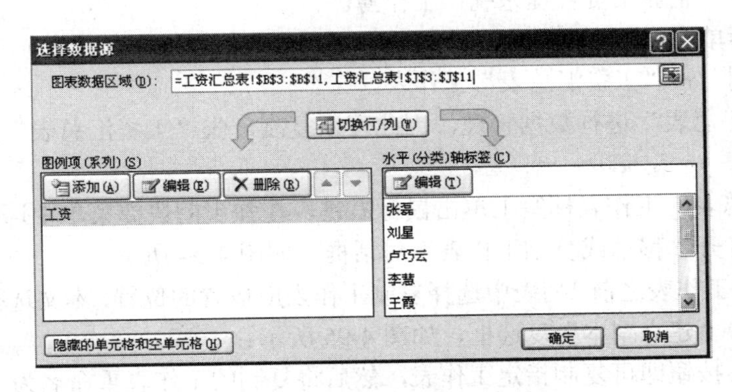

图 4-91　“选择数据源”对话框

用鼠标重新选择姓名和实际工资两列的内容，如下图 4-92 所示。单击其右侧图标重新返回“选择数据源”对话框，单击确定，图表中就会添加新员工的数据系列，如图 4-93 所示。

图 4-92　重新选择数据源

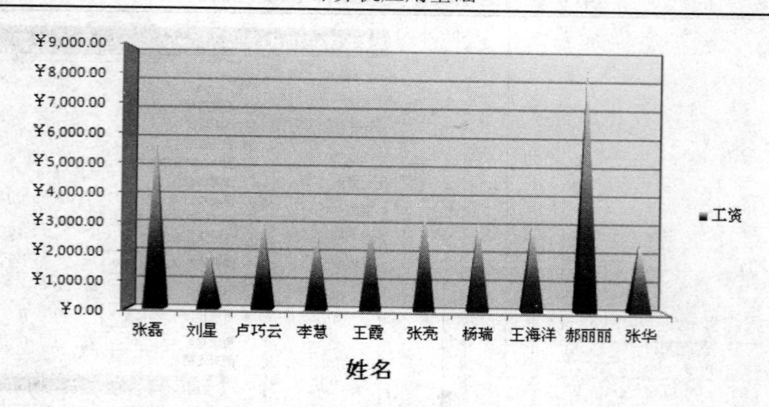

图 4-93　增加新员工工资图

📖 知识点提示:

可以为图表添加数据，相应地也可以为图表删除数据。在工作表中选中要删除的行，单击鼠标右键，选择删除，则图表中相应的数据系列也随之删除。

步骤 10：保存工作簿。

4.5　Excel 的数据管理功能

Excel 中的数据管理基本方法有数据排序、数据自动筛选、数据高级筛及分类汇总等，利用 Excel 中的数据管理功能，用户可以得出清晰明了的数据处理结果。下面以任务 10 为例，体会一下 Excel 中数据管理功能。

任务 10　工资数据统计分析

步骤 1：打开“企业工资管理系统”工作簿。

步骤 2：鼠标单击“工资汇总表”标签，打开“工资汇总表”工作表。

步骤 3：复制一张“工资汇总表”工作表。

要对“工资汇总表”进行数据管理，因此可以复制一张“工资汇总表”工作表用于数据分析。

在“工资汇总表”工作表标签上单击鼠标右键，在弹出的快捷菜单中选择“移动或复制工作表”命令，打开“移动或复制工作表”对话框，如图 4-94 所示。

在“下列选定工作表之前”列表中选择复制工作表应放置的位置，本文选择的位置是“(移至最后)”，并选中“建立副本”复选框，如图 4-95 所示。

单击【确定】按钮即可复制指定工作表，然后将复制的工作表重命名为“工资分析”。

步骤 4：删除图表。

本节任务主要是学习数据管理功能，将工作表中的图表删除，选中整个图表，按下【Delete】键，图表被删除。

📖 知识点提示:

在“选择”图表时，要选中整个图表，而不是图表的某一部分，选择时应单击图表的空白部分。

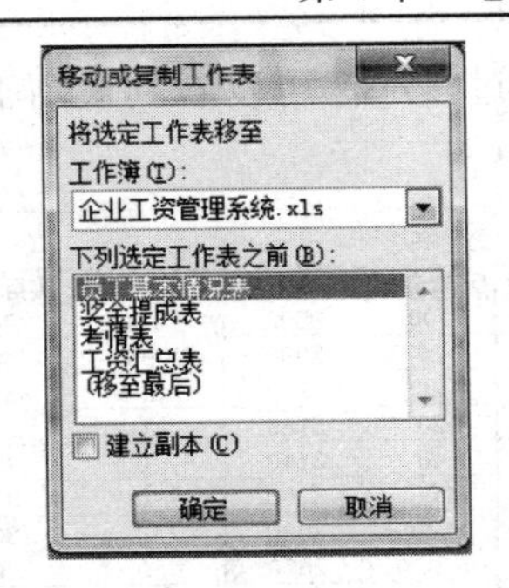

图 4-94　移动工作表窗口

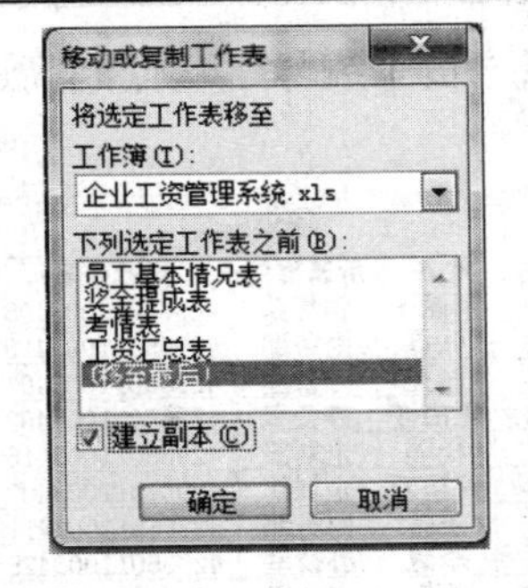

图 4-95　选择后的移动工作表窗口

步骤 5：对数据进行排序。

排序是指按照一定的规则对字段进行排列。对于排序一般要清楚以下三个重要概念。①关键字：作为排序依据的字段称为关键字。②排序字段个数：根据关键字的个数可分为单字段和多字段排序。③排序方式：有升序与降序两种顺序，即排序方式为递增或递减。

用鼠标点击工作表中任意一个单元格，单击“数据”选项卡→“排序和筛选” →“排序”命令，弹出“排序”对话框，如图 4-96 所示。

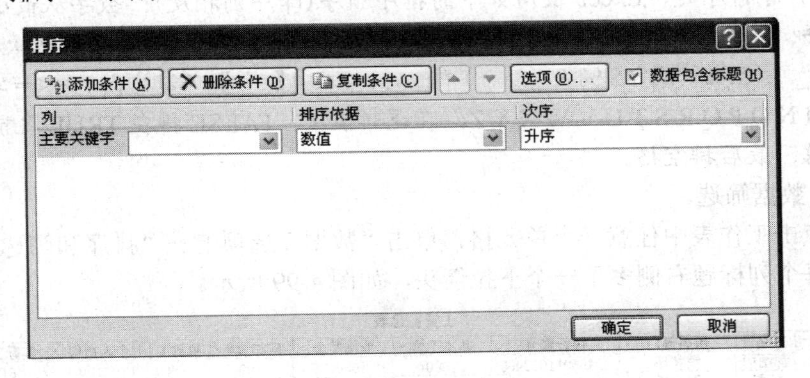

图 4-96　“排序”窗口

单击【添加条件】按钮，会增加“次要关键字”一行，将“主要关键字”设置为“实际工资”，并且在后面选择“降序”，“次要关键字”设置为“员工编号”，并且在后面选择“升序”，如图 4-97 所示。

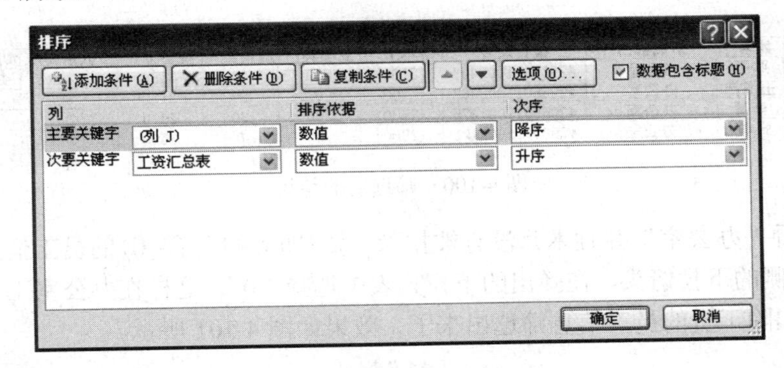

图 4-97　设置“排序”条件

单击【确定】按钮，可看到“实际工资”从高到低进行排序(图 4-98)，若“实际工资”

相同的，则按照“员工编号”从低到高进行排序。通过排序，可以看到最高工资额、最低工资额等信息。

工资汇总表									
员工编号	姓名	所属部门	银行账号	基本工资	业绩奖金	应扣金额	税前工资	个人所得税	实际工资
AX009	郝丽丽	销售部	42965011003405	1800	6800	100	8500	100	8400
AX001	张磊	财务部	42965011003413	4000	2000	20	5980	98	5882
AX006	张亮	办公室	42965011003407	3100	500	20	3580	2.4	3577.6
AX008	王海洋	办公室	42965011003402	3200	0	20	3180	0	3180
AX007	杨瑞	企划部	42965011003416	2900	280	40	3140	0	3140
AX003	卢巧云	企划部	42965011003409	1800	1400	100	3100	0	3100
AX005	王霞	财务部	42965011003411	3100	0	100	3000	0	3000
AX004	李慧	办公室	42965011003425	2500	200	30	2670	0	2670
AX010	张华	办公室	42965011003421	2500	0	0	2500	0	2500
AX002	刘星	销售部	42965011003401	2000	0	40	1960	0	1960

图 4-98 排序后的工资汇总表

知识点提示：

(1) 避免在单元格(每个字段内容)的开头输入无意义的空格，因为多余的空格会影响排序和查找。列标题使用的字体、对齐方式、格式、图案、边框或大小写样式，应当与数据清单中的其他数据格式相区别。

(2) 在按升序排序时，Excel 使用如下的排序顺序(降序则相反)：数字从最小的负数到最大的正数排序；文本及包含数字的文本，从左到右按以下的顺序一个个字符依次排序：0 1 2 3 4 5 6 7 8 9 ’ _ (空格) ! ” # $ % & ( ) * , . / : ; ? @ 【 \ 】 ^ - ‘ { | } + < = > A B C E E F G H I J K L M N O P Q R S T U V W X Y Z；在逻辑值中，FALSE 排在 TRUE 之前；所有错误值的优先等效；最后排空格。

步骤 6：数据筛选。

用鼠标点击工作表中任意一个单元格，单击“数据”选项卡→“排序和筛选”→“筛选”命令，此时每个列标题右侧多了一个下拉箭头，如图 4-99 所示。

工资汇总表									
员工编号	姓名	所属部门	银行账号	基本工资	业绩奖金	应扣金额	税前工资	个人所得税	实际工资
AX009	郝丽丽	销售部	42965011003405	1800	6800	100	8500	100	8400
AX001	张磊	财务部	42965011003413	4000	2000	20	5980	98	5882

图 4-99 筛选界面

如果要查看“办公室”所有员工的信息，可以单击“所属部门”右侧的下拉箭头，在弹出的下拉列表中选择“办公室”，这样办公室所有员工的信息筛选出来了，效果如图 4-100 所示。

工资汇总表									
员工编号	姓名	所属部门	银行账号	基本工资	业绩奖金	应扣金额	税前工资	个人所得税	实际工资
AX006	张亮	办公室	42965011003407	3100	500	20	3580	2.4	3577.6
AX008	王海洋	办公室	42965011003402	3200	0	20	3180	0	3180
AX004	李慧	办公室	42965011003425	2500	200	30	2670	0	2670
AX010	张华	办公室	42965011003421	2500	0	0	2500	0	2500

图 4-100 筛选后的结果

如果要查看“办公室”并且本月没有被扣除工资(即应扣金额=0)的员工信息，可以单击“应扣金额”右侧的下拉箭头，在弹出的下拉列表中选择“0”，这样在办公室工作并且本月表现良好没有被扣除工资的员工信息筛选出来了，效果如图 4-101 所示。

工资汇总表									
员工编号	姓名	所属部门	银行账号	基本工资	业绩奖金	应扣金额	税前工资	个人所得税	实际工资
AX010	张华	办公室	42965011003421	2500	0	0	2500	0	2500

图 4-101 多个筛选条件的设置

📖 知识点提示:

通过上机操作会发现，执行过筛选操作的列标题，其右侧会有一个漏斗图标，如果要还原工作表，可以依次单击漏斗图标，选择“全选”，单击“确定”即可。也可以单击“数据”选项卡→“排序和筛选”→“清除”命令，也会显示工作表中所有记录。

步骤 7：数据的分类汇总。

分类汇总功能在工作表的分析中有着十分重要的作用，因为分类汇总的操作不仅增加了工作表的可读性，而且能使用户更快捷地获得需要的数据，并根据需要的数据作出分析。

要对数据执行分类汇总操作前，需要先对进行汇总操作的数据进行排序，此处要汇总各部门的工资总额，因此首先要按“所属部门”字段进行排序。

用鼠标点击所属部门列任意一个单元格，单击“数据”选项卡→“排序和筛选”→ A↓（升序），将对“所属部门”进行排序，相同的部门会在一起，如图 4-102 所示。

员工编号	姓名	所属部门	银行账号	基本工资	业绩奖金	应扣金额	税前工资	个人所得税	实际工资
AX006	张亮	办公室	42965011003407	3100	500	20	3580	2.4	3577.6
AX008	王海洋	办公室	42965011003402	3200	0	20	3180	0	3180
AX004	李慧	办公室	42965011003425	2500	200	30	2670	0	2670
AX010	张华	办公室	42965011003421	2500	0	0	2500	0	2500
AX001	张磊	财务部	42965011003413	4000	2000	20	5980	98	5882
AX005	王霞	财务部	42965011003411	3100	0	100	3000	0	3000
AX007	杨瑞	企划部	42965011003416	2900	280	40	3140	0	3140
AX003	卢巧云	企划部	42965011003409	1800	1400	100	3100	0	3100
AX009	郝丽丽	销售部	42965011003405	1800	6800	100	8500	100	8400
AX002	刘星	销售部	42965011003401	2000	0	40	1960	0	1960

图 4-102　所属部门升序排序

用鼠标点击工作表中任意一个单元格，单击“数据”选项卡→“分级显示”→“分类汇总”，弹出“分类汇总”对话框，将“分类汇总”设置为“所属部门”、“汇总方式”为“求和”、“选定汇总项”为“实际工资额”，如图 4-103 所示。

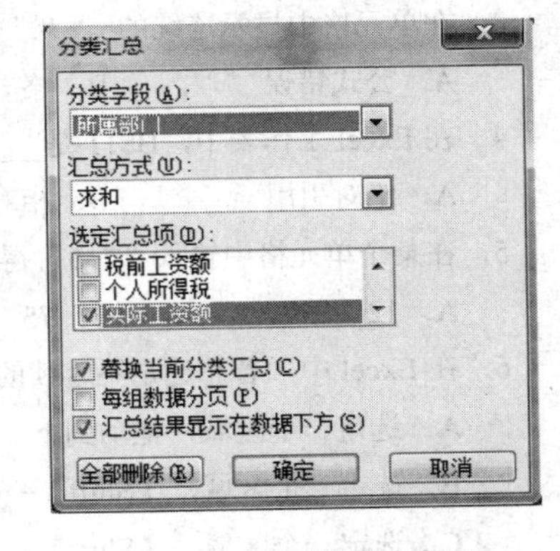

图 4-103　分类汇总窗口

单击【确定】按钮，可以看到分类汇总的结果，效果如图 4-104 所示。

📖 知识点提示:

汇总方式是指所需的用于计算分类汇总的函数，如求和、平均、计数等，本任务是对汇总项的“实际工资”求和运算。

单击左上角的【(2)】按钮即可查看各部门的工资总额结果，效果如图 4-105 所示。

	A	B	C	D	E	F	G	H	I	J
1	工资汇总表									
2	员工编号	姓名	所属部门	银行账号	基本工资	业绩奖金	应扣金额	税前工资	个人所得税	实际工资
3	AX006	张亮	办公室	42965011003407	3100	500	20	3580	2.4	3577.6
4	AX008	王海洋	办公室	42965011003402	3200	0	20	3180	0	3180
5	AX004	李慧	办公室	42965011003425	2500	200	30	2670	0	2670
6	AX010	张华	办公室	42965011003421	2500	0	0	2500	0	2500
7			办公室 汇总							11927.6
8	AX001	张磊	财务部	42965011003413	4000	2000	20	5980	98	5882
9	AX005	王霞	财务部	42965011003411	3100	0	100	3000	0	3000
10			财务部 汇总							8882
11	AX007	杨瑞	企划部	42965011003416	2900	280	40	3140	0	3140
12	AX003	卢巧云	企划部	42965011003409	1800	1400	100	3100	0	3100
13			企划部 汇总							6240
14	AX009	郝丽丽	销售部	42965011003405	1800	6800	100	8500	100	8400
15	AX002	刘星	销售部	42965011003401	2000	0	40	1960	0	1960
16			销售部 汇总							10360
17			总计							37409.6

图 4-104　分类汇总结果

	A	B	C	D	E	F	G	H	I	J
1					工资汇总表					
2	员工编号	姓名	所属部门	银行账号	基本工资	业绩奖金	应扣金额	税前工资	个人所得税	实际工资
7			办公室 汇总							11927.6
10			财务部 汇总							8882
13			企划部 汇总							6240
16			销售部 汇总							10360
17			总计							37409.6

图 4-105　2 级分类汇总

可以创建分类汇总，也可以删除分类汇总，单击“数据”选项卡→“分级显示”→“分类汇总”弹出“分类汇总”窗口，如图 4-103 所示。选择【全部删除】按钮，即可删除分类汇总。

步骤 8：保存工作簿。

习　题

一、选择题

1．某个单元格显示的数值为 5.231E+0.5，那它等价于________。

A．5.23105　　B．5.2315　　C．523100　　D．以上都不对

2．在单元格中显示“＃VALUE!”或“＃DIV/O!”，这是因为________。

A．公式错误　　B．格式错误　　C．行高不够　　D．列宽不够

3．在单元格中显示连续的 “＃”(如#######)，则表示________。

A．公式错误　　B．格式错误　　C．行高不够　　D．列宽不够

4．在 Excel 工作表中，B$11 是________。

A．绝对引用　　B．相对引用　　C．混合引用　　D．以上都不是

5．在某个单元格中输入“7+5”得到的结果是________。

A．12　　B．75　　C．7+5　　D．=7+5

6．在 Excel 中，若想选定不连续的若干个区域，则________。

A．选定一个区域，拖动到下一个区域

B．选定一个区域，【Shift】＋ 单击下一个区域

C．选定一个区域，【Shift】＋ 箭头移动到下一个区域

D．选定一个区域，【Shift】＋ 选定下一个区域

7．在 Excel 中，选定连续的四行，然后执行“插入一行”命令则在 Excel 插入了________。

A．3 行　　B．1 行　　C．4 行　　D．8 行

8．以下哪个函数是求和函数的________。

A．SUM　　B．IF　　C．AVERAGE　　D．COUNT

9．在单元格中输入分数 3/4 的方法是________。

A．=3/4　　B．3/4　　C．“3/4”　　D．0 3/4

10．以下关于“选择性粘贴”命令的使用，正确的说法是________。

A．“粘贴”命令与“选择性粘贴”命令中的“格式”选项功能相同

B．“粘贴”命令和“选择性粘贴”命令之前的“复制”或“剪切”操作的操作方法完全相同

C．使用“复制”、“剪切”和“选择性粘贴”命令，完全可以用鼠标的拖曳操作来完成

D. 使用“选择性粘贴”命令不能完整地复制所有的属性

11. 为了输入一批有规律的递减数据，在使用填充柄实现时，应先选中________。

A. 有关系的相邻区域　　B. 任意有值的一个单元格

C. 不相邻的区域　　D. 不要选择任意区域

12. 在 Excel 中，下列________是正确的区域表示法。

A. A1#D4　　B. A1..D4　　C. A1:D4　　D. A1<D4

13. 在 Excel 工作表中，A1 单元格中的内容是“1 月”。若使用自动填充序列的方法在 A 列生成序列 1 月，2 月，3 月……则________。

A. 在 A2 中输入“2 月”，选中 A2 单元格后向下拖动填充柄

B. 选中 A1 单元格后向上拖动填充柄

C. 在 A2 内输入“2 月”，选中 A2 单元后单击填充柄

D. 选中 A1 单元格后双击填充柄

14. 在 Excel 中，关于“选择性粘贴”的叙述，错误的是________

A. 选择性粘贴可以只粘贴格式　　B. 选择性粘贴可以只粘贴公式

C. 选择性粘贴之前必须进行复制　　D. 选择性粘贴只能粘贴数值型数据

15. 下列有关 Excel 功能的叙述中，正确的是________

A. Excel 不能处理图形　　B. Excel 不能处理表格

C. Excel 的数据列表管理可支持数据记录增、删、改等操作

D. 在一个工作表中包含多个工作簿

16. 在 Excel 中，一个完整的函数输入应包括________。

A. =和函数名　　B. =函数名(参数)

C. =和参数　　D. 函数名(参数)

17. Excel 工作表可以进行填充时，鼠标的形状为________。

A. 空心粗+字　　B. 向上方箭头

C. 实心细+字　　D. 向下方箭头

18. 某区域由 A4、A5、A6 和 B4、B5、B6 组成，下列不能表示该区域的是________。

A. A4：B6　　B. A4：B4　　C. B6：A4　　D. A6：B4

19. 如要关闭工作簿，但不想退出 Excel，可以单击________。

A. “文件”下的“关闭”命令　　B. “文件”下的“退出”命令

C. 关闭 Excel 窗口的按钮“×”　　D. “窗口”下拉菜单中的“隐藏”命令

20. 下列 Excel 运算符的优先级最高的是________。

A. ^　　B. *　　C. /　　D. +

21. 在 Excel 工作表中，单元格区域 D2：E4 所包含的单元格个数是________。

A. 5　　B. 6　　C. 7　　D. 8

22. 在 Excel 中，单击工作表中的行标签，则选中________。

A. 一个单元　　B. 一行单元格　　C. 一列单元格　　D. 全部单元格

23. 在 Excel 按递增方式排序时，空格________。

A. 始终排在最后　　B. 总是排在数字的前面

C. 总是排在逻辑值的前面　　D. 总是排在数字的后面

24. 在 Excel 工作表的单元格 D1 中输入公式“=SUM(A1：C3)”，其结果为________。

A．A1 与 A3 两个单元格之和

B．A1，A2，A3，C1，C2，C3 六个单元格之和

C．A1，B1，C1，A3，B3，C3 六个单元格之和

D．A1，A2，A3，B1，B2，B3，C1，C2，C3 九个单元格之和

25．在 Excel 工作表的单元格中输入公式时，应先输入________号。

A．‘　　B．@　　C．&　　D．=

26．在 Excel 中，A1 单元格设定其数字格式为整数，当输入“33.51”时，显示为________。

A．33.51　　B．33　　C．34　　D．ERROR

27．在 Excel 中，各运算符号的优先级由高到低的顺序为________。

A．算术运算符、关系运算符、文本运算符

B．算术运算符、文本运算符、关系运算符

C．关系运算符、文本运算符、算术运算符

D．文本运算符、算术运算符、关系运算符

28．在 Excel 中，若单元格引用随公式所在单元格位置的变化而改变，则称之为________。

A．绝对引用　B．相对引用　C．混合引用　D．3–D 引用

29．在 Excel 中工作簿文件的扩展名是________。

A．DOC　　B．TXT　　C．XLS　　D．XLSX

30．在进行自动分类汇总之前，必须________。

A．筛选　　B．有效计算　　C．建立数据库　　D．排序

31．在 Excel 工作簿中，至少应含有的工作表个数是________。

A．1　　B．2　　C．3　　D．4

32．在 Excel 工作表中，不正确的单元格地址是________。

A．C$66　　B．$C66　　C．C6$6　　D．$C$66

33．在 Excel 工作表中，单元格 D5 中有公式“=$B$2+C4”，删除第 A 列后 C5 单元格中的公式为________。

A．=$A$2+B4　　B．=$B$2+B4

C．=$A$2+C4　　D．=$B$2+C4

二、填空题

1．在 Excel 中如果只是想引用原来数据的格式，可以在复制了原来数据以后，使用________功能。

2．取消分类汇总的操作，可以在分类汇总对话框中执行________。

3．在 Excel 的一张工作表最大有________列，最多有________行。

4．在单元格要求 3+6 的算术运行结果，可以输入公式________。

5．函数 SUM(A1：A5)相当于用户输入的________公式。

6．在 Excel 工作表中，表示第 2 行第 5 列的绝对地址是________。

7．函数 SUM(A1:A2)相当于用户输入________的公式。

8．Excel 公式中使用的引用地址 E1 是相对地址，而$ E $ 1 是________地址。

9．Excel 中对指定区域(C1：C5) 求和的函数公式是________。

10．Excel 中如果一个单元格中的信息是以“=”开头的，则说明该单元格中的信息是________。

11．Excel 中，要在公式中引用某个单元格的数据时，应在公式中键入该单元格的________。

12．在 Excel 中，公式都是以“=”开始的，后面由________和运算符构成。

13．在 Excel 中，清除是指对选定的单元格和区域内的内容作清除，________依然存在。

14．在 Excel 中，设 A1～A4 单元格的数值为 82，71，53，60，A5 单元格使用公式为=If(Average(A$1：A$4)>=60，"及格"，"不及格")，则 A5 显示的值是________。

15．在 Excel 中输入数据时，如果输入的数据具有某种内在规律，则可以利用它的_______功能进行输入。

三、判断题

1．Excel 规定，在不同的工作表中不能将工作表名字重复定义。（　　）

2．Excel 规定在同一个工作簿中不能引用其他工作表。（　　）

3．Excel 中当用户复制某一公式后，系统会自动更新单元格的内容，但不计算其结果。（　　）

4．Excel 中的清除操作是将单元格内容删除，包括其所在的单元格。（　　）

5．任务栏中不能同时打开多个同一版本的 Excel 文件。（　　）

6．在 Excel 中，可同时打开多个工作簿。（　　）

7．在 Excel 中，删除工作表中对图表有链接的数据，图表将自动删除相应的数据。（　　）

8．在 Excel 中，数据类型可分为数值型和非数值型。（　　）

9．在 Excel 中，选取单元范围不能超出当前屏幕范围。（　　）

10．在保存 Excel 工作簿的操作过程中，默认的工作簿文件名是 Book1。（　　）

四、简答题

1．Excel 2010 工作表中的行与列的命名规则是什么？

2．工作簿和工作表有什么区别？

3．Excel 2010 中输入的数据类型分为几类，分别有何特点？

4．如何复制一个单元格中的公式？

5．Excel 2010 提供了哪些类型的常用函数？

6．如何实现简单的排序和多重排序？

7．简述如何执行自动筛选？

8．简述创建数据分类汇总？

9．删除单元格与清除单元格的有什么区别？

10．简述更新图表的数据和格式化图表的外观的步骤？

五、应用题

1．打开 Excel 工作簿，并在 sheet 1 中输入以下数据，以 K2.xls 为文件名保存，如图 4-106 所示(注意：在 A2 中输入文字“制表日期”，B2 中输入当天的日期)。

2．将整个数据表复制到 sheet 2 中，并对 sheet 2 进行如下操作(图 4-106)。

(1)计算出每个学生的总分、平均分，各科中的最高分。

(2)在姓名之后插入一列“性别”并按下页图插入数据。

(3)在姓名之前插入一列“学号”，第一个是 200001，以后每一个比前一个大 1，用序列填充法得到所有学号。

(4)在等级栏中用 IF 函数评出优秀学生：总分>=320 分的为优秀(先在 J4 评出第一个学生，然后复制到下面每个人)。操作提示 IF(H4>320，"优秀"，" ")。

(5)用基本函数在 B15 中计算出总人数(提示：COUNT(A4：A12))，在 E15 中计算出优秀人数(提示：COUNTIF(J4：J12，"优秀"))，在 H15 中计算出优秀率(提示：=E15/B15))。

计算机应用专业成绩表

制表日期 2014-4-24

学号	姓名	性别	数学	英语	计算机组成原理	汇编语言	总分	平均分	等级
201301001	高倩	女	78	89	90	80			
201301002	王丽	女	65	70	86	78			
201301003	张磊	男	76	88	73	77			
201301004	秦青清	女	68	65	72	70			
201301005	钟晓	女	77	70	80	69			
201301006	黄丽	女	90	78	79	77			
201301007	姚日星	男	62	88	90	86			
201301008	李棨和	男	67	80	78	67			
总人数		优秀数			优秀率				

图 4-106　计算机应用基础成绩表图

3．将 sheet 1 改名为“原始表”，将 sheet 2 改名为“成绩表”。

4．对“成绩表”进行如下操作：

⑴将标题行设置成蓝色、隶书、28 号、加粗，对齐方式“合并及集中”且“垂直集中”，并加上“双下画线”，行高设为 40。

⑵将“制表日期：”删除，“日期”设置成 10 号楷体字，并拖至表格的右端，行高设置为 25 磅，右对齐，垂直集中。

⑶将表格中所有列设置为“最合适的列宽”，所有内容水平居中，垂直居中。

⑷将表格日期以下的内容设置为行高为 20 磅。

⑸将表格边框设置为外框粗线，内框细线，表头设置为下框双线，底纹设置为“对角线条纹”，底色设置为淡蓝，下面最高分这一栏设置为上框双线。

⑹置条件格式：对各科成绩<60 分，字体用红色加粗；各科成绩>90 分，字体用粉红、加粗、倾斜；对总分栏中所有总分>320，设置为玫瑰红底纹。

第 5 章　演示文稿制作软件 PowerPoint 2010

随着办公室自动化软件的广泛应用和多媒体教学的迅速发展，越来越多的人开始使用 Microsoft PowerPoint 2010，它是制作公司简介、会议报告、产品说明、培训计划和教学课件等演示文稿的首选软件，深受广大用户的青睐。本章通过介绍 Microsoft PowerPoint 2010 的基本概念与基本操作，讲解演示文稿的制作、浏览、放映、打印等内容。

5.1　Microsoft PowerPoint 2010 的基本操作

Microsoft PowerPoint 2010 是 Microsoft Office 2010 的重要组件，它主要用来制作丰富多彩的幻灯片集(图 5-1)，以便在计算机屏幕或投影仪上播放，还可以用打印机打印出幻灯片或透明胶片等。如果需要，用户还可以使用 Microsoft PowerPoint 2010 创建用于 Internet 上的 Web 页面。

任务 1　创建“节约用水”演示文稿

图 5-1　“节约用水”演示文稿

制作演示文稿不难，但要做一个好的演示文稿也不容易，它需要制作者长时间地积累经验，以及不断地摸索、学习。好的演示文稿不仅要清晰易读，包括整个文稿的主题要明确、设计风格要符合主题、动画要适宜，不能喧宾夺主，且能给人一种视觉冲击力，还应当具有一致的外观。为使演示文稿的风格一致，Microsoft PowerPoint 2010 提供了母版、主题、模板等功能，通过它们可以方便地对演示文稿的外观进行调整和设置。

在 Microsoft PowerPoint 2010 中创建的文件称为演示文稿文件，其扩展名为“.pptx”。演示文稿中的每一页叫幻灯片，演示文稿是由多张幻灯片组成的。制作演示文稿的过程实际上就是制作一张张幻灯片的过程，而制作一张幻灯片的过程实际上就是制作其中每一个被指定对象的过程。

“节约用水”演示文稿的实现步骤如下。

步骤 1：创建空演示文稿。

为了创建演示文稿，首先启动 PowerPoint 2010。单击“开始”→“所有程序”→“Microsoft Office”→“Microsoft Office PowerPoint2010”命令，启动 PowerPoint2010，系统自动创建了一个空演示文稿，如图 5-2 所示。

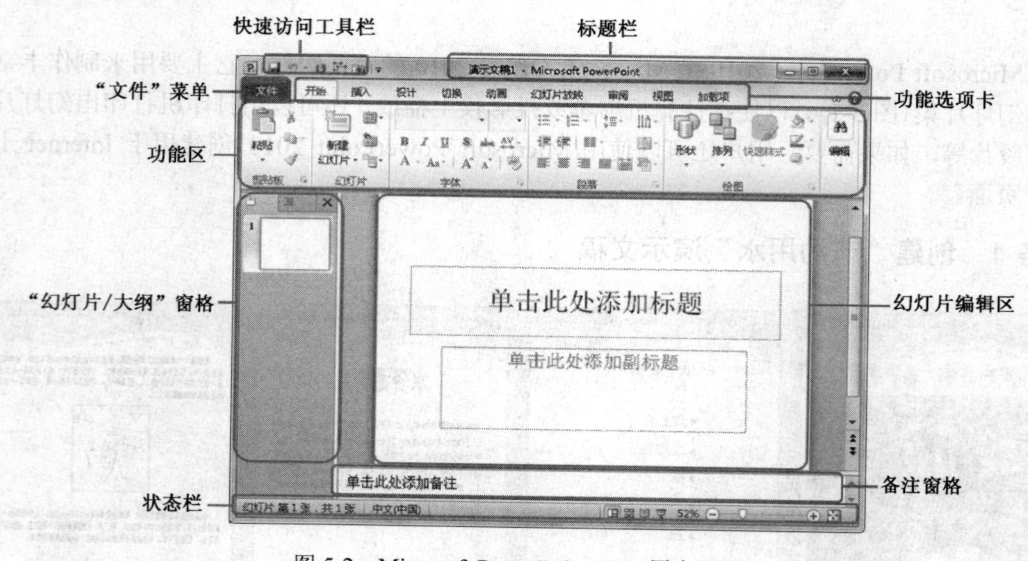

图 5-2　Microsoft PowerPoint 2010 用户界面

📖 知识点提示：

PowerPoint 窗口中的标题栏、快速访问工具栏、“文件”菜单、功能选项卡、功能区、状态栏和 word、excel 中的功能相似。

(1)“幻灯片/大纲”窗格：用于显示演示文稿的幻灯片数量及位置，通过它可更加方便地掌握整个演示文稿的结构。在“幻灯片”窗格下，将显示整个演示文稿中幻灯片的编号及缩略图；在“大纲”窗格下列出了当前演示文稿中各张幻灯片中的文本内容。

(2)幻灯片编辑区：是整个工作界面的核心区域，用于显示和编辑幻灯片，在其中可输入文字内容、插入图片和设置动画效果等，是使用 Microsoft PowerPoint 制作演示文稿的操作平台。

(3)备注窗格：位于幻灯片编辑区下方，可供幻灯片制作者或幻灯片演讲者查阅该幻灯片信息或在播放演示文稿时对需要的幻灯片添加说明和注释。

编辑演示文稿时，为了使幻灯片的显示区域更大些，可将选项卡功能区最小化，只显示选项卡的名称。其方法是：双击任一选项卡标签，即可将功能区隐藏，再次双击即可将其显示出来。也可按【Ctrl+F1】组合键，将其显示或隐藏。

步骤 2：保存演示文稿。

单击“文件”选项卡→“保存”命令，弹出图 5-3 所示的“另存为”对话框，选择“保存位置”为 D 盘，命名为“节约用水”。单击【保存】按钮即可。

图 5-3　“另存为”对话框

📖 知识点提示：

演示文稿要及时保存在电脑中以备后用。用户可以使用以下的方法保存演示文稿。

(1) 直接保存演示文稿：选择“文件”→“保存”命令或单击快速访问工具栏中的“保存”图标。如果是第一次保存，则会打开 “另存为”对话框。如果不是第一次保存，则直接用新的文档覆盖原有文档保存。

(2) 另存演示文稿：在保存时若不想改变原有演示文稿中的内容，可通过“另存为”命令将演示文稿保存在其他位置。其方法是：选择“文件”→“另存为”命令，打开“另存为”对话框，重新设置保存的位置和文件名，单击保存(S)按钮进行保存。

(3) 将演示文稿保存为模板：为演示文稿设置好统一的风格和版式后，可将其保存为模板文件，以备以后制作同类演示文稿时使用。其方法是：打开设置好的演示文稿，选择“文件”→“保存并发送”命令，在打开页面的“文件类型”栏中选择“更改文件类型”选项，如图 5-4 所示，在“更改文件类型”栏中双击“模板”选项，打开“另存为”对话框，选择模板的保存位置，单击保存(S)按钮。

(4) 自动保存演示文稿：在制作演示文稿的过程中，为了减少不必要的损失，可为正在编辑的演示文稿设置定时保存。其方法是：选择“文件”→“选项”命令，打开“Microsoft PowerPoint 选项”对话框，选择“保存”选项卡，在“保存演示文稿”栏中进行如图 5-5 所示的时间设置，并单击确定按钮。

步骤 3：选择幻灯片主题。

单击“设计”选项卡，在图 5-6 所示的“主题”组中单击（“更多”），选择“内置”组中的“流畅”主题。鼠标指向该主题，幻灯片窗格中的幻灯片就会以这种样式改变，单击后该样式就会应用到整个演示文稿中。

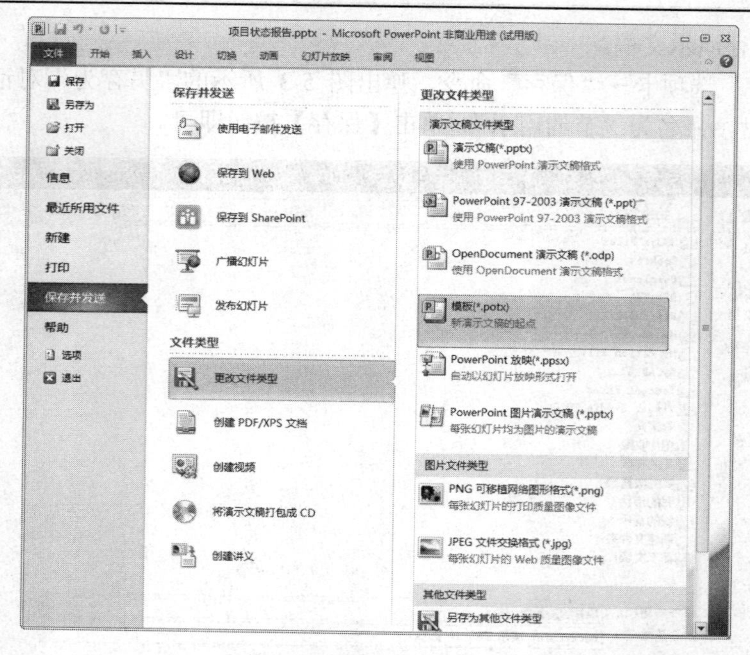

图 5-4　更改文件类型

图 5-5　设置自动保存演示文稿

📖 知识点提示：

主题是颜色、字体和效果三者的组合。主题可以作为一套独立的选择方案应用于演示文稿中。应用主题可以简化具有专业水准演示文稿的创建过程。

步骤 4：选择幻灯片版式。

在“开始”选项卡下的“幻灯片”组中，单击“版式”按钮，选择“空白”，如图 5-7 所示。

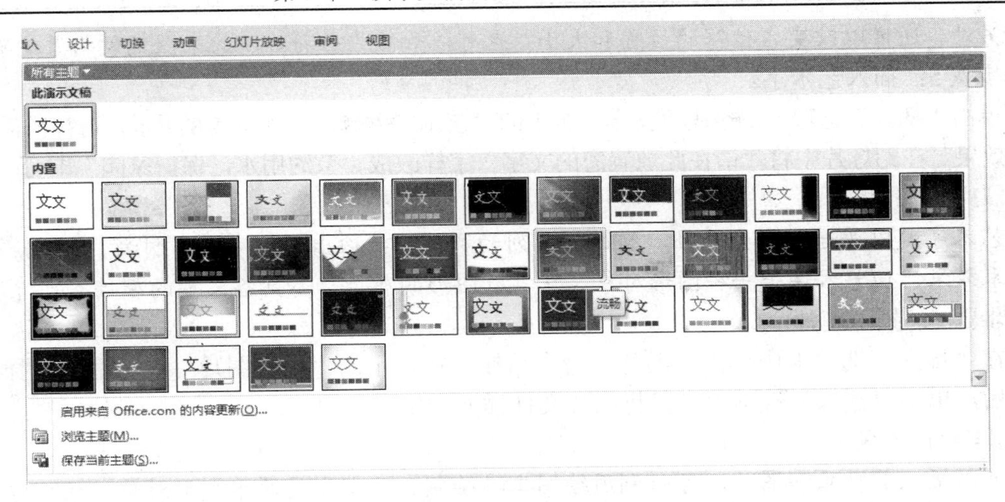

图 5-6　主题选择框

图 5-7　版式选择

📖 知识点提示:

幻灯片版式是指幻灯片上标题、副标题、文本、列表、图片、表格、图表、自选图形和视频等元素的排列方式。通过幻灯片版式的应用可以对文字、图片等设置更加合理、简洁的布局，PowerPoint 2010 提供了多种自动版式，有文字版式、内容版式、文字和内容版式及其他版式，不同版式的幻灯片含有不同的占位符，布局也有所不同，按占位符上提示的操作可以方便地添加对象。占位符就是带有虚线或阴影线的边框，在这些边框内可以放置标题、正文、图表、表格、图片等对象。

建立空白演示文稿时，第一张幻灯片默认的是“标题幻灯片”版式，从第二张幻灯片开始默认的全部是“标题和文本”版式，可以根据需要更换幻灯片版式。

另外，还可以改变占位符的位置和大小，也可以删除占位符，以此来改变幻灯片的布局。

步骤 5：插入艺术字。

单击“插入”选项卡，单击“文本”组中的“艺术字”选项，如图 5-8 所示，选择所需的艺术字效果。在幻灯片中将“请在此放置您的文字”字样改成“节约用水，保护家园”即可。

📖 知识点提示：

艺术字是以普通文字为基础，经过一系列的加工，使输出的文字具有阴影、形状、色彩等艺术效果。但艺术字是一种图形对象，它具有图形的属性，不具备文本的属性。

步骤 6：插入图片。

在“插入”选项卡中单击“图片”命令按钮，在显示的“插入图片”对话框中选择所需图片后，单击“插入”选项，可以将图片文件插入到幻灯片中。

📖 知识点提示：

可以插入剪贴画和图片，可以利用绘图工具绘制自己需要的简单图形对象，还可以插入表格、图表、组织结构图等，来表示更加丰富多彩的内容。

到此，第一张幻灯片就做好了，下面接着创建后面的各张幻灯片。

步骤 7：新建第二张幻灯片。

在“幻灯片”窗格空白处单击鼠标右键，在弹出的快捷选项卡中选择“新建幻灯片”命令，如图 5-9 所示。创建如图 5-10 所示的空幻灯片。

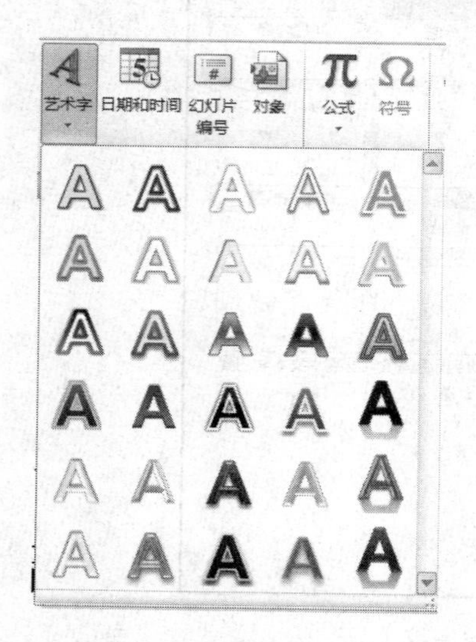

图 5-8　艺术字选择

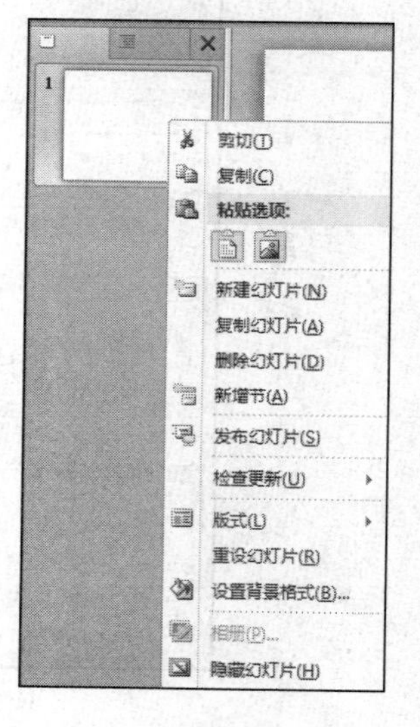

图 5-9　新建幻灯片

📖 知识点提示：

还可以通过选择版式新建幻灯片，具体操作方法如下：选择“开始”→“幻灯片”组，单击“新建幻灯片”下的按钮，在弹出的下拉列表中选择新建幻灯片的版式，如图 5-11 所示，新建一张带有版式的幻灯片。

步骤 8：添加文本。

在图 5-10 所示的文本输入占位符中按提示单击，输入相应的文字。

📖 知识点提示：

在幻灯片中添加对象有两种方法：如果用户使用的是带有对象占位符的幻灯片版式，按

图 5-10　空幻灯片

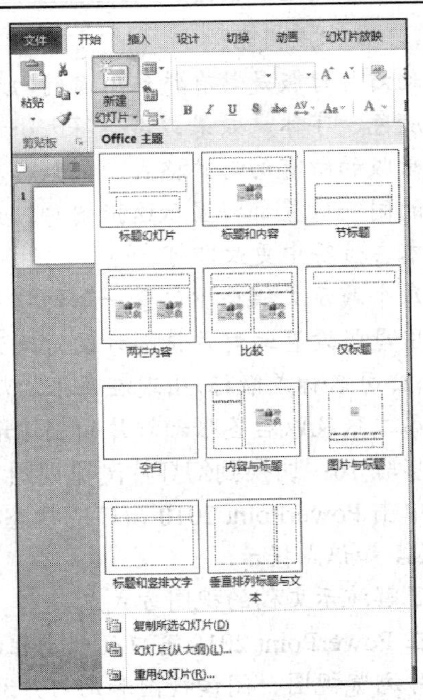

图 5-11　选择幻灯片版式

占位符提示的添加方式就可以添加对象；如果用户要在没有对象占位符的幻灯片版式中添加对象，则不同对象有不同的添加方法。如果要在占位符之外输入文本，可以在幻灯片中插入文本框，具体操作如下。

(1) 单击“插入”选项卡，选择“文本”组中的“文本框”命令选一种文本框，然后在要进行插入的位置用鼠标左键单击。

(2) 将文本占位符拖长至所需要的长度。

(3) 在文本框中输入文本。

其他各张幻灯片的做法与前两张类似，这里不再赘述。

步骤 9：设置母版。

选择“视图”选项卡中“母版视图”组中的“幻灯片母版”，切换到图 5-12 所示的母版设计视图。在该视图的幻灯片窗格中单击本演示文稿所用的母版，在右侧幻灯片编辑区的左下角插入节水标志。单击功能区的“关闭母版视图”。

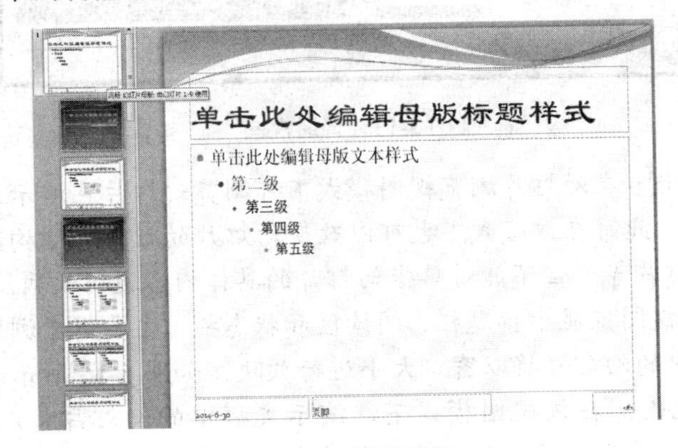

图 5-12　母版设计

📖 知识点提示:

幻灯片母版是具有特殊用途的幻灯片，用来定义整个演示文稿的幻灯片页面格式(包括背景、颜色、字体、效果、占位符大小和位置等；对幻灯片母版的任何更改，都将影响到基于这一母版的所有幻灯片格式。例如，在母版上放入一张图片，那么所有基于该母版创建的幻灯片的同一位置都将显示这张图片；如果要更改多张幻灯片的文本格式，可在其所基于的母版文本占位符中更改即可。

每个演示文稿至少包含一个幻灯片母版。如果演示文稿较长，其中包含大量的幻灯片，则应用母版设置幻灯片特别方便。改变幻灯片母版的具体操作如下：如果要让艺术图形或文本(如公司名称或徽标)出现在每张幻灯片上，请将其置于幻灯片母版上。

第二张及以后各张幻灯片的创建请参照上面的内容自行创建。

步骤 10：切换到幻灯片浏览视图。

单击 PowerPoint 2010 窗口的状态栏右侧幻灯片浏览视图按钮，查看效果。

📖 知识点提示:

了解演示文稿的视图方式。

在 PowerPoint 2010 窗口的状态栏的右侧有四个视图切换按钮，依次是普通视图、幻灯片浏览视图、阅读视图和幻灯片放映视图。它们是为满足用户不同的需求，用户可以在不同视图模式下编辑查看幻灯片，单击任意一个按钮，即可切换到相应的视图模式下。

(1) 普通视图：是 PowerPoint 2010 默认视图，如图 5-13 所示，在该视图中可以同时显示幻灯片编辑区、“幻灯片/大纲”窗格及备注窗格。它主要用于调整演示文稿的结构及编辑单张幻灯片中的内容。

图 5-13　普通视图

(2) 幻灯片浏览视图：在幻灯片浏览视图模式下可浏览幻灯片在演示文稿中的整体结构和效果，如图 5-14 所示。此时在该模式下也可以改变幻灯片的版式和结构，如更换演示文稿的背景、移动或复制幻灯片等，但不能对单张幻灯片的具体内容进行编辑。

(3) 阅读视图：该视图仅显示标题栏、阅读区和状态栏，主要用于浏览幻灯片的内容。在该模式下，演示文稿中的幻灯片将以窗口大小进行放映，如图 5-15 所示。

(4) 幻灯片放映视图：在该视图模式下，演示文稿中的幻灯片将以全屏动态放映，如图 5-16 所示。该模式主要用于预览幻灯片在制作完成后的放映效果，测试插入的动画、声音等效果，以便及时对在放映过程中不满意的地方进行修改，还可以在放映过程中标注出重点，观察每张幻灯片的切换效果等。

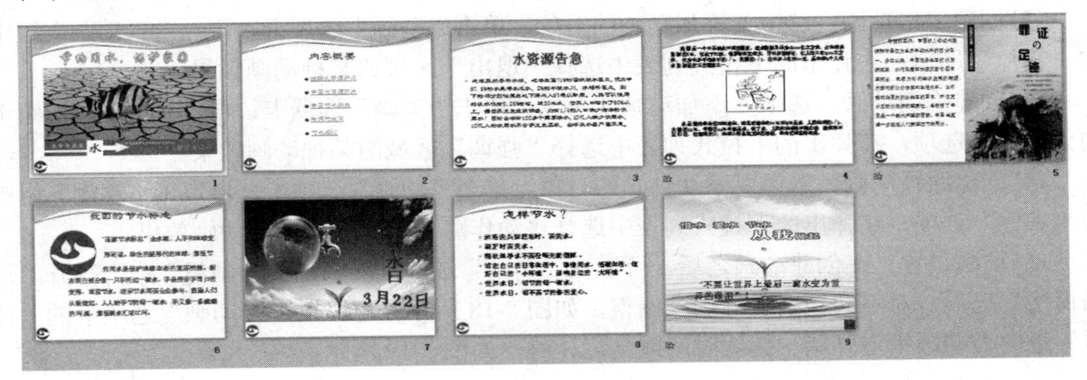

图 5-14　幻灯片浏览视图

图 5-15　阅读视图

图 5-16　幻灯片放映视图

5.2　设置幻灯片放映效果

在默认情况下，幻灯片的放映和翻书没有什么区别，每一张幻灯片上的所有对象都是悄无声息地同时出现，第一张幻灯片之后出现第二张幻灯片，这样的放映效果不佳。用户可以通过设置动画效果来控制幻灯片中对象的进入方式和顺序，以达到预期目的。用户可以设置幻灯片中对象的动画效果、幻灯片的切换方式，还可以通过超级链接来改变幻灯片的放映顺序，还可设置自动播放和循环播放效果。

任务 2　设置“节约用水”演示文稿的放映效果

幻灯片放映时，利用动画功能可以为幻灯片上的每个对象设置出现的顺序、方式和伴随的声音等，这样可以突出重点，控制播放的流程和提高演示的趣味性。具体实现步骤如下。

步骤 1：设置动画效果。

先选中幻灯片中要设置动画的对象，然后选择性地进行如下设置。

(1) 创建进入动画。选中要添加动画的对象，单击“动画”选项卡，再点击“动画”组中的“其他”选项，在弹出的下拉式列表中选择“进入”区域的某种动画效果，如图 5-17 所示，添加动画效果后，文字或图片对象前面会显示一个动画标记 。

(2) 创建退出动画。选中要添加动画的对象，单击“动画”选项卡，再点击“动画”组中的“其他”选项，在弹出的下拉式列表中选择“退出”区域的某种动画效果。

(3) 创建强调动画。选中要添加动画的对象，单击“动画”选项卡，再点击“动画”组中的“其他”选项，在弹出的下拉式列表中选择“强调”区域的某种动画效果。

(4) 创建路径动画。选中要添加动画的对象，单击“动画”选项卡，再点击“动画”组中的“其他”选项，在弹出的下拉式列表中选择“动作路径”区域的某种动画效果。

(5) 动画设置。在创建动画之后，可以在“动画”选项卡的“高级动画组”中，打开“动画窗格”选项，对不同动画进行顺序调整，如图 5-18 所示；也可以在“动画”选项卡的“计时”组中为动画指定开始、持续时间或延迟计时，如图 5-19 所示。

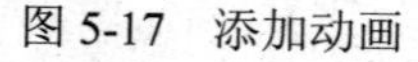
图 5-17　添加动画

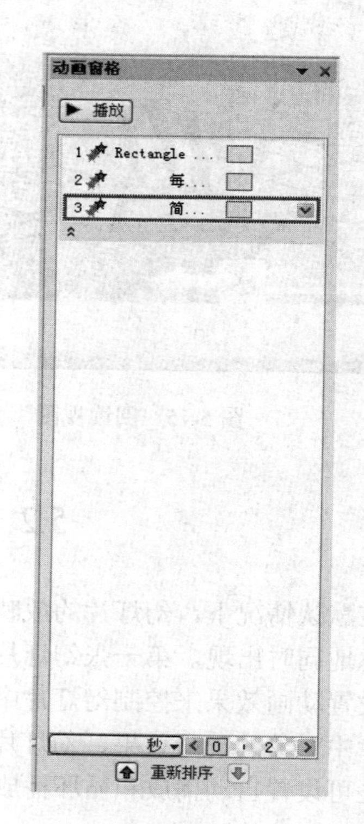

图 5-18　动画窗格

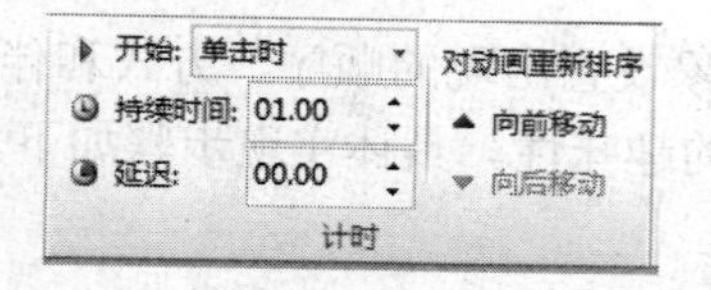

图 5-19　“动画”选项卡的“计时”组

步骤 2：创建超链接。

“节约用水”演示文稿中第二张幻灯片使用了超链接效果，单击文字可以跳转到演示文稿中的不同幻灯片。如单击文字“地球水资源状况”，跳转到第三张幻灯片，单击文字“节水倡议”跳转到第八张幻灯片。除可以跳转到本演示文稿的其他幻灯片外，还可以跳转到其他演示文稿、Word 文档、Excel 表格或网页等。

创建超链接起点可以是任何文本或对象。设计了超链接后，代表超链接起点的文本会添加下画线，并且将显示系统配色方案中指定的颜色。创建超链接的操作步骤如下。

(1)在普通视图中选择“地球水资源状况”。

(2)单击“插入”选项卡，再点击“连接”组中的【超链接】按钮，弹出图 5-20 所示的“编辑超链接”对话框。

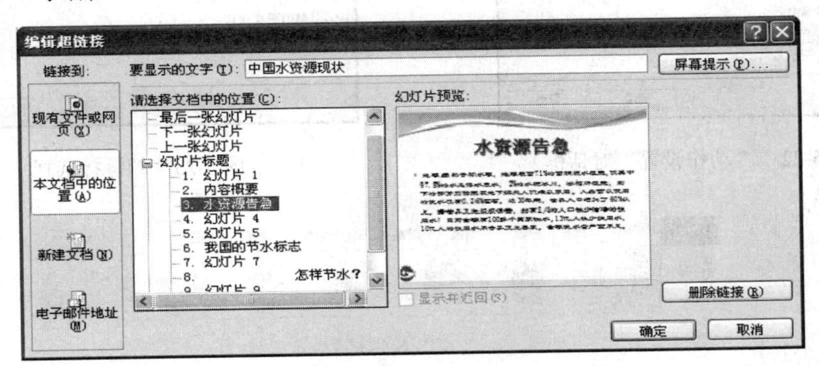

图 5-20　“编辑超链接”对话框

(3) 在该对话框中，选择“本文档中的位置”，选择第三张幻灯片。

返回到普通视图中，可以看到幻灯片中创建超链接的文本字体颜色已改变，并加上了下画线。幻灯片放映时，将鼠标移到下画线显示处，将出现超链接标志(鼠标指针变成小手状)，单击鼠标(即激活超链接)就可跳转到超链接设置的相应位置。

步骤 3：添加动作按钮。

在最后一张幻灯片上有一个[|◁]按钮，在幻灯片放映时单击它可以切换到第一张幻灯片。创建动作按钮的操作步骤如下。

(1)在普通视图中，单击“插入”选项卡，再点击“插图”组中的“形状”按钮，在弹出的下拉式列表选择“动作按钮”区域中的某个动作按钮，如图 5-21 所示。

(2)在需要设置动作按钮的位置拖动，即可出现相应的动作按钮。这时，系统将自动弹出图 5-22 所示的“动作设置”对话框。

图 5-21　动作按钮

(3)在“超链接到”列表框中选择跳转的位置(如“下一张幻灯片”)，如图 5-23 所示，单击“确定”按钮完成创建。

(4)需要编辑超链接时，右键单击需编辑超链接的对象，在快捷菜单中选择“编辑超链接”命令，显示“动作设置”对话框，改变超链接的位置即可。

(5)删除超链接的操作方法与编辑相似，在快捷菜单中选择“取消除超链接”即可。

步骤 4：设置幻灯片的切换效果。

在演示文稿放映过程中由一张幻灯片进入另一张幻灯片就是幻灯片之间的切换，为了使幻灯片播放更具有趣味性，在幻灯片切换时可以使用不同的技巧和效果。设置幻灯片切换的操作步骤如下：选择要设置切换效果的幻灯片，单击“切换”选项卡，在“切换到此幻灯片”组中，选择切换方式，如图 5-24 所示。

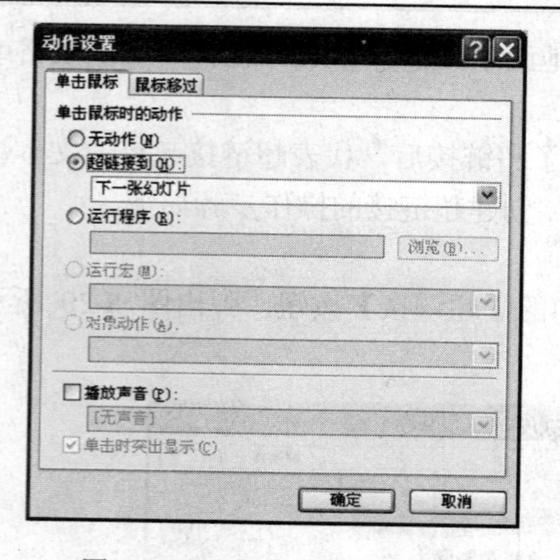

图 5-22　“动作设置”对话框

图 5-23　超链接选择

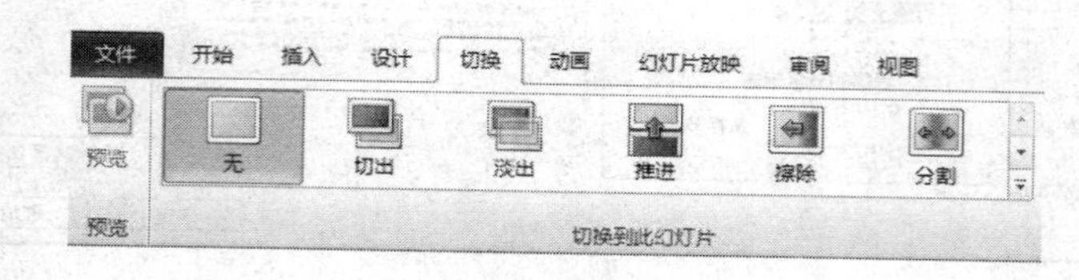

图 5-24　选择切换方式

还可以为幻灯片设置切换时的声音，操作步骤如下：选择幻灯片，并在“切换”选项卡中单击“计时”组中的“声音”下拉按钮，选择要添加的声音即可，如图 5-25 所示。

在幻灯片播放的过程中，单击鼠标右键出现定位幻灯片选项，选取需要切换的幻灯片。

排练计时功能是指预演演示文稿中的每张幻灯片，并记录其播放的时间长度，以制定播放框架，使其在正式播放时可以根据时间框架进行播放。设置排练计时的步骤如下：在“幻灯片”放映选项卡“设计”组中，单击选择“排练计时”按钮，切换到全屏放映模式，弹出“录制”对话框，如图 5-26 所示，同时记录幻灯片的放映时间，供以后自动放映。

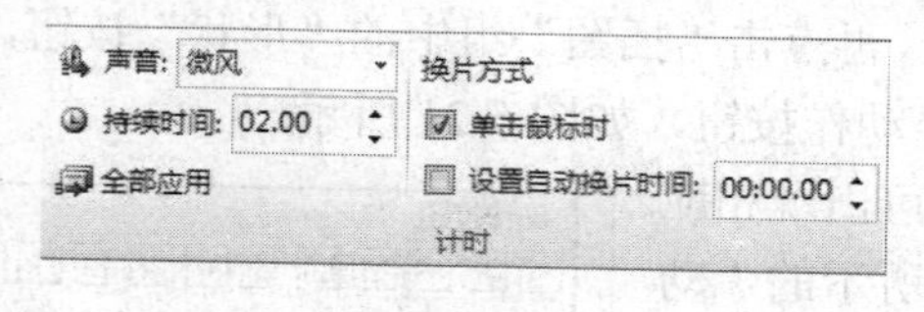

图 5-25　幻灯片切换声音设置

图 5-26　“录制”对话框

5.3　演示文稿的放映

放映幻灯片是制作演示文稿的最终目的，在针对不同的应用时往往要设置不同的放映方式，放映方式选取得适当也是能增强演示效果的。

任务 3　放映整个演示文稿

PowerPoint 2010 放映幻灯片，可以有以下几种方法。

(1) 单击演示文稿窗口状态栏上的“幻灯片放映”按钮，可以从当前幻灯片开始播放演示文稿。

(2) 在“幻灯片放映”选项卡的“开始放映幻灯片”组中选择放映方式。

(3) 直接按 F5 功能键。

任务 4　自动放映演示文稿

如果想在放映幻灯片时不用人控制而让幻灯片自动演示，那可进行以下的操作：在“切换”选项卡的“计时”组中重设“换片方式”，设置自动换片时间为 9 秒，单击“全部应用”按钮即可。

如果希望幻灯片放到最后一页，再回到第一页循环播放，可用对幻灯片作以下操作：在“幻灯片放映”选项卡的“设置”组中单击“设置幻灯片放映”命令按钮，弹出如图 5-27 所示的“设置放映方式”对话框，在“放映选项”下的多选框中选择“循环放映，按 ESC 键终止”即可。

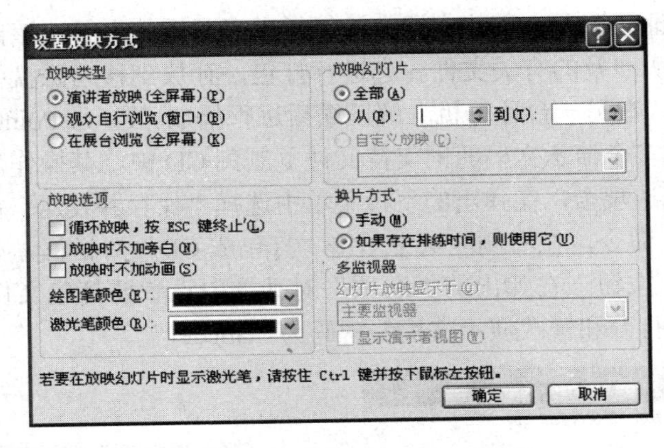

图 5-27　“设置放映方式”对话框

要结束自动放映的幻灯片，可按【ESC】键或右击鼠标选“结束放映”。

任务 5　放映“节约用水”演示文稿中的第 1、3、5、7 张幻灯片

自定义放映方式是指从当前的演示文稿中按一定的目的选取若干张幻灯片另组成一个子演示文稿。

设置自定义放映的操作步骤如下。

在“幻灯片放映”选项卡的“开始放映幻灯片”组中选择“自定义幻灯片放映”，单击“自定义放映”命令，弹出图 5-28 所示的“定义自定义放映”对话框；单击“新建”按钮，弹出图 5-29

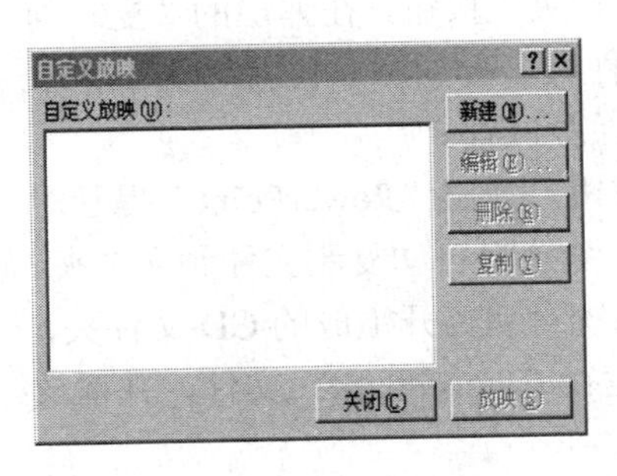

图 5-28　自定义放映对话框

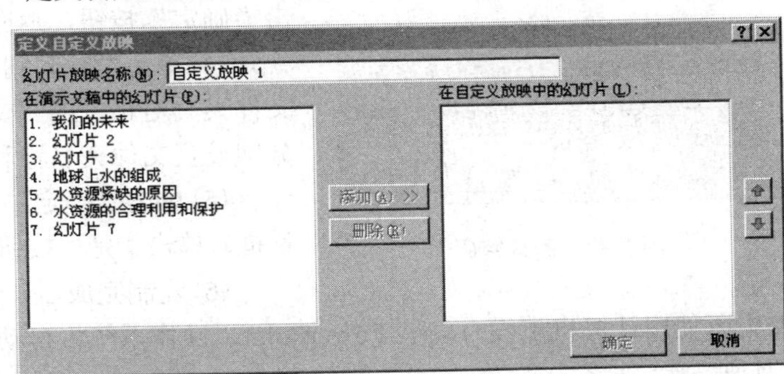

图 5-29　“定义自定义放映”对话框

所示的“定义自定义放映”对话框，按住【Shift】键，从左侧列表框中分别选择第 1、3、5、7 张幻灯片，单击“添加”按钮，单击“确定”按钮；单击“自定义放映”对话框中的“放映”按钮，则可完成自定义放映。

5.4 打包演示

任务 6　对“节约用水”演示文稿进行打包

一份演示文稿制作完成后，如果只将演示文稿文件复制到另一台计算机上，而那台计算机没有安装 PowerPoint 程序或 PowerPoint 播放器，或者那台计算机虽然安装了 PowerPoint 程序或 PowerPoint 播放器，但演示文稿中所链接的文件及所使用的 TrueType 字体在那台计算机上不存在，则无法保证该演示文稿能在那台计算机上正常播放。解决该问题的办法是：将演示文稿与该演示文稿所涉及的有关文件一起进行打包，存放到移动磁盘中，或者通过电子邮件发送至对方计算机，在另一台计算机上解压缩后进行播放。PowerPoint 2010 中的“打包成 CD”功能可将一个或多个演示文稿随同支持文件复制到 CD 中，其操作步骤为：

(1) 单击“文件”选项卡，在弹出的下拉菜单中选择“保存并发送”命令，进而选择“将演示文稿打包成 CD”命令，在右侧区域中单击“打包成 CD”对话框，如图 5-30 所示。

(2) 单击“选项”按钮，在弹出的“选项”对话框中设置要打包文件的安全等选项，如图 5-31 所示，如设置打开和修改演示文稿的密码为“abcdef”。

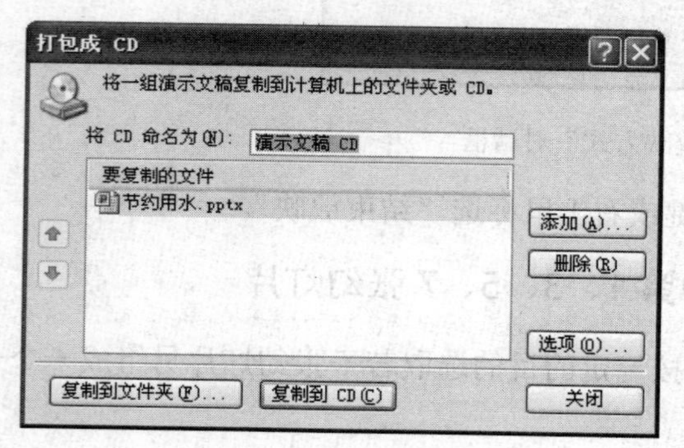

图 5-30　“打包成 CD”对话框

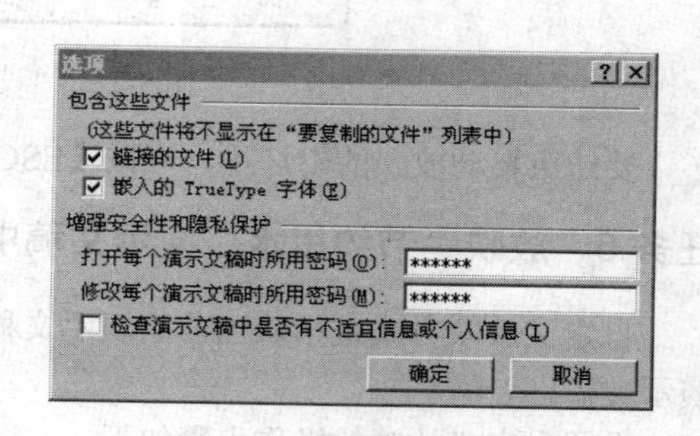

图 5-31　文件打包安全性设置

(3) 单击“确定”按钮，在弹出的图 5-32 所示“确认密码”对话框中再次输入密码，单击“确定”按钮，返回到“打包成 CD”对话框。

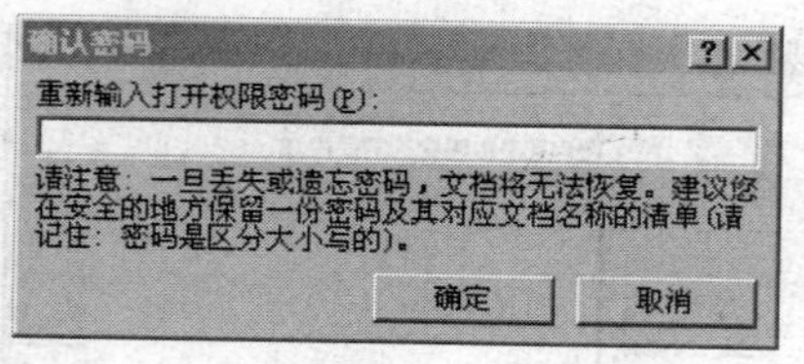

图 5-32　确认密码

(4) 单击“复制到文件夹”按钮，在弹出的“复制到文件夹”对话框的“文件夹名称”和“位置”文本框中分别设置文件夹名称和保存位置。

(5) 单击“确定”按钮，弹出“PowerPoint”提示对话框，单击“是”按钮，系统将自动复制文件到文件夹。

(6) 复制完成后，系统自动打开生成的 CD 文件夹，如果所使用计算机上没有安装 PowerPoint，操作系统将自动运行“autorun.inf”文件，并播放幻灯片。

5.5　幻灯片的打印

PowerPoint 中制作出的演示文稿不仅能在计算机和投影仪上演示，也可以按一定的格式打印到纸上。

任务 7　打印“节约用水”演示文稿

实现步骤如下。

步骤 1：页面设置。

选择“文件”选项卡的“打印”命令，在右侧的窗口显示了打印幻灯片的预览效果，如图 5-33 所示，在展开的“打印设置”界面中可以进行相应的设置，如图 5-34～图 5-37 所示。

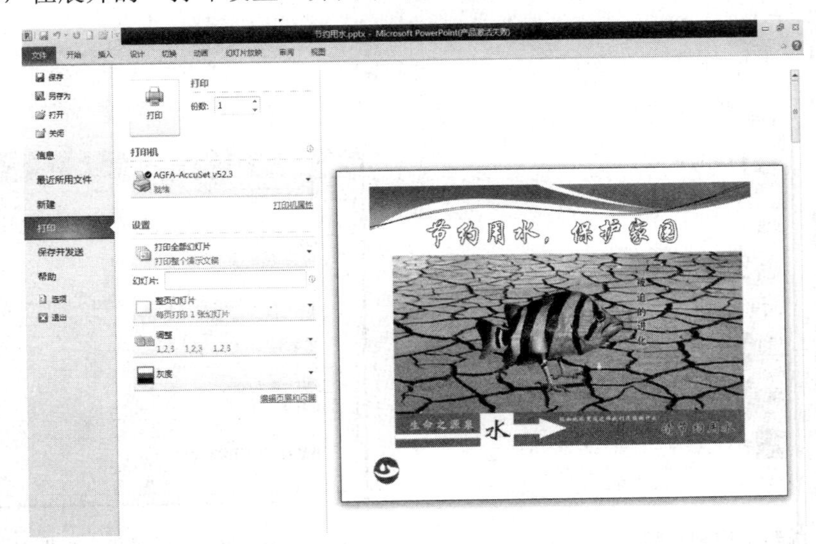

图 5-33　“打印设置”界面

图 5-34　打印区域设置

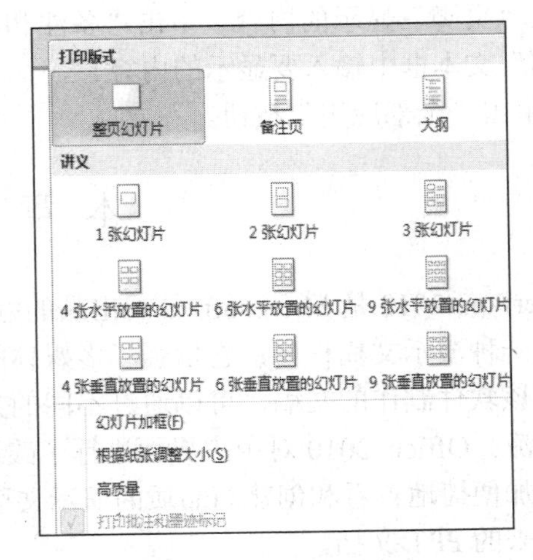

图 5-35　打印版式设置

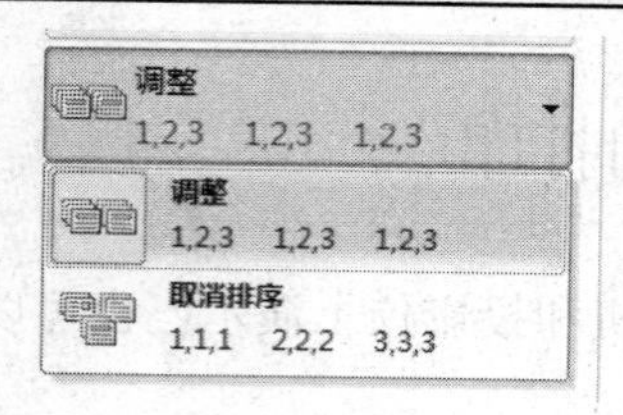

图 5-36 调整设置

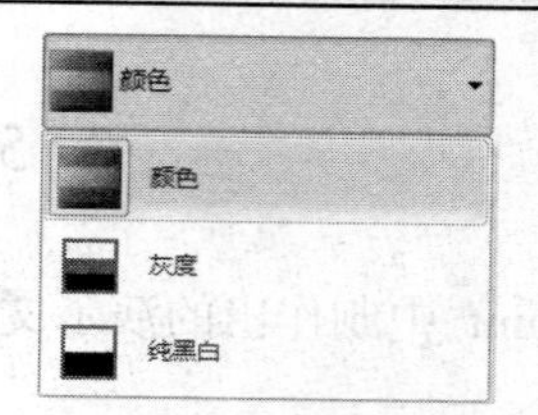

图 5-37 颜色设置

步骤 2：页眉与页脚的设置。

(1) 单击“文件”选项卡的“打印”命令，在展开的打印设置界面中单击“编辑页眉和页脚”命令，如图 5-38 所示，弹出“页眉和页脚”对话框，如图 5-39 所示。

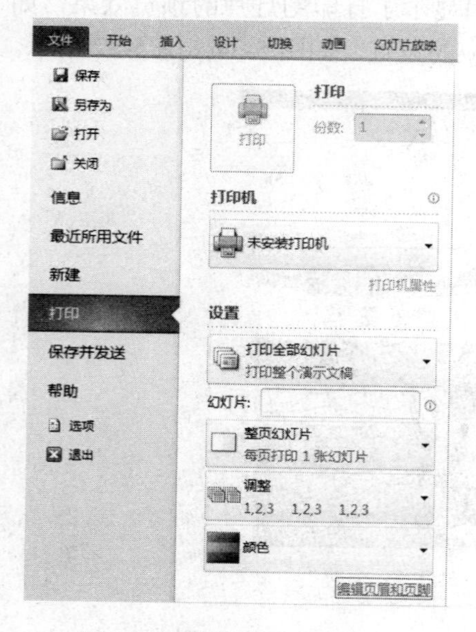

图 5-38 编辑页眉和页脚

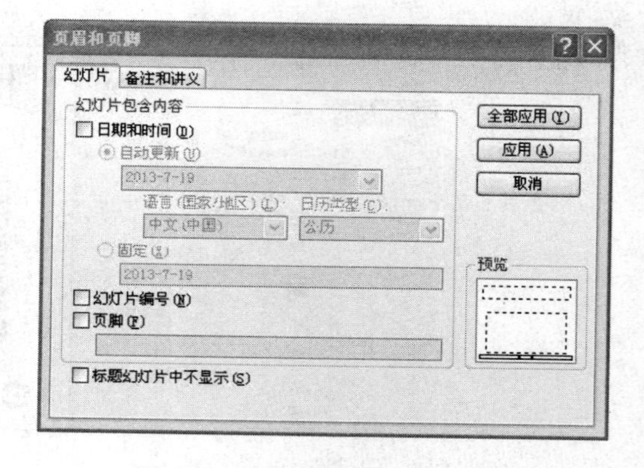

图 5-39 “页眉和页脚”对话框

(2) 该对话框包括“幻灯片”和“备注和讲义”两个选项卡。

(3) 单击“幻灯片”选项卡，选中“幻灯片编号”和“页脚”复选框，在其下的文本框输入需要在“页脚”显示的内容。单击“备注和讲义”选项卡，选中所有复选框，在“页眉”和“页脚”文本框中输入要显示的内容。

(4) 单击“全部应用”按钮。

本 章 小 结

PowerPoint2010 是 Microsoft 公司出品的办公软件系列组件之一，它常用来制作幻灯片，本质上是一种演示文稿程序，它增强了多媒体的支持功能，能图文并茂、绘声绘色地展示信息。利用该软件制作的文稿，可以通过不同的方式播放，并可在幻灯片放映过程中播放音频流或视频流。Office 2010 对用户界面进行了改进并为演示文稿带来更多活力和视觉冲击，同时可以更加便捷地查看和创建高品质的演示文稿。office 2010 向下兼容，所以根本不必担心打不开原来的 PPT 文档。

习　　题

一、选择题

1．在 PowerPoint 2003 中，不能实现在当前演示文稿中加入第二张幻灯片的步骤是________。

A．单击“新幻灯片”按钮　　B．单击“新建”按钮

C．选择“插入”→“新幻灯片”　　D．用“复制”和“粘贴”命令

2．如果要在幻灯片浏览视图选定多张连续的幻灯片，应按下________。

A．【Alt】键　　B．【Shift】键　　C．【Ctrl】键　　D．【Tab】键

3．在 PowerPoint 2010 中，若为幻灯片中的对象设置“飞入”效果，应在________选项卡中设置

A．动画　　B．插入　　C．视图　　D．幻灯片放映

4．下列操作，不能退出演示文稿窗口的是________。

A．单击文件菜单中的“退出”命令　　B．用鼠标左键点击窗口右上角的【关闭】按钮

C．按【Alt+F4】键　　D．按【Esc】键

5．在 PowerPoint 2010 中，快速访问工具栏中的按钮是用于________。

A．为一个新用户启动一个快速预演教程　　B．插入一张新的幻灯片

C．创建一个新的演示文稿　　D．把一类选中的模板改成一种新模板

6．PowerPoint 2010 演示文稿的扩展名是________。

A．htm　　B．pptx　　C．pps　　D．pot

7．在“幻灯片浏览视图”模式下，不允许进行的操作是________。

A．幻灯片的移动和复制　　B．设置动画效果

C．幻灯片删除　　D．幻灯片切换

8．“文件”菜单中的“打印”命令其快捷键是________

A．【Ctrl+ P】　　B．【Ctrl+ S】　　C．【Ctrl+ X】　　D．【Ctrl+ N】

9．在演示文稿中，超级链接所链接的目标不能是________。

A．另一个演示文稿　　B．同一演示文稿的某一张幻灯片

C．其他应用程序的文档　　D．幻灯片中的某个对象

10．在幻灯片切换中，不可以设置幻灯片切换的________。

A．换页方式　　B．颜色　　C．速度　　D．声音

11．PowerPoint 2010 的图表是用于________。

A．可视化地显示数字　　B．可视化地显示文本

C．可以说明一个进程　　D．可以显示一个组织的结构

12．在________中，通过“编辑”菜单中的“复制”与“粘贴”操作实现幻灯片的复制

A．幻灯片母版视图　　B．幻灯片视图

C．幻灯片浏览视图　　D．幻灯片放映视图

13．单击状态栏上的幻灯片放映按钮，屏幕上看到的是________。

A．从第一张幻灯片开始放映　　B．从当前幻灯片开始放映

C．从当前幻灯片的下一张开始放映　　D．随机从某页开始放映

14．在演示文稿中可以插入的内容有________。

A．文字、图表、图像　　B．声音、视频剪辑

C．超级链接　　D．以上几个方面

15．在幻灯片放映时，从一张幻灯片过渡到下一张幻灯片，称为________。

A．动作设置　B．过渡　C．幻灯片切换　D．过卷

16．如果要从最后 1 张幻灯片返回第 1 张幻灯片，不能实现此功能的操作是________。

A．动作设置　B．动画设置　C．幻灯片切换　D．超级链接

17．有关幻灯片中文本框的描述正确的是________。

A．“横排文本框”的含义是文本框高比宽的尺寸小

B．选定一个版式后，其内的文本框的位置不可以改变

C．复制文本框时，内部添加的文本一同被复制

D．文本框的大小只可以通过鼠标非精确调整

18．PowerPoint 2000 中使用字体有下画线的快捷键是________。

A．【Shift +U】　B．【Ctrl+ U】　C．【End +U】　D．【Alt+ U】

19．下述有关演示文稿存盘操作的描述，正确的是________。

A．选择“文件”菜单中的“保存”命令，可将演示文稿存盘并退出编辑

B．选择“文件”菜单中的“另存为”命令，可设置保存密码

C．若同时编辑多个演示文稿，单击快速访问工具栏中的“保存”按钮，打开的所有文稿均保存

D．选择“文件”菜单中的“退出”命令，则将演示文稿存盘并退出 PowerPoint

20．以下不属于页面设置的内容是________。

A．幻灯片大小　B．幻灯片方向　C．页边距　D．幻灯片编号起始值

二、简答题

1．PowerPoint 2010 生成的文件叫什么，它有哪几种视图显示方式，每种视图各有何特点？

3．如何在幻灯片中加入文本、表格、组织结构图、图表及剪贴画对象？

4．如何在幻灯片中加入动画效果？

5．试述 PowerPoint 2010 中幻灯片有哪几种放映方式，分别在何时采用。

三、操作题

制作一个个人简历演示文稿，要求：①布局合理、美观大方；②选择一个合适的主题；③每个对象都有动画；④幻灯片之间要有切换设置。

第 6 章　多媒体技术基础

计算机扮演的角色在很大程度上取决于它能处理的对象性质。到 20 世纪 90 年代，多媒体技术已成为计算机发展的一个重要方向。多媒体技术是集微电子技术、计算机技术、通信技术、数字化声像技术、高速网络技术和智能化技术于一体的一门综合的高新技术，它使计算机能综合处理图形、文字、声音、图像等信息，从而提高了计算机的应用能力，为计算机进入人类工作的各个领域打开了大门。

6.1　多媒体的基本概念

计算机领域常用的多媒体的概念主要包括媒体、多媒体、多媒体技术等。

6.1.1　媒体及其分类

在多媒体技术发展的早期，人们把存储信息的实体称为“媒体”，如磁盘、磁带、纸张、光盘等；将用于传播信息的电缆、电磁波等称为“媒介”。

在计算机领域中“媒体”通常有两种含义：一是指用来存储信息的实体，如磁带、磁盘、光盘、半导体存储器等；二是指承载信息的载体，它包括信息的表现和传播载体，如文本、声音、图形、图像、动画等。多媒体技术中的媒体一般是指后者。

根据 CCITT(国际电报电话咨询委员会)的定义，媒体分为感觉媒体、表示媒体、表现媒体、存储媒体和传输媒体五大类。

(1) 感觉媒体(Perception Medium)：一种能直接作用于人的感觉器官，使人直接产生感觉的媒体。它包括人类的语言、音乐、自然界的各种声音、静止图像、图形、活动图像、动画和文本等。

(2) 表示媒体(Representation Medium)：一种为传输感觉媒体的中间媒体，借助此媒体可以更有效地将感觉媒体从一处传向另一处。它包括上述感觉媒体的各种编码，如语言编码、电报码、条形码等。

(3) 表现媒体(Presentation Medium)：进行信息输入和输出的媒体，如键盘、鼠标器、摄像机、扫描仪、光笔和话筒等为输入媒体；显示器、扬声器和打印机等为输出媒体。

(4) 存储媒体(Storage Medium)：一种用于存储表示媒体的介质。它提供机器随时调用和终端远距离调用的可能性。存储介质有硬盘、软盘、光盘、磁带和半导体存储器等。

(5) 传输媒体(Transmission Medium)：传输表示媒体的物理介质，包括各种导线、电缆、光纤、无线电波、红外线等。

6.1.2　多媒体及其组成

多媒体(Multimedia)是计算机和信息技术的一个新的应用领域，从字面上理解就是“多种媒体的集合”。它是融合两种以上媒体的传播媒体。

简单地说，多媒体就是将影像、声音、图形、图像、文字、文本、动画等多种媒体结合在一起，形成一个有机的整体，并能实现一定的功能。事实上，多媒体通常是指信息表示媒体的多样化。除了数字、文字、声音、图形、图像、视频等多种形式外，可以承载信息的程序、过程或活动等也是媒体。因此，无论是计算机、电视还是其他信息手段，都是多媒体工具，多媒体也赋予了传统计算机更高层次的新含义。在计算机中常用的多媒体的媒体表现形式主要有以下几种。

1. 文本

文本(Text)指各种文字，包括数字、字母、符号、汉字等。它是最常见的一种媒体形式，也是人和计算机交互作用的主要形式。各种书籍、文献、档案、信件等都是以文本媒体数据为主构成的。

2. 图形

图形也称为矢量图形(VectorGraphic)，它们是由诸如直线、曲线、圆或曲面等几何图形形成的从点、线、面到三维空间的黑白或彩色几何图。图形文件的常用格式有 XF、PIF、SLD、DRW、PHIGS、GKS、IGS 等。

3. 图像

图像是由称为像素(Pixel)的点构成的矩阵图，也称为位图(Bitmap)。图像可以用图像编辑处理软件(如 Windows 的画图)获得，也可以用扫描仪扫描照片或图片获得。图像文件的常用格式有 BMP、GIF、JPEG、TIFF 等。

4. 音频

音频常被作为“音频信号”或声音的同义词，属于听觉类媒体，其频率范围在 20～20kHz。多媒体计算机中只有经过数字化后的声音才能播放和处理，数字化的音频文件有多种格式，常见的有波形(WAV)音频、乐器数字接口(MIDI)音频、光盘数字(CD-DA)音频等。

5. 视频(或称动态图像)

多媒体计算机上的数字视频是来自录像带、摄像机等模拟视频信号源，经过数字化视频处理，最后制作成为数字的视频文件。视频文件的常用格式有 AVI、MPG、FCI/FLC 等。

6. 动画

动画也是一种活动图像。图形或图像按一定顺序组成时间序列就是动画。视频文件的常用格式有 FLC、GIF、FLI、SWF 等。

6.1.3 多媒体技术的基本概念

现代多媒体技术是集声音、视频、图像、动画等各种信息媒体于一体的信息处理技术。它可以把外部的媒体信息，通过计算机加工处理后，以图片、文字、声音、动画、影像等多方式输出，以实现丰富的动态表现。它是基于计算机技术的综合技术，是正处于发展过程中的一门综合性的高新技术。

多媒体技术的主要特点是综合性、交互性和数字化。

(1)综合性是指可对图、文、声、像等多种媒体进行综合处理，形成一个统一整体。

(2) 交互性是指在播放多媒体节目时，可以实现人机对话，用户可以通过多种方式与计算机交流信息，对计算机进行控制。

(3) 数字化是指所有媒体信息都能转换成数字形式表示，计算机能对这些信息进行数据处理。

使计算机具有多媒体功能是人们期望已久的事情，但直到20世纪80年代末，当人们在数据压缩、大容量光盘、高速运算、实时多任务操作等关键技术取得突破性进展后，多媒体技术才得到迅速发展。

总之，多媒体技术使计算机成为能综合处理多种媒体信息，集文字、数字、图像、图形、声音和视频于一体，进而集成为综合的多媒体系统。多媒体技术赋予传统的计算机技术更高层次的新含义，多媒体技术把计算机技术、声像技术、出版技术及网络通讯技术结合起来，使计算机进入家庭、艺术及社会生活的各个方面，从而极大地影响了人们的生活及生产方式，成为对人类有重大影响的技术。

6.2　多媒体计算机

通常把具有多媒体处理功能的微机称为多媒体微机(MPC)，它是多媒体技术和微机技术相结合的产物。多媒体计算机系统不是单一的技术，而是多种信息技术的集成，是把多种技术综合应用到一个计算机系统中，以实现多媒体信息的输入、加工和输出等多种功能。

一个完整的多媒体计算机系统由多媒体计算机硬件和多媒体计算机软件两部分组成。

6.2.1　硬件

多媒体计算机的硬件结构与一般所用的个人机并无太大的差别，只是多了一些硬件配置。多媒体计算机硬件除了常规的计算机硬件，如处理器、主板、软盘驱动器、硬盘驱动器、显示器和网卡等以外，还必须配备音频信息处理硬件(如声卡、视频卡、图形加速卡等)、图像输入设备(如扫描仪、数码相机等)及其他多媒体设备。

(1) 光盘驱动器，分为只读光驱和可读写光驱。可读写光驱又称刻录机，用于读取或存储大容量的多媒体信息，现在的许多计算机已经配备了DVD光盘驱动器。

(2) 声卡，用于处理音频信息，它可以把话筒、录音机、电子乐器等输入的信息进行模数转换(A/D)、压缩等处理，也可以把经过计算机处理的数字化声音信息通过还原(解压缩)及数模转换(D/A)后用音箱播放出来，或者用录音设备记录下来。

(3) 话筒和有源音箱，话筒用来采集外部的声音信号，音箱用来播放计算机多媒体的声音信号。

(4) 视频采集卡，可将模拟信号转换成计算机的数字信号，以便使用软件对转换后的数字信号进行剪辑处理、加工和色彩控制。还可将处理后的数字信号输出到录像带中。

(5) 图形加速卡，可以加快多媒体计算机处理图形、动画、视频的速度，增强显示效果，现在带有图形用户接口(GUI)加速器的局部总线显示适配器使得Windows的显示速度大大加快。

(6) 扫描仪和数码相机，将摄影作品、绘画作品或其他印刷材料上的文字和图像，甚至实物，扫描到计算机中，以便进行加工处理。

除了以上这些基本的多媒体硬件外，还包括以下一些多媒体产品。

(1) TV卡，又称电视接收卡。它可以接收来自电视台的电视信号，在计算机上收看电视节目，还可把节目录下来。

(2)传真卡，可用于传送和接收传真。

(3)触摸屏，这是一种较新型的输入设备，使用者只要用手指或笔在显示屏上触摸就可以实现与计算机的交互操作。触摸屏按所采用的技术不同可分为多种，现在占主导的是电磁感应触摸屏。

(4)光笔，光笔是用来在显示屏上作图的输入设备，可实现在屏幕上作图、改图，以及图形放大、移动、旋转等操作。

多媒体计算机今后的发展趋势是将声音、图形、图像等各种处理功能集成到一块卡上，这样使用起来也更方便。有的计算机厂家还将这些功能直接通过芯片在计算机主板上实现，使多媒体成为微机的标准配置。

6.2.2 软件

多媒体计算机的软件主要包括多媒体操作系统、多媒体编辑工具和多媒体制作软件。

比较常用的多媒体操作系统是 Microsoft 的 Windows 系列和 Apple 的 Power Macintosh 机器上的 MacOS 等。

多媒体编辑工具包括字处理软件，如 WPS Office 和 Word；绘图软件，如 CorelDraw 和 AutoCAD；图像处理软件，如 Photoshop；动画制作软件，如 Flash 和 3D Studio max；声音编辑软件 Sounder 及视频软件 Adobe Premiere 等。

常用的多媒体制作软件有 AuthorWare、Director、PowerPoint、Flash、ToolBook、方正奥思、宏图等。

Windows 7 中也具有多媒体处理功能的简单应用程序，常用的有画图、Windows Media Player、录音机等。

1. 画图

画图是 Windows 7 中提供对位图图像进行简单处理的应用程序。单击“开始”→“所有程序”→“附件”→“画图”可启动画图程序，窗口如图 6-1 所示。

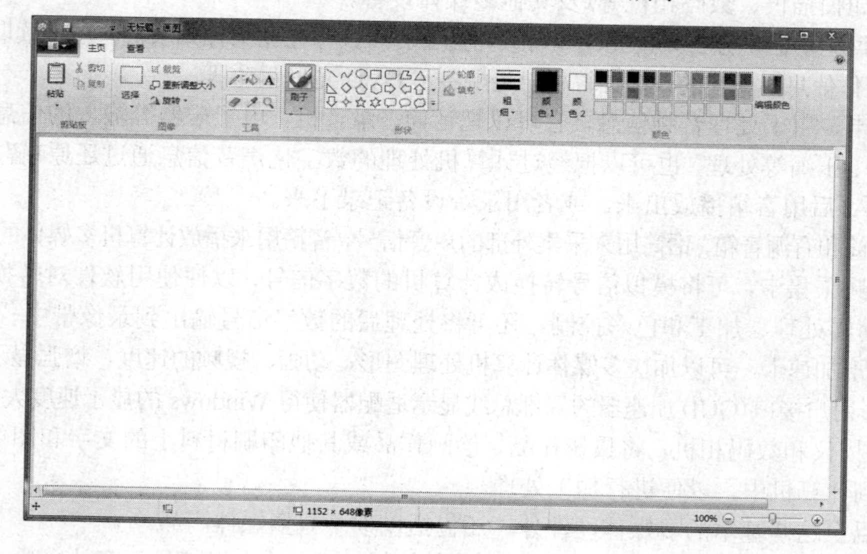

图 6-1 画图程序窗口

2. Windows Media Player

Windows Media Player Windows 7 提供用来播放各种多媒体文件的应用程序。执行“开始”→“所有程序”→“Windows Media Player”命令可启动 Windows Media Player，窗口如图 6-2 所示。

使用 Windows Media Player 播放媒体文件时，执行菜单“文件”→“打开”命令，在弹出的对话框中选择所要播放的文件即可。Windows Media Player 不仅可以播放标准的 CD 音频、声音(AVI)、MIDI，还能播放电影、动画(MPG)、数字视频(AVI)等多种多媒体文件。

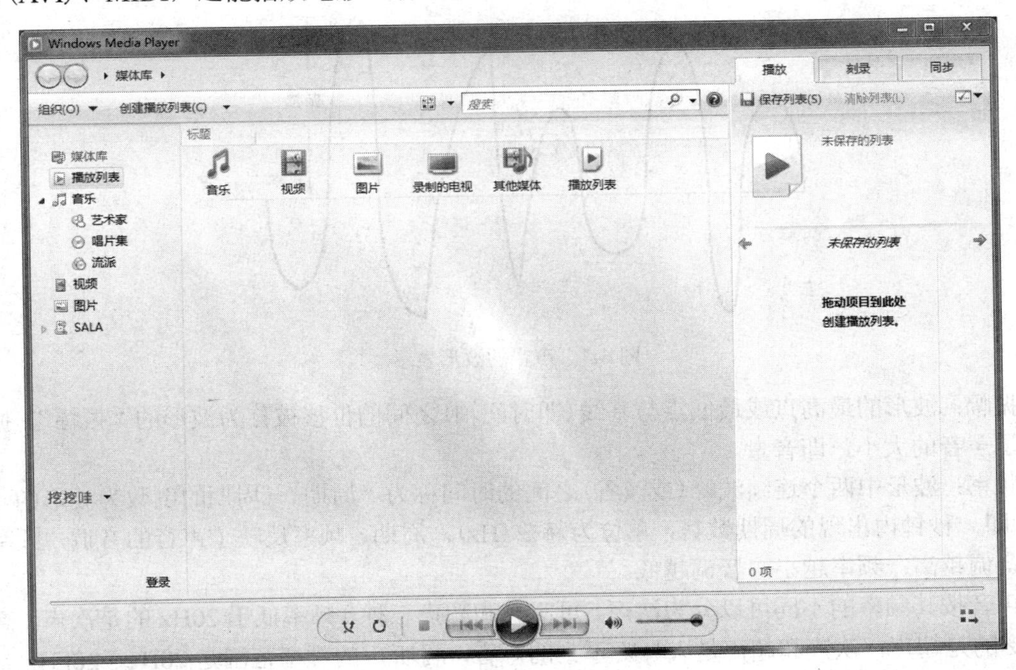

图 6-2　Windows Media Player 程序窗口

3. 录音机

录音机是 Windows 7 处理声音文件的应用程序。执行“开始”→“所有程序”→“附件”→“录音机”命令可启动录音机，窗口如图 6-3 所示。

录音机的功能主要有两种。

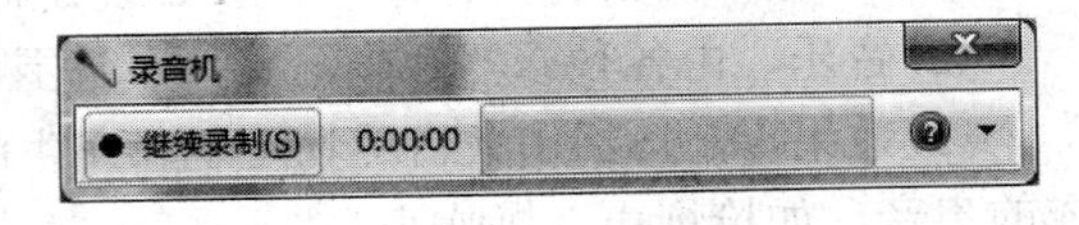

图 6-3　录音机程序窗口

(1) 录音：使用录音机可将声音录入到计算机中。在进行录音前，必须将麦克风(MIC)插入声卡的 MIC IN 插孔，单击录音机上的红色“录音”按钮便可进行录音，录制完成后单击“停止”按钮，再执行菜单“文件”→“另存为”命令，在弹出的对话框中选择所要保存的位置和保存的文件名即可将新录入的声音文件保存下来。

(2) 制作混音：使用录音机还可以对多种声音进行混合输入，如同时使用媒体播放器播放两种不同的声音文件，启动录音机则可记录这些混合的信息源；也可以直接在录音机中启动多种声音文件，使用菜单“编辑”→“与文件混音”命令的功能进行混音操作。

6.3 音　　频

6.3.1 数字声音基础

声音，从物理学角度来看，是被人耳所感知的空气振动。通常声音用一种连续的随时间变化的波形来表示，该波形描述了空气的振动，如图 6-4 所示。

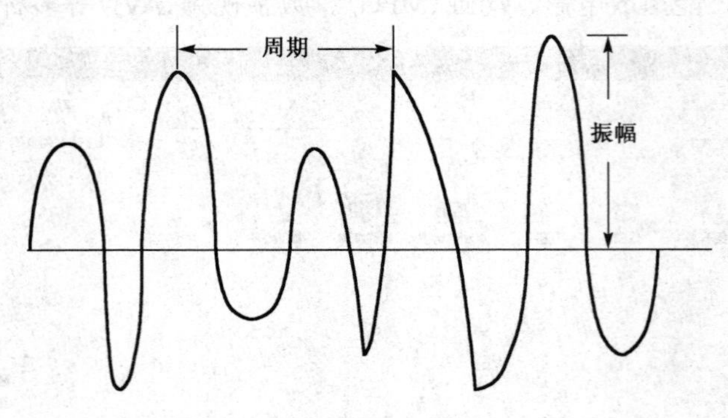

图 6-4　声音的波形表示

振幅：波形的最高点或最低点与基线(即时间轴)之间的位移被称为波形的“振幅”。振幅反映了声音的大小，即音量。

频率：波形中两个连续波峰(或波谷)之间的时间称为“周期”，周期的倒数为波形的“频率”，即一秒钟内出现的周期数目，单位为赫兹(Hz)。周期、频率反映了声音的音调，频率越大，音调越高；频率越小，音调越低。

声音按其频率的不同可以分为次声、可听声和超声三种。频率低于 20Hz 的是次声，高于 20kHz 的是超声，次声和超声是人耳听不到的声音，可听声的频率范围是 20Hz～20kHz。

多媒体计算机中处理的声音信息主要指的是可听声，也叫音频信息(Audio)。音频信息的质量与其频率范围有关，一般可大致分为电话语音(200Hz～3.4kHz)、调幅广播(50Hz～7kHz)、调频广播(20Hz～15kHz)及宽带音响(20Hz～20kHz)等几个质量等级。

从应用的角度来看，多媒体计算机中的声音有如下三类。

(1)语言(语音)，频率大致在 200Hz～3.4kHz，输出的语音作信息的解释、说明、叙述、回答之用，输入的语音可作命令、参数或数据。

(2)音乐，由各种乐器产生，其频率范围可以存在于音频的全部范围内。

(3)效果声，包括由大自然物理现象产生的声音，如风声、雨声、雷声等，以及由人工合成的声音，如枪炮声、爆炸声等。

多媒体计算机的声音有两种来源。一种是获取，即利用声音获取硬件将特定的声音源，如磁带、话筒、放像机等发出的波形声音经数字化和编码处理后保存在存储设备中，输出时再经过解码等还原处理，还原成为原来的波形声音。另一种是合成，计算机通过一种专门定义的语音去驱动一些预制的语音合成器或音乐合成器，借助于合成器产生的数字声音信号还原成相应的语音或音乐。合成声音的优点是所需的数据量可以很少，目前音乐的合成在技术上已经很成熟。

多媒体计算机在进行声音的获取时要经过音频信息的数字化过程。这是因为声音信号是随时间连续变化的模拟信号，但计算机并不能理解那些起伏婉转的波形，计算机只认识二进制的数字，所以，那些弯弯曲曲的线条必须先转变为数字，计算机才能对其进行存储、检索、编辑等各种处理。数字化的过程包括取样、量化、编码等。

在多媒体计算机对声音进行处理时，量化位数一般取 8 或 16。前者是将样本划分为 2^8，即 256 个等分；后者分成 2^{16} 即 65 536 个等分。任意一个特定的样本值经过量化后只能是 256 或 65536 个不同结果中的一个，量化精度分别是 2^{-8}、2^{-16}。

决定数字化声音的质量和存储容量的因素有三个：取样频率、量化位数和记录声音的通道(即声道)的数目。对声音波形取样的频率直接影响声音的质量。取样频率越高，声音保真度越好，但所要求的数据存储量也越大。根据取样原理，只要取样频率为声音波形最高频率的两倍，就能不失真地还原出原始的声音信号。若超过此取样频率，就会包含冗余的信息；若低于此频率，则将产生不同程度的失真。声道的个数表明声音获取过程中记录的波形个数，若是记录一个波形，则是单声道；若记录多个波形，则为多声道。声道数在两个以上的是立体声，立体声听起来要比单声道的声音丰满，真实感更好，但至少需要两倍以上的存储空间。一般地，声道数越多，回放的效果越好，但需要的存储空间也越多。

一般说来，用获取法得到的数字化声音的数据量都很大。下面是计算音频信息文件所需存储容量(以字节为单位)的计算公式：存储容量=取样频率×样本量化位数÷8×声道数目×声音持续时间。

6.3.2　声音文件格式

自从个人计算机支持多媒体以来，陆续地出现了许多音频文件格式，用来存放声音。不同的格式有自己的用途，表 6-1 介绍了一些目前主流的音频格式。

表 6-1　常见的音频文件格式

格式	后缀名	简要描述
CD	cda	数字激光唱盘，具有很高的声音保真度
MIDI	mid，midi	电子乐器数字接口，记录电子乐器键盘的弹奏过程
WAV	wav	Microsoft Windows 本身提供的音频格式
MP3	mp3	第一个实用的有损音频压缩编码，具有很高的压缩比和不错的音质
Real Media	Rm,ra	Real Network 公司推出的网络流媒体，可在低带宽下较流畅地在线播放
Windows Mdeia	Wma，wmv	Microsoft 推出的网络流媒体格式
MP4	mp4	美国电话电报公司采用“知觉编码”技术研发的新音乐压缩技术
QuckTime	vop	苹果公司推出的一种数字流媒体
APE	ape	采用无损压缩方式，压缩后仍保持原来音质，适宜表现音乐

6.4　图形与图像

6.4.1　图形、图像基础

目前，计算机屏幕上显示出来的画面与文字，通常有两种描述的方法。一种是矢量图形或几何图形的方法，简称图形方法，它用一组命令来描述画面，这些命令反映构成该画面的点、线、矩形、圆、圆弧、曲线等几何图形的大小、形状、位置、颜色等属性和参数；另一种是点阵图像或位图图像的方法，简称图像方法，它通过描述画面中每一点，即像素点的亮度或颜色来表示画面。

用图形描述画面实际上是用数学方法表示图形，然后变换成许多数学表达式，再编制程序，用语言来表达。这种方法可以方便地对画面的各个组成部分进行移动、旋转、放大、缩小、变形、扭曲、叠加等各种编辑处理。通常，图形方法主要用于工程制图、广告设计、装潢图案、计算机辅助设计、地图等领域。

用图像描述画面，由于采用像素点的描述方法，所以非常适合于表现包含有大量细节(如明暗、浓淡、层次和色彩变化等)的画面，如照片、绘画等。图像文件在计算机中可以有多种存储格式，不同的存储格式需要的存储空间通常是不同的。但一般来说，与图形方法相比，图像方法总是需要较多的存储空间。

图像的获取是将现实世界的景物或物理介质上的图文输入计算机的过程。在多媒体应用中的基本图像可通过不同的方式获得，一般来说，可以直接利用数字图像库的图像，也可以利用绘图软件创建图像，还可以利用数字转换设备采集图像。

对静止图像进行数字化处理时有如下几个重要的技术参数。

(1) 分辨率。分辨率有屏幕分辨率、图像分辨率和像素分辨率三种。屏幕分辨率是指在特定显示方式下，计算机屏幕上最大的显示区域，以水平和垂直的像素点表示。例如，屏幕分辨率为 640×480，是指满屏情况下水平方向有 640 个像素点，垂直方向有 480 个像素点。屏幕分辨率常用的有下面四种组合：640×480、800×600、1024×768、和 1280×1024。图像分辨率是指数字化图像的大小，以水平和垂直方向上的像素点表示。像素分辨率是指一个像素的宽与高的比值，一般应为 1∶1，不合适的像素分辨率将会导致图像变形、失真。

(2) 图像颜色数。图像颜色数指的是在一幅位图图像中，为了描述静止图像的色彩和灰度效果，最多能使用的颜色数，在单色图像时就是灰度等级。静止图像中的每个像素上的颜色被量化后将用若干比特位表示，因此在位图图像中每个像素所占的比特位数就称为图像深度。若每个像素只有一个颜色位，则该像素只能表示亮或暗，这就是二值图像。若每个像素有八个颜色位，则可以描述 2^8，即 256 种不同的颜色。若每个像素具有 24 位颜色，则可描述的颜色数达到 2^{24}=16 777 216 种，此时可认为是真彩色。

(3) 位图图像的数据量。无论是存储、传输还是显示静止图像，都与其对应的位图图像的数据量的大小有关。而位图图像的大小与图像分辨率、颜色深度有关。图像所需的以字节为单位的数据空间的大小可以按照下面公式计算：存储容量=分辨率×颜色深度÷8。

例如，一幅二值图像，图像分辨率为 640×480，所需的数据空间的大小为 640×480×1÷8=38 400(字节)。

一幅同样大小的图像，若颜色深度为 8 位，所需数据空间的大小为 640×480×8÷8=307 200(字节)。

6.4.2　图形、图像文件格式

图形、图像文件格式如表 6-2 所示。

表 6-2　图形、图像文件格式

后缀名	简要描述
DXF	AutoCAD 使用的图形文件的格式
EPS	页面描述语言 Postscript 使用的图形文件的格式
PCI	Lotus 产生的图形文件的格式
WMF	Windows 图元文件

续表

后缀名	简要描述
BMP	位图，是 Windows 平台使用的最基本的图像格式
DIB	与设备无关的图像格式，用于跨平台交换图像文件
GIF	压缩图像存储格式，用于资料交换和网上传输
JPG、PIC	JPEG 方式压缩的图像
TIF	电子出版中的重要图像文件格式
PCX	是 PC Paintbrush 的图像文件格式
PNG	GIF 文件的替代品，采用 LZ77 算法的无损压缩算法的文件格式
TGA	用于存储彩色图像的文件格式
DIF	以 ASCII 方式存徙图像的文件格式

6.5　动画和视频

6.5.1　动画

动画是将静态的图像、图形及图画等按一定时间顺序显示而形成连续的动态画面。动画与静止的图像相比，具有更加丰富的信息内涵，可以表示“过程”，易于交代“经过”，因而在实际应用中具有比静止图像更加广泛的应用范围。动画可以看成是由若干帧静止图像连续运动后形成的画面。对动画进行数字化处理需要对这些连续的运动图像进行离散化处理，即将动画分解成一个个静止的图像，再通过确定出各个静止图像的位图图像来进一步形成动画的数字编码。采用的物理设备通常是配有计算机专用数字化接口的摄像机。

很明显，将动画分解为多幅静止的图像，应沿着时间轴以一定的频率顺序地进行分解。这个取样频率不能太小，太小了就不能逼真地描述动画。研究表明，人眼在亮度信号消失后，亮度的感觉仍能保持 0.05～0.1 秒。因而，为了保证取样后的信号能不失真地复原，即仍能产生动画的视觉效果，一般需要每秒取样 25～30 帧。例如，电影放映的标准是每秒放映 24 帧，即每秒遮挡 24 次，刷新率是每秒 48 次。

动画的本质是运动。根据运动的控制方式可将计算机动画分为实时动画和逐帧动画。实时动画是用算法来实现物体的运动；逐帧动画是在传统动画基础上引申而来的，也就是通过一帧一帧显示动画的图像序列而实现运动的效果。根据视觉空间的不同，动画又可分为二维动画和三维动画。

下面是对动画进行数字化处理时的几个重要技术参数。

(1) 帧速。动画是利用快速变换帧的内容来达到运动效果的。为了保证这个效果，必须保证一定的帧速。对于影像视频，根据制式的不同常使用每秒 25 帧、30 帧等不同的帧速。对于一般的动画，可以根据具体的应用要求来选择合适的帧速，如有时候为了减少数据量，适当减慢帧速。

(2) 数据量。动画的数据量与静止图像的数据量相比要大得多。在不进行任何压缩处理时，每秒钟动画的数据量为帧速×每帧图像的数据量。例如，若一帧图像的数据量为 1MB，帧速为每秒 25 帧，则每秒钟动画的数据量为 25MB。显然，数据量是巨大的。要实时处理大量的数据所需要的存储容量、传输速度和计算速度都是目前的计算机难以承受的，因而必须对数据进行压缩处理。

(3)图像质量。图像质量除了与原始动画的质量有关外，还与压缩比有关。一般而言，压缩比较小时对图像质量不会有太大的影响，而当压缩比超过一定倍数后，图像质量会明显下降。

6.5.2 视频

视频信息是指活动的、连续的图像序列。一幅图像称为一帧，帧是构成视频信息的基本单元。在多媒体应用系统中，视频以其直观、生动等特点得到广泛的应用。视频与动画一样，是由一幅幅帧序列组成的，这些帧以一定的速率播放，使观看者得到连续运动的感觉。视频总体上可分为模拟视频和数字视频。

模拟视频传输的是连续的模拟信号。计算机的数字视频是基于数字技术的图像显示标准，将模拟视频信号输入计算机进行数字化视频编辑，从而形成数字视频。

6.5.3 视频文件格式

视频格式一般分为影像格式和流媒体格式。

常见的影像格式有以下几种。

AVI：该格式最直接的优点就是兼容好、调用方便且图像质量好。它的缺点就是体积大。这种格式的文件可以使用 Windows Media Player、Divx Player、Realplayer 等播放器播放。

MPEG：这类格式是平时所见到的最普遍的一种。由它衍生出来的格式很多，包括后缀名为 mpg、mpe、mpa 等的视频文件。大多数的播放器都可播放该类型的文件。

DivX：DivX 的制作者是一名国外的电脑玩家，该格式实际是 Microsoft 的 MPEG-4 视频格式和 mp3 音频格式结合而成的。可以由 DivX Player 播放器播放或可以下载相应的视频解码程序。

RMVB：该格式对视频采用可变比特率进行压缩，使在静态画面下的比特率降低，来达到优化整个影片比特率、节约资源的目的。一般来说，一个 700MB 的 DVDrip 采用平均比特率为 450kbps 的压缩率生成的 RMVB 大小仅为 400MB，但画质并没有太大变化。

常见的流媒体格式有 RM/RA、ASF 和 MOV。

RM/RA：Real NetWorks 公司的产品，采用音频/视频流和同步回放技术实现了网上全带宽的多媒体回放。

ASF：Microsoft 公司的 Windows Media 的核心，微软将 ASF 定义为同步媒体的统一容器文件格式。音频、视频、图像及控制命令脚本等多媒体信息通过这种格式，以网络数据包的形式传输，实现流式多媒体内容发布。

MOV：Apple 公司的 QuickTime 电影文件(*.mov)现已成为数字媒体领域的工业标准。该格式定义了存储数字媒体内容的标准方法，使用这种文件格式不仅可以存储单个的媒体内容(如视频帧或音频采样)，而且能保存对该媒体作品的完整描述。

6.6 多媒体技术的应用

多媒体技术的应用领域非常广泛，几乎遍布各行各业及人们生活的各个角落。多媒体技术具有直观、信息量大、易于接受和传播迅速等特点，因此多媒体应用领域的拓展非常迅速，尤其是近年来随着国际互联网的兴起，多媒体技术也渗透到国际互联网上，并随着网络的发展和延伸，不断地成熟和进步。如今多媒体已经广泛应用于在科学研究部门中，记录、显示、传送信息，并利用多媒体技术进行分析、研究；在各级各类的学校、教育单位运行多媒体进行教学等。

多媒体技术应用领域主要有以下几个方面。

1. 多媒体教育

教育领域是应用多媒体技术最早的领域，也是进展最快的领域。多媒体技术的各种特点最适合教育，它以最自然、最容易接受的形式使人们接受教育，不但扩展了信息量、提高了知识的趣味性，还增加了学习的主动性和科学性。

在教育领域中，多媒体技术的应用主要表现在计算机辅助教学(Computer Assisted Instruction，CAI)、计算机辅助学习(Computer Assisted Learning，CAL)、计算机化教学(Computer Based Instruction，CBI)、计算机化学习(Computer Based Learning，CBL)、计算机辅助训练(Computer Assisted Training，CAT)、计算机管理教学(Computer Managed Instruction，CMI)等几个方面。

2. 办公自动化与桌面出版物

采用多媒体计算机桌面印刷技术可以部分取代传统的编排印刷工作，包括办公室所需要的全部公文、报表、广告、海报、蓝图及宣传品制作。采用多媒体桌面印刷技术制作后，出版物比传统的印刷品制作方式节约经费而且制作周期短、工作效率高、可以随时修改版面内容、即兴发挥创意、加入多媒体效果、提高办公效率。

3. 电子出版物

电子出版物是指以数码方式将图、文、声、像等信息存储在磁盘或光盘介质上，通过计算机或专用设备阅读使用，并可复制、发行大众信息的传播媒体。电子图书、光盘、游戏光盘、资料光盘、电子出版物以存储信息量大、体积小、便于保存及节约大量纸张等优点得以迅速发展，许多重要资料都可用光盘保存，电子出版物正在逐步取代部分传统纸张印刷品。

数字图书馆被认为是21世纪信息产业主要的发展方向，它的目标不是简单地把图书等资料数字化并放到网上，实现资源共享，而是要使读者能方便地在浩瀚的数据中找到所需要的信息。对它的研究涉及智能用户接口、协同工作的工具和技术，以及用户交互性等方面。

4. 多媒体通信与计算机协同工作系统

在计算机网络和通信系统中，广泛应用多媒体技术传播各种信息，计算机协同工作系统，依靠多媒体技术和网络技术的支持使一个群体中各个成员可以在不同的地点通过网络讨论解决共同的问题。

多媒体技术的支持使得讨论的问题对象形象、直观地显示在每一个讨论成员的计算机屏幕上，充分展示问题的本质，加深讨论成员对问题的理解，每个成员又以多媒体的形式提出自己的观点和设计方案进行交流和分析，使一个复杂的问题得以在广泛的群体内讨论解决。多媒体技术是计算机协同工作系统的技术基础。

5. 多媒体作品创作

多媒体技术的应用为某些珍贵的艺术品复制、保存提供了最好的方式，还可为一般创作人员提供用计算机创作多媒体作品的方法，比如制作音乐、设计电影特技镜头、模拟音响效等。

6. 远程医疗

远程医学系统能够通过通信技术和计算机技术给特定人群提供医学服务。这一系统包括远程诊断、信息服务、远程教育等多种功能，它是以计算机和网络通信为基础，针对医学资料的多媒体技术，包括远距离视频、音频信息传输、存储、查询及显示等方面。

本章小结

本章主要介绍多媒体与多媒体技术的概念与应用、多媒体计算机的组成及Windows 7中常用的多媒体软件。

多媒体技术中的媒体一般是指承载信息的载体，如文本、声音、图形、图像、动画等。根据CCITT的定义，媒体分为感觉媒体、表示媒体、表现媒体、存储媒体和传输媒体五大类。

多媒体技术则是集微电子技术、计算机技术、通信技术、数字化声像技术、高速网络技术和智能化技术于一体的一门综合的高新技术，它使计算机能综合处理图形、文字、声音、图像等信息。目前，多媒体技术主要应用领域有多媒体计算机辅助教学、办公自动化与桌面出版物、电子出版物、多媒体通信与计算机协同工作系统、多媒体作品创作等。

多媒体微机是指具有多媒体处理功能的微机，它是多媒体技术和微机技术相结合的产物。一个完整的多媒体计算机系统由多媒体计算机硬件和多媒体计算机软件两部分组成。多媒体计算机硬件主要包括处理器、主板、软盘驱动器、硬盘驱动器、光盘驱动器、显示器、网卡、声卡、视频卡、图形加速卡，以及图像输入设备扫描仪、数码相机等。多媒体计算机的软件主要包括多媒体操作系统、多媒体编辑工具和多媒体制作软件。在Windows7中常用的多媒体处理软件有画图、Windows Media Player、录音机等。

习　题

一、选择题

1. 下列________不属于多媒体的媒体表现形式。

A. 文本　　B. 动画　　C. 视频　　D. 模块

2. 在下列图形格式中，________文件不能使用画图程序打开。

A. .GIF　　B. .BMP　　C. .WMF　　D. .JPG

3. 多媒体计算机是指________。

A. 能和多种媒体交换数据的计算机

B. 能够处理声音和图像的计算机

C. 配备了声卡的计算机

D. 配备了光驱的计算机

4. MP3格式的文件可以使用________程序打开。

A. CD播放器　　B. 录音机　　C. 媒体播放器　　D. Flash

5．下列________不是多媒体技术的特点。

A．综合性　　B．交互性　　C．可移植性　　D．数字化

6．下列多媒体硬件中，属于图像输入设备的是________。

A．声卡　　B．扫描仪　　C．显示器　　D．音箱

7．下列属于多媒体动画制作软件的是________。

A．Word 2010　　B．CorelDraw　　C．Photoshop　　D．Flash 和 3D Studio max

8．使用 8 个二进制位存储颜色信息的图像能表示________种颜色。

A．8　　B．256　　C．128　　D．512

9．在网络中常用的声音文件的格式是________。

A．WAV　　B．MP3　　C．AVI　　D．WMF

二、简答题

1．在计算机领域中，什么是媒体、多媒体？它们有哪些区别与联系？

2．什么是多媒体技术？请列出一些多媒体技术在实际生活中的应用。

3．多媒体计算机与普通计算机相比有哪些特点？

4．若取样频率为 44.1kHz，量化位数为 16，则 5 分钟的双声道音频需要占用的存储容量是多少？

5．一幅大小为 640×480 的 256 色的位图图形，需要占用的存储容量是多少？

6．简单说说多媒体技术在现实生活中主要应用在哪些领域。

7．谈谈你对多媒体技术发展前景的看法。

第 7 章　计算机网络与 Internet

在当今这个信息时代，计算机不单单是进行数值计算的工具，它已经像快餐、移动电话和汽车那样成为人们生活的必需品，当然也变成了通信、娱乐、教育的必需品，变成了能够在世界范围内为用户提供实时的流式音频、视频信息及实现资源共享的设备，这一切都基于计算机网络技术。经过学者几十年不懈的研究与应用，计算机网络技术得到了空前的发展，给人们的工作、生活、学习乃至思维带来了深刻的变革。

本章将主要介绍计算机网络的基本概念、局域网的基本知识、Internet 的基本知识和服务应用、计算机病毒基本知识及防治，以及网络信息安全基本知识。

7.1　计算机网络概述

7.1.1　计算机网络的定义及功能

计算机网络的建立和使用是计算机技术与通信技术发展相结合的产物，是一门涉及多种学科和技术领域的综合性技术，它是信息高速公路的重要组成部分。

什么是计算机网络？计算机网络就是“一群具有独立功能的计算机通过通信线路和通信设备互连起来，在功能完善的网络软件(网络协议、网络操作系统等)的支持下，实现计算机之间数据通信和资源共享的系统”，图 7-1 给出了一个典型的计算机网络示意图。

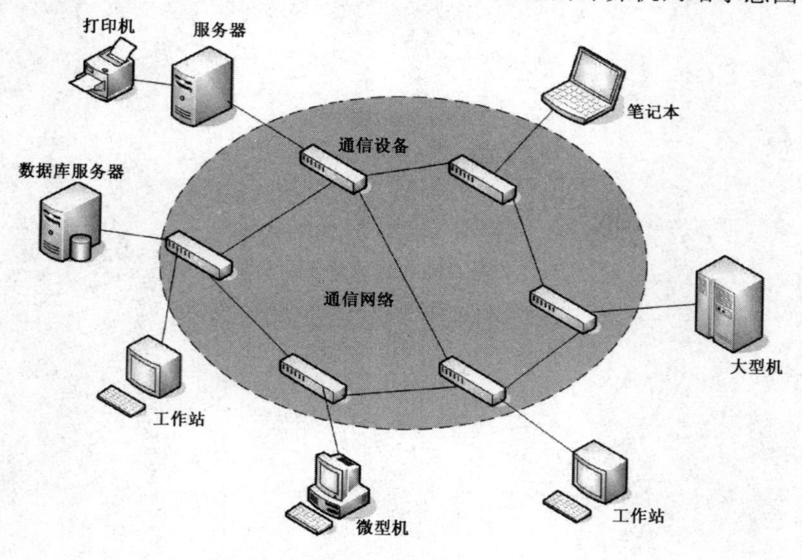

图 7-1　计算机网络示意图

计算机网络不仅可以使分散的计算机实现高效率的通信，而且还能共享资源。计算机网络的功能主要有以下几个方面。

1. 数据通信

数据通信是计算机网络最基本的功能，可以用来实现计算机与计算机之间快速、可靠地传送各种信息。人们可以在网络上收发电子邮件、发布新闻消息，进行电子商务、远程教育、远程医疗等活动。

2. 资源共享

资源共享是计算机网络最主要的功能，可以共享的网络资源包括硬件、软件和数据。硬件资源共享是指在整个网络范围内提供各种相关设备的共享，特别是提供高性能计算机、具有特殊处理功能的部件、高分辨率的彩色激光打印机、大型绘图仪和大容量的外部存储器等昂贵设备的共享，能使用户节省投资并且提高设备的利用率。软件资源共享是指可以使用其他计算机上的软件，这样可以避免软件研制上的重复劳动。数据资源共享则是方便用户远程访问各类大型信息资源库，这样可以避免数据的重复存储。

例如，对于具有如图 7-1 所示计算机网络的公司来说，通过网络可以实现多用户共享一台打印机，这样公司就没有必要为每一个工作人员都配备一台打印机。而且无论它的工作人员分布在哪里，他们都可以随时访问总部的数据库获取信息。

3. 分布式处理

在实际工作和生活中，很多大型复杂的问题都可分解成若干较简单的子问题，分别交由网络中各台计算机分工协作来完成。例如，火车票、飞机票在多个地点进行预售就是网络分布式处理的一个典型应用。又如，对于诸如密码破解、药物研究、寻找外星文明等大型计算项目，以前要由超级计算机来解决，费用很高。现在则可以将计算机网络上大量闲置的计算机能力集中起来，在服务器端将项目分解成若干个小的计算问题，分发给网络中的计算机并行处理，再将各个计算结果在服务器端进行汇总，从而得到最终的结果。这种分布式处理方式，不仅费用低廉而且计算潜能无限。

7.1.2　计算机网络的发展

为什么要了解计算机网络的发展过程？从现代计算机网络的形态出发，追溯历史，将有助于人们对计算机网络的理解。计算机网络的发展可以划分为四个阶段。

1. 面向终端的第一代计算机网络

面向终端的计算机网络是以单个主机为中心的远程联机系统，实现了地理位置分散的大量终端与主机之间的连接和通信，图 7-2 是其简化方式。

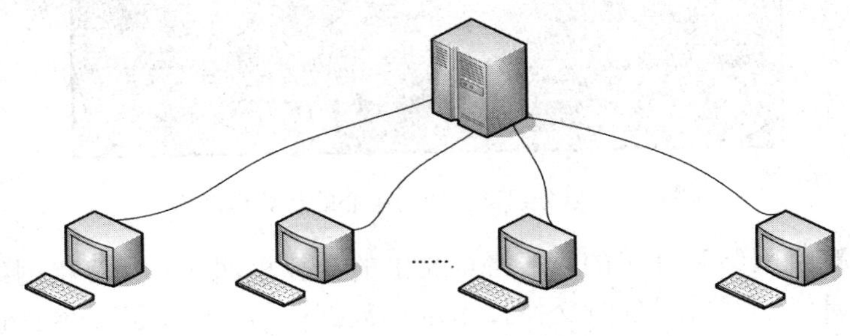

图 7-2　面向终端的计算机网络

早期的计算机价格昂贵，只有计算中心才拥有，它具有的批处理能力和分时处理能力却可以为多个用户提供服务，因此为了方便用户的使用和提高主机的利用率，将地理位置分散的多个终端通过通信线路与主机连接起来形成网络。在这里，终端本身没有处理能力，人们在终端上输入指令和数据，指令和数据通过通信线路传递给主机；主机执行指令进行数据处理，将处理结果传递给终端，在终端上显示结果或将结果打印出来。这种远程联机系统就是“面向终端的计算机网络”。该系统在 20 世纪 50 年代得到了广泛的应用，典型代表就是美国军方在 1954 年推出的半自动地面防空系统(SAGE)，它就是将远程雷达和其他测量设施获得的信息通过通信线路与基地的一台 IBM 计算机连接，进行集中的防空信息处理与控制。

在该计算机网络中，因为终端无独立处理数据的功能，只能共享主机的资源。从严格意义上说，该阶段的计算机网络还不是真正的计算机网络。

2. *以分组交换网为中心的第二代计算机网络*

随着计算机应用的发展，到了 20 世纪 60 年代中期，美国出现了将若干台主机互连起来的系统。这些主机之间不但可以彼此通信，还可以实现与其他主机之间的资源共享。这就使系统发生了本质的变化——多处理中心。

这一阶段的典型代表就是美国国防部高级研究计划署(Advanced Research Projects Agency，ARPA)于 1968 年建成的 ARPANET，它也是 Internet 的最早发源地。它的目的就是将多个大学、公司和研究所的多台主机互连起来，最初只连接了 4 台计算机。ARPANET 在网络的概念、结构、实现和设计方面奠定了计算机网络的基础，在该计算机网络中，以 CCP(Communication Control Processor)和通信线路构成网络的通信子网，以网络外围的主机和终端构成网络的资源子网。各主机之间通过 CCP 相连，各终端与本地的主机相连，CCP 以分组为单位采用存储-转发的方式(即分组交换)实现网络中信息的传递，其简化方式如图 7-3 所示。当用户需要访问远程主机上的信息时，先经本地主机将信息传送到本地的 CCP，再从本地 CCP 传送到目的 CCP，最后送到目的主机。

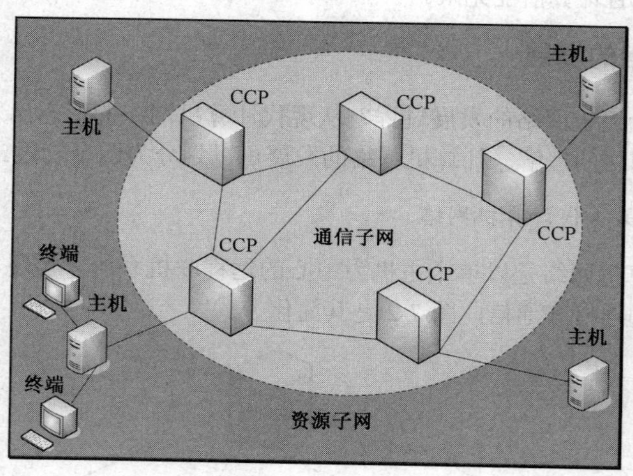

图 7-3　以分组交换网为中心的计算机网络

该阶段的计算机网络是真正的、严格意义上的计算机网络。计算机网络由通信子网和资源子网组成，通信子网采用分组交换技术进行数据通信，而资源子网提供网络中的共享资源。

3. 体系结构标准化的第三代计算机网络

由于 ARPANET 的成功，到了 20 世纪 70 年代，不少公司推出了自己的网络体系结构。最著名的就是 IBM 公司的 SNA(System Network Architecture)和 DEC 公司的 DNA(Digital Network Architecture)。不久，各种不同的网络体系结构相继出现。同一体系结构的网络设备互连是非常容易的，但不同体系结构的网络设备要想互连十分困难。然而社会的发展迫使不同体系结构的网络都要能互连。因此，国际标准化组织(International organization for Standardization，ISO)在 1977 年设立了一个分委员会，专门研究网络通信的体系结构，该委员会经过多年艰苦的工作，于 1983 年提出了著名的开放系统互连参考模型(Open System Interconnection Reference Model，OSI/RM)，用于各种计算机在世界范围内的互连。从此，计算机网络走上了标准化的轨道。人们把体系结构标准化的计算机网络称为第三代计算机网络。

4. 以网络互连为核心的第四代计算机网络

随着人们对网络需求的不断增长，计算机网络尤其是局域网的数量迅速增加。同一个公司或单位有可能先后组建若干个网络，供分散在不同地域的部门使用。很自然就可以想到：如果把这些分散的网络连接起来，就可使它们的用户在更大范围内实现资源共享。通常将这种网络之间的连接称为“网络互连”，最常见的网络互连方式就是通过路由器等互连设备，将不同的网络连接到一起，形成可以互相访问的“互联网”(图 7-4)，著名的 Internet 就是目前世界上最大的一个国际互联网。

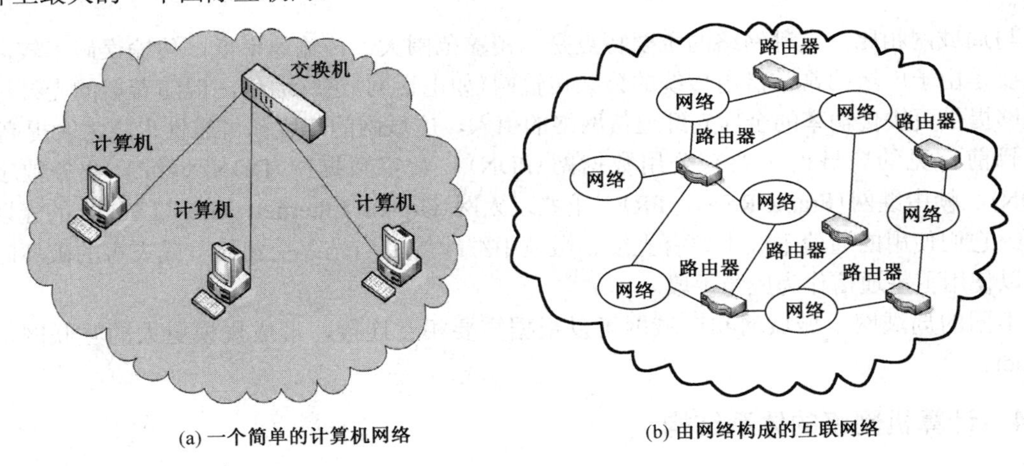

(a) 一个简单的计算机网络　(b) 由网络构成的互联网络

图 7-4　互联网

7.1.3　计算机网络的分类

计算机网络可以从不同的角度进行分类，最常见的分类方法是按网络通信涉及的地理范围来分类。网络覆盖范围是网络分类的一个非常重要的度量参数，因为不同规模的网络将采用不同的技术。

1. 局域网

局域网(Local Area Network，LAN)是指地理范围在几米到十几千米的计算机及外围设备通过高速通信线路相连形成的网络，常见于一幢大楼、一个工厂或一个企业内。在局域网发展的初期，一个学校或工厂往往只拥有一个局域网，但现在局域网的应用已非常广泛，一个学校或企业往往拥有许多个互连的局域网，这样的网络常称为校园网或企业网。

这种网络的主要特点是：传输距离有限；传输速率高，一般为 10Mb/S～10Gb/S；传输可靠性高，误码率通常为 10^{-12}～10^{-7}（误码率指每传送 n 个位，可能发生一个位的传输差错）；结构简单，协议简单，容易实现，具有较好的灵活性。

局域网是最常见、应用最广的一种网络，目前常见的局域网主要有两种——以太网（Ethernet）和无线局域网（WLAN）。

2. 城域网

城域网（Metropolitan Area Network，MAN）是在一个城市范围内建立的计算机通信网，它可用作骨干网，将位于同一城市内不同地点的主机、数据库及局域网等互相连接起来。城域网通常使用与局域网相似的技术，通信线路主要采用光缆。

实际上城域网技术并没能在世界各国迅速地推广，在实际应用中被广域网技术取代。

3. 广域网

广域网（Wide Area Network，WAN）也称远程网，所覆盖的范围从几十公里到几千公里，它能跨越多个城市或国家或横跨几个洲并能提供远距离通信，目的是将分布在不同地区的局域网或计算机系统互连起来以实现资源共享。它的通信设备和通信线路一般由电信部门提供。

与局域网相比，这种网络的主要特点是：覆盖范围大、传输速率低、传输误码率较高，这主要是由于广域网常常借用传统的公共传输网（如电话网）进行通信，但随着新的光纤标准和能够提供更快传输率的全球光纤通信网络的引入，广域网的速度和可靠性也将大大提高。

目前常见的广域网主要有公用数据网（PDN）、数字数据网（DDN）、综合业务数字网（ISDN）、帧中继网（Frame Relay，FR）、千兆以太网（Gigabit Ethernet，GE）与 10GE 的光以太网等。它们使用的通信干线主要有光缆、微波中继线等，当光缆受到战争或灾害的破坏时，还可以使用卫星通信作为应急手段。

不同的局域网、城域网和广域网可以根据需要相互连接，形成规模更大的互联网，如 Internet。

7.1.4　计算机网络的体系结构

什么是计算机网络体系结构？简单地说，就是计算机网络中所采用的网络协议是如何设计的，即网络协议是如何分层及每层完成哪些功能。由此可见，要想理解计算机网络体系结构，就必须先了解网络协议。网络体系结构和网络协议是计算机网络技术中两个最基本的概念，也是初学者比较难以理解的两个概念。

1. 网络协议

协议是双方为了实现交流而设计的规则。人类社会中到处都有这样的协议，人类的语言本身就可以看成一种协议，只有说相同语言的两个人才能交流。海洋航行中的旗语也是协议的例子，不同颜色的旗子组合代表了不同的含义，只有双方都遵守相同的规则，才能读懂对方旗语的含义，并且给出正确的应答。

网络协议就是指在计算机网络中，通信双方为了实现通信而设计的规则。具体而言，网路协议可以理解为由以下三部分组成。

(1) 语法：通信时双方交换数据和控制信息的格式，如哪一部分表示数据，哪一部分表示收方的地址等。语法是解决通信双方之间“如何讲”的问题。

(2) 语义：每部分控制信息和数据所代表的含义，是对控制信息和数据的具体解释。语义是解决通信双方之间“讲什么”的问题。

(3) 时序：详细说明事件是如何实现的。例如，通信如何发起；在收到一个数据后，下一步要做什么。时序是确定通信双方之间“讲”的步骤。

可以说没有网络协议就不可能有计算机网络，只有配置相同网络协议的计算机才可以进行通信，而且网络协议的优劣直接影响计算机网络的性能。

2. 计算机网络体系结构

网络通信是一个非常复杂的问题，这就决定了网络协议也是非常复杂的。为了减少设计上的错误，提高协议实现的有效性和高效性，近代计算机网络都采用分层的层次结构，就是将计算机联网这个庞大而复杂的问题划分成若干较小的、简单的问题，通过“分而治之”，先解决这些较小的、简单的问题，进而最终解决计算机之间联网这个大问题。

在网络协议的分层结构中，相似的功能出现在同一层内；每层都是建筑在它的前一层的基础上，相邻层之间通过接口进行信息交流；对等层间有相应的网络协议来实现本层的功能。这样网络协议被分解成若干相互有联系的简单协议，这些简单协议的集合称为协议栈。计算机网络的各个层次和在各层上使用的全部协议统称为计算机网络体系结构。

类似的思想在人类社会比比皆是。例如，邮政服务，用户甲在兰州，用户乙在西安，甲要寄一封信给乙。因为甲、乙相距很远，所以将通信服务划分成三层实现(图 7-5)：用户、邮局、铁路部门，用户负责信的内容，邮局负责信件的处理，铁路部门负责信件的运输。

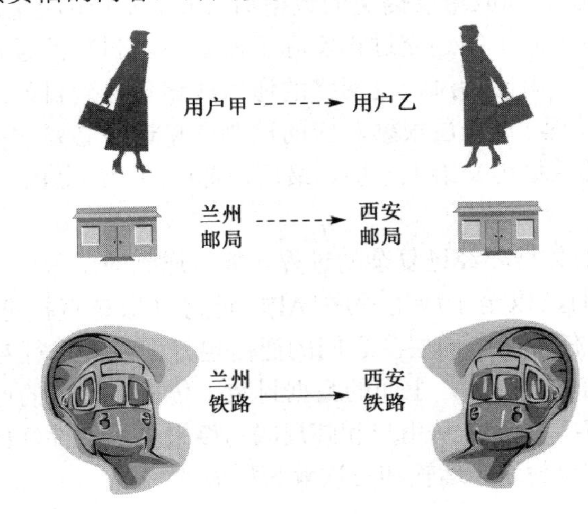

图 7-5　信件的寄送过程

3. 常用计算机网络体系结构

网络协议可以通过硬件或软件来实现，不同的计算机网络采用不同的网络协议，即它们网络体系结构也不同。世界上著名的网络体系结构有 OSI 参考模型和 TCP/IP 体系结构。

1) OSI 参考模型

OSI (Open System Interconnection) 参考模型是由国际标准化组织 (ISO) 于 1978 年制定的，这是一个异种计算机互连的国际标准。OSI 参考模型分为七层，其结构如图 7-6 所示。图中水平双向虚线箭头表示概念上的通信（虚通信），空心箭头表示实际通信（实通信）。

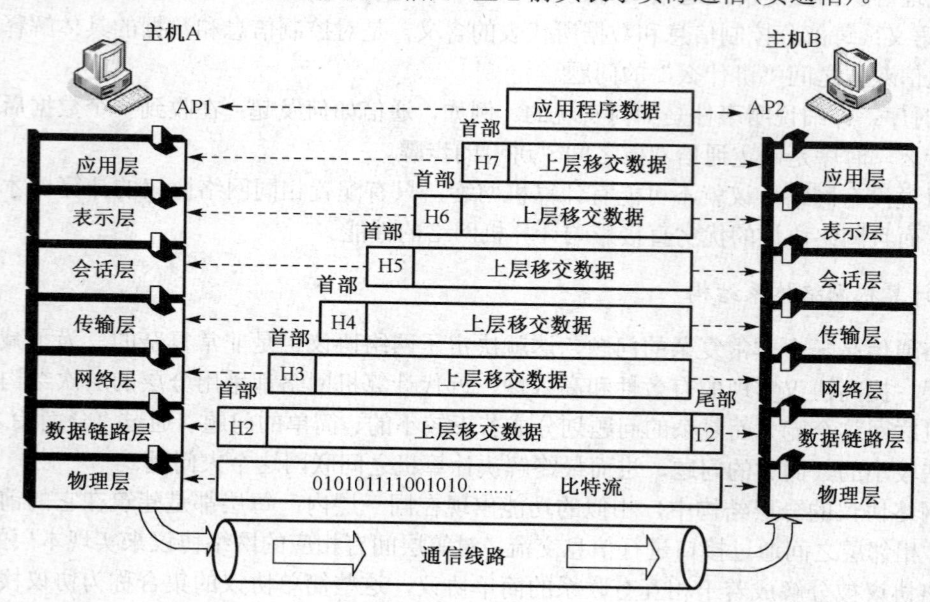

图 7-6　OSI 参考模型

如果主机 A 上的应用程序 AP1 向主机 B 上的应用程序 AP2 传送数据，数据不能直接由发送端到达接收端，AP1 必须先将数据交给应用层，应用层在数据上加上必要的控制信息 H7 后送交下一层。表示层收到应用层提交的数据后，加上本层的控制信息 H6，再交给会话层……依次类推。数据自上而下的递交过程实际上就是不断封装的过程。到达物理层就直接进行比特流的传送。当这一串比特流经过网络的通信线路传送到目的站点后，自下而上的递交过程就是不断拆封的过程，每一层根据对应的控制信息进行必要的操作，在剥去本层的控制信息后，将该层剩余的数据提交给上一层。最后，把应用程序 AP1 发送的数据交给应用程序 AP2。

虽然应用程序 AP1 的数据要经过复杂的过程才能传送到应用程序 AP2，但这些复杂的过程对于用户来说是透明的，以至于应用程序 AP1 觉得好像是直接把数据交给了应用程序 AP2（即虚通信）。同理，任何两个同层次之间的通信也好像直接进行对话。但只有通信线路上进行的通信才是实通信。实际上，上面的数据封装、传递和解封的过程与前面通过邮局发送信件是相似的。如图 7-7 所示，从用户和邮局的角度来看，信件好像直接送到对方处，其实信件的传递过程是由三次封装、运输和三次解封构成的。

2) TCP/IP 体系结构

OSI 参考模型概念清楚，理论较完整，但它既复杂又不实用。TCP/IP 体系结构却不同，它来源于 Internet，现在已经得到了广泛的应用。与 OSI 的七层体系结构不同的是，TCP/IP 采用四层体系结构，从上到下依次是应用层、传输层、网络层和网络接口层。TCP/IP 体系结构与 OSI 参考模型的对照关系如图 7-8 所示。

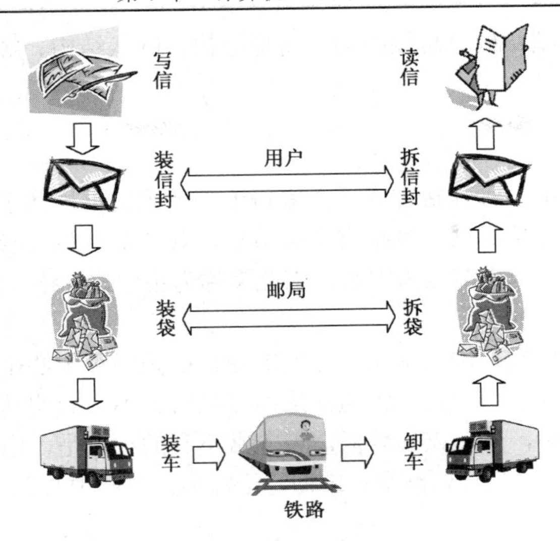

图 7-7　生活中信件的封装、传递和解封

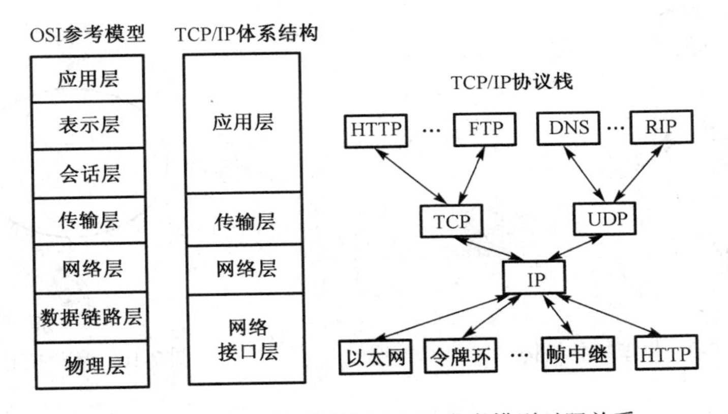

图 7-8　TCP/IP 体系结构与 OSI 参考模型对照关系

TCP/IP 协议栈中有 100 多个网络协议，其中最主要的是传输控制协议(Transmission Control Protocol，TCP)和网络协议(Internet Protocol，IP)，因此 Internet 网络体系结构就以这两个协议进行命名。

IP 协议是一个非常重要的协议，它为 IP 数据报(数据传输的基本单位)在 Internet 上的发送、传输和接收制定了详细的规则，凡使用 IP 协议的网络都称为 IP 网络。IP 协议为 IP 数据报提供的服务是：有数据时直接发送，传输时为其选择最佳路由，接收时不进行差错纠正，即提供的是不可靠交付服务。但大多数应用程序间的通信都需要可靠交付，解决方法就是通过驻留在计算机中的 TCP 协议来为应用程序—应用程序(端—端)提供可靠通信。

TCP/IP 体系结构的目的是实现网络与网络的互连。由于 TCP/IP 来自于 Internet 的研究和应用实践，现已经成为网络互连的工业标准。目前流行的网络操作系统都已包含了上述协议，成了标准配置。

7.1.5　计算机网络的拓扑结构

网络拓扑结构是指用传输媒体互连各种设备的物理布局，就是用什么方式把网络中的计算机等设备连接起来。拓扑图给出网络服务器、工作站的网络配置和相互间的连接，它的结构主要有星型结构、环型结构、总线结构、树型结构、网状结构、蜂窝状结构及它们的混合拓扑结构等。

1. 星型拓扑结构

星型结构是最古老的一种连接方式，大家每天都使用的电话属于这种结构。星型结构是指各工作站以星型方式连接成网。网络有中央节点，其他节点(工作站、服务器)都与中央节点直接相连，这种结构以中央节点为中心，因此又称为集中式网络。图 7-9 即星型网络拓扑结构。

这种结构便于集中控制，因为端用户之间的通信必须经过中心站。这一特点，也带来了易于维护和安全等优点。端用户设备因为故障而停机时也不会影响其他端用户间的通信。同时它的网络延迟时间较小，传输误差较低。但非常不利的一点是，中心系统必须具有极高的可靠性，因为中心系统一旦损坏，整个系统便趋于瘫痪。对此中心系统通常采用双机热备份，以提高系统的可靠性。

适用场合：局域网、广域网。

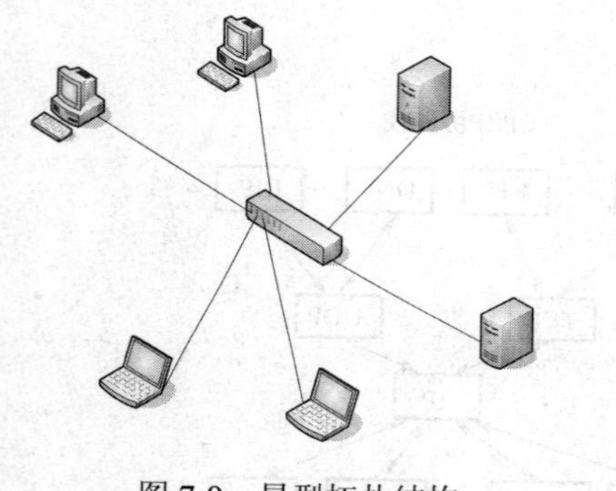

图 7-9 星型拓扑结构

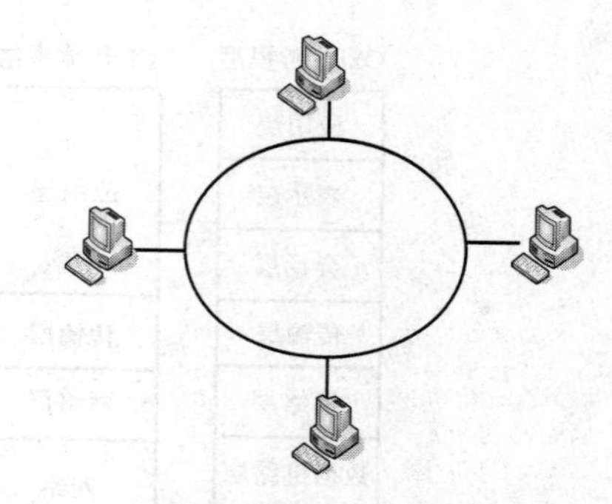

图 7-10 环型拓扑结构

2. 环型网络拓扑结构

环型结构在 LAN 中使用较多。这种结构中的传输媒体从一个端用户到另一个端用户，直到将所有的端用户连成环形。数据在环路中沿着一个方向在各个节点间传输，信息从一个节点传到另一个节点。这种结构显而易见消除了端用户通信时对中心系统的依赖性。图 7-10 为型网络拓扑结构。

环型结构的特点是：每个端用户都与两个相邻的端用户相连，因而存在着点到点链路，但总是以单向方式操作，于是便有上游端用户和下游端用户之称；信息流在网中是沿着固定方向流动的，两个节点仅有一条道路，故简化了路径选择的控制；环路上各节点都是自举控制，故控制软件简单；由于信息源在环路中是串行地穿过各个节点，当环中节点过多时，势必影响信息传输速率，使网络的响应时间延长；环路是封闭的，不便于扩充；可靠性低，一个节点故障，将会造成全网瘫痪；维护难，对分支节点故障定位较难。

适用场合：局域网，实时性要求较高的环境。

3. 总线拓扑结构

总线结构是使用同一媒体或电缆连接所有端用户的一种方式，也就是说，连接端用户的物理媒体由所有设备共享，各工作站地位平等，无中心节点控制，公用总线上的信息多以基带形式串行传递，其传递方向总是从发送信息的节点开始向两端扩散，如同广播电台发射的信息一样，因此又称广播式计算机网络。各节点在接受信息时都进行地址检查，看是否与自己的工作站地址相符，相符则接收网上的信息。图 7-11 为总线拓扑结构。

使用这种结构必须解决的一个问题是确保端用户使用媒体发送数据时不能出现冲突。在点到点链路配置时，这是相当简单的。如果这条链路是半双工操作，只需使用很简单的机制便可保证两个端用户轮流工作。在一点到多点方式中，对线路的访问依靠控制端的探询来确定。然而，在 LAN 环境下，由于所有数据站都是平等的，不能采取上述机制。对此，研究了一种在总线共享型网络使用的媒体访问方法：带有碰撞检测的载波侦听多路访问，英文缩写成 CSMA/CD。

这种结构优点是：费用低、数据端用户入网灵活、站点或某个端用户失效不影响其他站点或端用户通信的优点。缺点是：一次仅能一个端用户发送数据，其他端用户必须等待到获得发送权；媒体访问获取机制较复杂；维护难，分支节点故障查找难。尽管有上述一些缺点，但由于布线要求简单，扩充容易，端用户失效、增删不影响全网工作，所以是 LAN 技术中使用最普遍的一种。

适用场合：局域网，对实时性要求不高的环境。

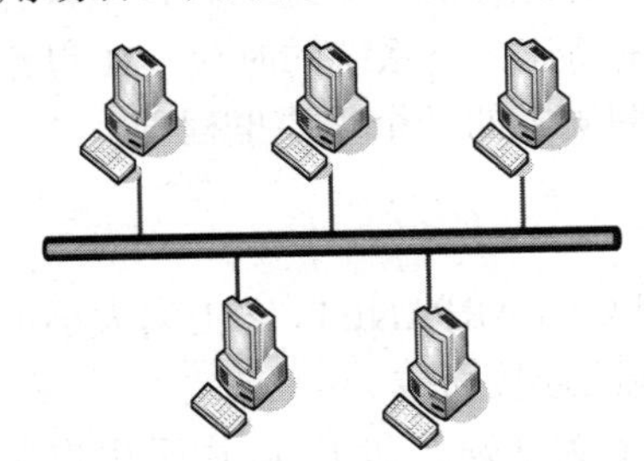

图 7-11　总线拓扑结构

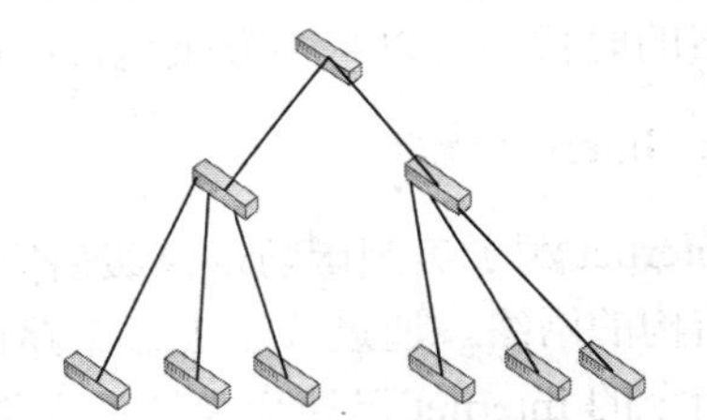

图 7-12　树型拓扑结构

4. 树型拓扑结构

树型结构是分级的集中控制式网络，与星型相比，它的通信线路总长度短，成本较低，节点易于扩充，寻找路径比较方便，但除了叶节点及其相连的线路外，任一节点或其相连的线路故障都会使系统受到影响。图 7-12 为树型拓扑结构。

5. 网状拓扑结构

在网状拓扑结构中，网络的每台设备之间均有点到点的链路连接，这种连接不经济，只有每个站点都要频繁发送信息时才使用这种方法。它的安装也复杂，但系统可靠性高，容错能力强。有时也称为分布式结构。

适用场合：主要用于地域范围大、入网主机多(机型多)的环境，常用于构造广域网络。如图 7-13 所示网状拓扑结构。

6. 蜂窝拓扑结构

蜂窝拓扑结构是无线局域网中常用的结构。它以无线传输介质(微波、卫星、红外等)点到点和多点传输为特征，是一种无线网。图 7-14 为蜂窝拓扑结构。

适用场合：城域网、校园网、企业网。

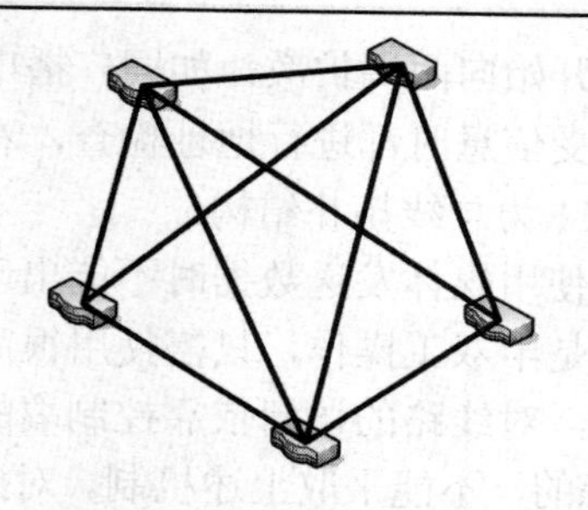

图 7-13　网状拓扑结构

图 7-14　蜂窝拓扑结构

7.2　Internet 基础

7.2.1　Internet 简介

Internet 代表着当代计算机体系结构发展的一个重要方向，由于 Internet 的成功和发展，人类社会的生活理念正在发生变化，Internet 已经把全世界连接成一个地球村，全世界正在为此构筑一个数字地球。19 世纪是铁路的时代，20 世纪是高速公路系统的时代，21 世纪将是宽带网络的时代。可以毫不夸张地说：Internet 是人类文明史上的一个重要里程碑。

1. Internet 概况

Internet 源于美国国防部高级研究计划署 1968 年建立的 ARPANET，它由大大小小的不同拓扑结构的网络，通过成千上万个路由器及各种通信线路连接而成。

当今的 Internet 已演变为转变人类工作和生活方式的大众媒体和工具。由于用户量的激增和自身技术的限制，Internet 无法满足高带宽占用型应用的需要，如多媒体实时图像传输、视频点播、远程教学等技术的广泛应用；也无法满足高安全性应用的需要，如电子商务、电子政务等应用。在这样一个背景下，1996 年美国率先发起下一代高速互联网络及其关键技术的研究，其中有代表性的是 Internet 2 计划，建设了一个独立的高速网络试验床 Abilene，并于 1999 年 1 月开始提供服务。目前，Internet 2 的 Abilene 网络规模覆盖全美，线路的传输速率为 622Mb/s，最高传输速率为 2.5Gb/s。

下一代互联网与第一代互联网的区别在于：更大、更快、更安全、更及时、更方便。下一代互联网将逐渐放弃 IPv4，启用 IPv6 协议；网络传输速度将提高 1000～10 000 倍；与第一代互联网的区别不仅存在于技术层面，也存在于应用层面。例如，目前网络上的远程教育、远程医疗，在一定程度上并不是真正的网络教育或远程医疗。出于网络基础条件等原因，大量应用还是采用了网上、网下结合的方式，对于互动性、实时性极强的课堂教学，一时还难以实现。而远程医疗，更多的只是远程会诊，并不能进行远程的手术，尤其是精细的手术治疗，几乎不可想象。但在下一代互联网上，这些都将成为最普通的应用。

2. 中国 Internet 的建设

1994 年我国正式接入 Internet。目前通过国内四大骨干网连入 Internet，实现了和 Internet 的 TCP/IP 连接。

我国在实施国家信息基础设施计划的同时，也积极参与了国际下一代互联网的研究和建设。

1998 年，由中国教育和科研计算机网(CERNET)牵头，以现有的网络设施和技术力量为依托，建设了中国第一个 IPv6 试验床，两年后开始分配地址；2000 年，中国高速互联研究试验网络(NSFCNET)开始建设，已分别与 CERNET、CSTNET，以及 Internet2 和亚太地区高速网(APAN)互连；2002 年，中日 IPv6 合作项目开始起步；由中国科学院、美国国家科学基金会、俄罗斯部委与科学团体联盟共同出资建设的环球科教网络(Global Ring Network for Advanced Applications Development，GLORIAD)于 2004 年 1 月开通。该网络采用光纤传输，形成一个贯通北半球的闭合环路。

2004 年 12 月，我国国家顶级域名 cn 服务器的 IPv6 地址成功登录到全球域名根服务器，这表明我国国家域名系统进入下一代互联网。同时，中国第一个下一代互联网示范工程(CNGI)核心网之一 CERNET2 主干网正式开通。

2005 年，以博客为代表的 Web2.0 概念推动了中国互联网的发展。Web2.0 概念的出现标志着互联网新媒体发展进入新阶段。

截止到 2009 年 12 月，我国网民上网方式已从最初拨号上网为主，发展到以宽带和手机上网为主。我国互联网发展与普及水平居发展中国家前列。我国网站达 323 万个，网民人数达到 4.04 亿人；互联网普及率达到 28.9%，使用手机上网的网民达到 2.33 亿人，使用宽带上网的网民达到 3.46 亿人。

7.2.2 IP 地址

1. IP 地址

在 Internet 上为每台计算机指定的唯一的标识称为 IP 地址。IP 地址是一个逻辑地址，其目的就是屏蔽物理网络细节，使得 Internet 从逻辑上看起来是一个整体的网络。

1) IP 地址的格式

在讲述 IP 地址的格式前，先来看看国内的电话号码。完整的电话号码是由区号和电话号码组成的，前面的区号指的是一个地域范围，而后面的电话号码具体指向该区域内的某部电话机，如 0931-8694597 中的 0931 是指兰州市，8694597 则是长青学院的电话号码。这种编码属于分层结构，如果要拨通某部电话机，电信网络会先根据区号找到该电话机所在的电话局，然后根据电话号码再找到该电话局内的相应电话机。

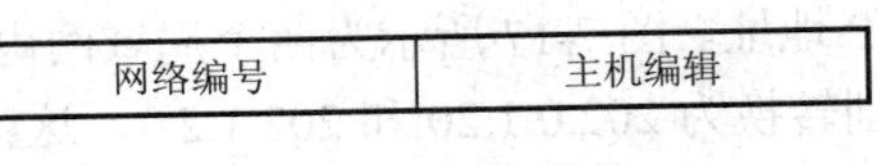

图 7-15　IP 地址结构

IP 地址也采用分层结构，由网络地址和主机地址组成，用以标识特定主机的位置信息，如图 7-15 所示。IP 地址的结构使人们可以在 Internet 上很方便地寻址，先按 IP 地址中的网络地址找到 Internet 中的一个物理网络，再按主机地址定位到这个网络中的一台主机。

TCP/IP 协议 IPv4 规定 IP 地址为 32 位二进制数，分为 4 字节，每字节可对应表示为一个十进制整数，十进制数之间用“.”分隔，形如×××.×××.×××.×××。例如，202.112.0.36，这种表示 IP 地址的方法叫做“点分十进制”表示法。

2) IP 地址的类型

根据网络规模的大小，IP 地址分成 A、B、C、D、E 共五类，其中 A 类、B 类和 C 类地址为基本地址，它们的格式如图 7-16 所示。地址数据中的全 0 或全 1 有特殊含义，不能作为普通地址使用。例如，网络地址 127 专用于测试，不可用作其他用途。如果某计算机发送信息给 IP 地址为 127.0.0.1 的主机，则此信息将传送给该计算机自身。

A类	0	网络地址(7 位)	主机地址(24 位)
B类	10	网络地址(14 位)	主机地址(16 位)
C类	110	网络地址(21 位)	主机地址(8 位)

图 7-16 Internet 上的 IP 地址类型

A 类地址用于拥有大量主机(≤16 777 214)的网络。IP 地址的特征是其二进制表示的最高位为 0，第一字节对应的十进制数范围是 0～127。0 和 127 有特殊用途，因此，第一个字节有效的地址范围是 1～126，也就是说 A 类地址只能有 126 个网络号。

B 类地址中表示网络地址的部分有 16 位，IP 地址的特征是其二进制表示的最高 2 位为 10，第一字节地址范围为 128～191($(10000000)_2$～$(10111111)_2$)，主机地址也是 16 位。这是一个可含有 $2^{16}-2$=65 534 台主机的中型网络，这样的网络可有 2^{14}=16 384 个。

C 类地址用于主机数量不超过 254 台的小网络，IP 地址的特征是其二进制表示的最高 3 位为 110，第一字节地址范围为 192～223($(11000000)_2$～$(110111111)_2$)。

采用点分十进制编址方式可以很容易通过第一字节的值识别一个 IP 地址属于哪一类。例如，202.112.0.36 是 C 类地址。

由于地址资源紧张，所以在 A、B、C 类 IP 地址中，按表 7-1 所示的范围保留部分地址，保留的 IP 地址段不能在 Internet 上使用，但可重复地使用在各个局域网内，它们也被称为私网地址。

表 7-1 保留的 IP 地址段

网络类别	地址长	网络数
A 类网	10.0.0.0~10.255.255.255	1
B 类网	172.16.0.0~172.31.255.255	16
C 类网	192.168.0.0~192.168.255.255	256

为了将使用这些保留地址的计算机接入 Internet，只需要在连接这个网络的路由器上设置网络地址转换(Network Address Translation，NAT)，就会自动将内部地址转换为合法的外部网 IP 地址。图 7-17 所示为两个局域网内都有一台主机使用保留地址 192.168.0.1，通过路由器分别转换为 202.0.1.20 和 203.1.2.3，这就相当于两个具有不同外部 IP 地址的路由器在通信。

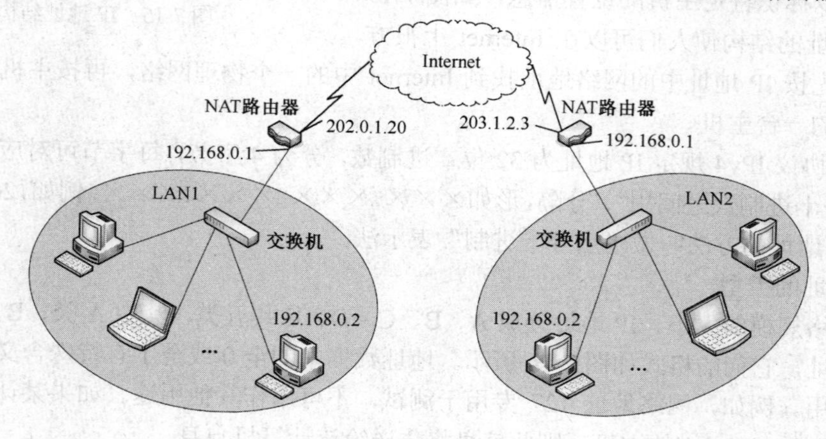

图 7-17 保留地址的使用

国内许多运营商给用户分配的地址是保留地址，然后采用 NAT 技术把用户接入 Internet。

随着 Internet 的飞速发展，IPv4 地址紧张的状况更加凸显，采用 IPv6 地址是解决 IPv4 地址耗尽问题的根本途径，IPv6 使用 128 位 IP 编址方案，共有 2^{128} 个 IP 地址，有充足的地址量。与“点分十进制”地址类似，IPv6 采用冒号十六进制表示：每 16 位二进制数划分为一段，每段被转换成一个 4 位的十六进制数，并用冒号隔开。例如，FDEC:BA09:7694:3810:ADBF:BB67:2922:37B3。

3) 子网掩码

子网掩码也是一个 32 位的二进制数，它的作用是识别子网和判别主机属于哪一个网络。当主机之间通信时，通过子网掩码与 IP 地址的逻辑与运算，可分离出网络地址，如果得出的结果是相同的，则说明这两台计算机是处于同一个子网络上的，可以进行直接通信。

设置子网掩码的规则是：凡 IP 地址中表示网络地址的那些位，在子网掩码对应位置上是 1，表示主机地址的那些位设置为 0。例如，中国教育科研网的 IP 地址 202.112.0.36，属于 C 类，网络地址共 3 个字节，故它默认的子网掩码为 11111111 11111111 11111111 00000000，其点分十进制形式是 255.255.255.0。显然，A 类地址默认的子网掩码应是 255.0.0.0，B 类地址默认的子网掩码是 255.255.0.0。

例如，计算机 A 的 IP 地址是 192.168.0.1，计算机 B 的 IP 地址是 192.168.0.254，子网掩码都是 255.255.255.0，判别它们是否在同一局域网上。将计算机 A 与计算机 B 的 IP 地址转化为二进制进行运算，运算结果如表 7-2 所示。运算结果网络地址均为 192.168.0.0，所以系统会把这两台计算机视为在同一个子网中，然后进行直接通信。

表 7-2　运算结果

	计算机 A	计算机 B
IP 地址	11000000.10101000.00000000.00000001	11000000.10101000.00000000.11111110
子网掩码	11111111.11111111.11111111.00000000	11111111.11111111.11111111.00000000
AND 运算结果	11000000.10101000.00000000.00000000	11000000.10101000.00000000.00000000
十进制网络号	192.168.0.0	192.168.0.0

2. 域名系统

由于数字形式的 IP 地址难以记忆和理解，为此，Internet 引入了一种字符型的主机命名机制——域名系统。

1) 域名系统

域名系统主要由域名空间的划分、域名管理和地址转换三部分组成。

TCP/IP 采用分层结构方法命名域名，使整个域名空间成为一个倒立的分层树形结构，每个结点上都有一个名字。一台主机的名字就是该树形结构从树叶到树根路径上各个结点名字的一个序列，如图 7-18 所示。很显然，只要一层不重名，主机名就不会重名。

一个命名系统，以及按命名规则产生的名字管理和名字与 IP 地址的对应方法，称为域名系统(Domain Name System，DNS)。

域名的写法类似于点分十进制的 IP 地址的写法，用点号将各级子域名分隔开来，域的层次次序从右到左(即由高到低或由大到小)，分别称为顶级域名、二级域名、三级域名等。典型的域名结构如下：

主机名．单位名．机构名．国家名

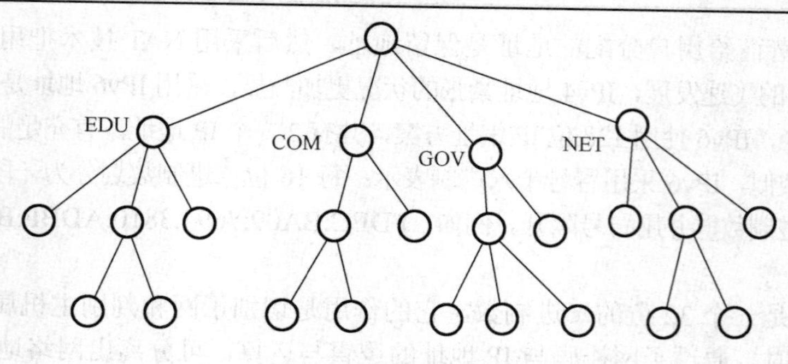

图 7-18　域名空间结构

例如，域名 www.lzcc.edu.cn 表示中国(cn)教育机构(edu)兰州商学院(lzcc)校园网上的一台万维网服务器(www)。

Internet 上几乎在每一子域都设有域名服务器，服务器中包含有该子域的全体域名和 IP 地址信息。Internet 中每台主机上都有地址转换请求程序，负责域名与 IP 地址的转换。域名和 IP 地址之间的转换工作称为域名解析，整个过程是自动进行的。有了 DNS，凡域名空间中有定义的域名都可以有效地转换成 IP 地址，反之，IP 地址也可以转换成域名。因此，用户可以等价地使用域名或 IP 地址。

2) 顶级域名

为了保证域名系统的通用性，Internet 规定了一些正式的通用标准，分为区域名和类型名两类。区域名用两个字母表示世界各国和地区，表 7-3 列出了部分国家或地区的域名代码。

表 7-3　以国别或地区区分的域名

域	含义	域	含义	域	含义
au	澳大利亚	gb	英国	nl	荷兰
br	巴西	hk	中国香港	nz	新西兰
ca	加拿大	in	印度	pt	葡萄牙
cn	中国内地	jp	日本	se	瑞典
de	德国	kr	韩国	sg	新加坡
es	西班牙	lu	卢森堡	tw	中国台湾
fr	法国	my	马拉西亚	us	美国

类型名共有 14 个，如表 7-4 所示。

表 7-4　类型名

域名	意义	域名	意义	域名	意义
com	商业类	edu	教育类	gov	政府部门
int	国际机构	mil	军事类	net	网络机构
org	非营利性组织	arts	文化娱乐	arc	康乐活动
firm	公司企业	jnfo	信息服务	nom	个人
stor	销售单位	web	与 www 有关单位		

在域名中，除了美国的国家域名代码 us 可缺省外，其他国家的主机若要按区域型申请登记域名，则顶级域名必须先采用该国家的域名代码后再申请二级域名。按类型名登记域名的主机，其地址通常源自于美国(俗称国际域名)。例如，cernet.edu.cn 表示一个在中国登记的域名，而 163.com 表示该网络的域名是在美国登记注册的，但该网络在中国。

3) 中国互联网络的域名体系

中国互联网络的域名体系顶级域名为 cn。二级域名共 40 个，分为类别域名和行政区域名两类。其中，类别域名共 6 个，如表 7-5 所示。行政区域名 34 个，对应我国的各省、自治区和直辖市，采用两个字符的汉语拼音表示。例如，bj 表示北京市、sh 表示上海市、xz 表示西藏自治区、hk 表示香港特别行政区、gd 表示广东省、ln 表示辽宁省等。

表 7-5 中国互联网二级类别域名

域名	意义	域名	意义	域名	意义
ac	科研、学术机构	edu	教育机构	net	网络机构
com	商业、企业	gov	政府部门	org	非营利性组织

中国互联网络信息中心(China Network Information Center，CNNIC)作为我国的国家顶级域名 cn 的注册管理机构，负责 cn 域名根服务器的运行。为提高 DNS 解析的可靠性和效率，在我国不同地区放置了多台 cn 域名和二级域名解析服务器。注意：国际域名由美国商业部授权的国际域名及 IP 地址分配机构(The Internet Corporation for Assigned Names and Numbers，ICANN)负责注册和管理。

7.2.3 Internet 提供的应用服务

1. WWW

1) 什么是 WWW

World Wide Web 简称 WWW 或 Web，也称万维网。它不是普通意义上的物理计算机网络，而是一种信息服务器的集合标准，是 Internet 的一种具体应用。从网络体系结构的角度来看，WWW 是在应用层使用超文本传输协议(Hyper Text Transfer Protocol，HTTP)的远程访问系统，采用客户机/服务器工作模式(C/S)，提供统一的接口来访问各种不同类型的信息，包括文字、图像、音频、视频等。所有的客户端和 Web 服务器统一使用 TCP/IP 协议，统一分配 IP 地址，使得客户端和服务器的逻辑连接变成简单的点对点连接，用户只需要提出查询要求就可自动完成查询操作。

WWW 客户端程序在 Internet 上被称为浏览器(Browser)，浏览器中显示的画面叫做网页，也称为 Web 页。多个相关的 Web 页合在一起便组成一个 Web 站点。从硬件的角度看，放置 Web 站点的计算机称为 Web 服务器；从软件的角度看，它指提供 WWW 功能的服务程序。

在 Web 站点中，最引人注意的网页是主页(Home Page)，它是一个 Web 站点的首页，从该页出发，可以链接到本站点的其他页面，也可以链接到其他网站。主页文件名一般为 index.html 或 default.html。如果将 WWW 视为 Internet 上的一个大型图书馆，Web 站点就像图书馆中的一本本书，主页则像是一本书的封面或目录，而 Web 页则是书中的某一页。

2) 超文本传输协议

超文本传输协议 HTTP 是一个专门为 WWW 服务器和 WWW 浏览器之间交换数据而设计的网络协议，HTTP 通过规定统一资源定位使客户端的浏览器与各 WWW 服务器的资源建立链接关系，并通过客户机和服务器彼此互发信息的方式来进行工作。HTTP 提供的功能包括 WWW 客户机与服务器的连接、发出带文件名的访问请求、接收文件及关闭连接等。

超链接是指从文本、图形或图像映射到其他网页或网页本身特定位置的指针。Web 网页采用超文本的格式，它除了包含有文本、图像、声音、视频等信息外，还包含有超链接。在一个超文本文件里可以有多个超链接，超链接可以指向任何形式的文件。在WWW上，超链接是网页之间和Web站点的主要导航方法，它使文本按三维空间的模式进行组织，信息不仅可按线性方式进行搜索，而且可按交叉方式进行访问。超文本中的某些文字或图形可作为超链接源，当鼠标指向超链接时，指针的形状会变成手指形状，单击这些文字或图形，就可以链接到其他相关的网页上，如图7-19所示。通过超链接可以给用户带来更多的与此相关的文字、图片等信息。

3) 统一资源定位符

为了使客户端程序能找到位于整个Internet范围的某个信息资源，WWW系统使用“统一资源定位”(Uniform Resource Locator，URL)规范。URL由四部分组成：资源类型、存放资源的主机域名、端口号、资源文件名，如图7-20所示。

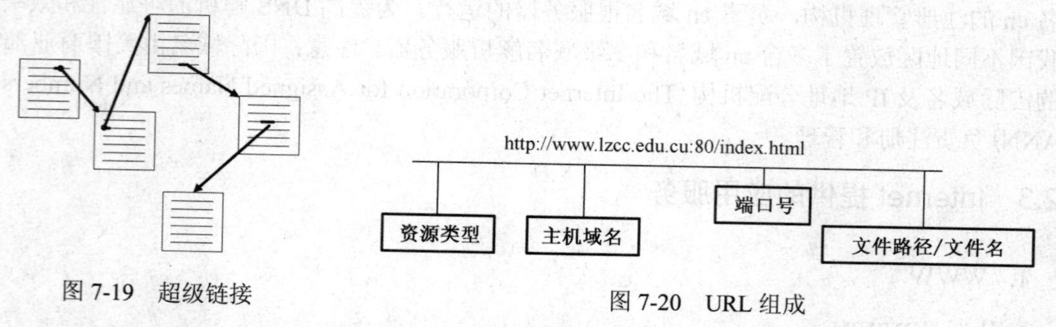

图7-19　超级链接

图7-20　URL组成

(1) HTTP：表示客户端和服务器执行HTTP传输协议，将远程Web服务器上的文件(网页)传输给用户的浏览器。

(2) 主机域名：提供此服务的计算机的域名。

(3) 端口号：是一种特定服务的软件标识，用数字表示。一台拥有IP地址的主机可以提供许多服务，比如Web服务、FTP服务、SMTP服务等，主机通过“IP地址＋端口号”来区分不同的服务。端口号通常是默认的，如WWW服务器使用的是80，一般不需要给出。

(4) 文件路径/文件名：网页在Web服务器中的位置和文件名(如果URL中未明确给出文件名，则以index.html或default.html为默认的文件名，表示将定位于Web站点的主页)。

4) 信息浏览

在WWW上需要使用浏览器来浏览网页。目前，最流行的浏览器软件是Microsoft Internet Explorer。使用浏览器浏览信息时，只要在浏览器的地址栏中输入相应的URL即可。例如，浏览中国国家图书馆的主页，只需在浏览器的地址栏中输入“http://www.lzcc.edu.cn”，如图7-21所示，然后通过单击主页上的超链接，就可以浏览其他相关的内容了。

浏览网页时，可以用不同方式保存整个网页，或者保存其中的部分文本、图形的内容。保存当前网页，可以选择“文件”/“另存为”命令，打开“保存网页”对话框，指定目标文件的存放位置、文件名和保存类型即可。其中，保存类型有以下几种。①网页全部：保存整个网页，包括页面结构、图片、文本和超链接信息等，页面中的嵌入文件被保存在一个和网页文件同名的文件夹内。②Web档案，单一文件：把整个网页的图片和文字封装在一个.mht文件中。③网页，仅HTML：仅保存当前页的提示信息，如标题、所用文字编码、页面框架等，而不保存当前页的文本、图片和其他可视信息。④文本文件：只保存当前页中的文本。

图 7-21　Internet Explorer 的窗口

如果要保存网页中的图像或动画，可用鼠标右键单击要保存的对象，在弹出的快捷菜单中选择相应的命令。

2. 电子邮件

1) 电子邮件概述

电子邮件(E-mail)是一种应用计算机网络进行信息传递的现代化通信手段，它是 Internet 提供的一项基本服务。每个 Internet 用户经过申请，都可以成为电子邮件系统的用户，他们都有一个属于自己的电子邮箱。网上的所有用户均可向邮箱中发送电子邮件，但只有邮箱的所有者才能检查、阅读或删除该邮箱中的电子邮件。每个电子邮箱都有唯一的邮件地址，邮件地址的形式为

邮箱名@邮箱所在的主机域名

例如，wangwei@163.com 是一个邮件地址，它表示邮箱的名字是 wangwei，邮箱所在的主机是 163.com。

电子邮件与普通的邮件相似，它也有固定的格式。电子邮件由三部分组成，即信头、正文、附件。邮件信头由多项内容构成，其中一部分由邮件软件自动生成，如发件人的地址、邮件发送的日期和时间；另一部分由发件人输入产生，如收件人的地址、邮件的主题等。在邮件的信头上最重要的就是收件人的地址，发送邮件的计算机使用邮件地址中“@”后面的部分来确定电子邮件应该送达的计算机，收到电子邮件的计算机则使用邮件地址中“@”前面的部分来选择邮箱，并将电子邮件放进去。电子邮件的正文就是信件的内容。电子邮件的附件中可以包含一组文件，文件类型任意。

为了让用户能使用任意的编码书写邮件正文，邮件系统都使用 MIME(Multipurpose

Internet Mail Extensions，多用途因特网邮件扩充）规程，它在邮件头部和正文中都增加了一些说明信息，说明邮件正文使用的数据类型和编码。邮件接收方则根据这些说明来解释正文的内容。MIME 还允许发送方将正文的信息分成几个部分，每个部分可以指定不同的编码方法。这样，用户就可以在同一信件正文中既发送普通文本又附加图像。

使用电子邮件的用户应安装一个电子邮件程序，如 Outlook Express、Foxmail。目前，电子邮件系统几乎可以运行在任何硬件与软件平台上。各种电子邮件系统所提供的功能基本相同，都可以完成以下操作：①建立与发送电子邮件。②接收、阅读与管理电子邮件。③账号、邮箱与通信簿管理。

2）电子邮件系统的工作原理

电子邮件系统的工作过程遵循客户机/服务器模式，它分为邮件服务器端与邮件客户端两部分。邮件服务器分为接收邮件服务器和发送邮件服务器两类。接收邮件服务器中包含了众多用户的电子信箱。电子信箱实质上是邮件服务提供机构在服务器的硬盘上为用户开辟的一个专用存储空间。

当发件方发出一份电子邮件时，邮件传送程序与远程的邮件服务器建立 TCP 连接，并按照简单邮件传输协议（Simple Mail Transfer Protocol，SMTP）传输电子邮件，经过多次存储转发，最终将该电子邮件存入收件人的邮箱。

当收件人将自己的计算机连接到邮件服务器并发出接收指令后，邮件服务器按照邮局协议（Post office Protocol Version3，POP3）鉴别邮件用户的身份，对收件人邮箱的存取进行控制，让用户端读取电子信箱内的邮件。图 7-22 显示了电子邮件收发示意，收发双方可以使用不同的电子邮件程序。

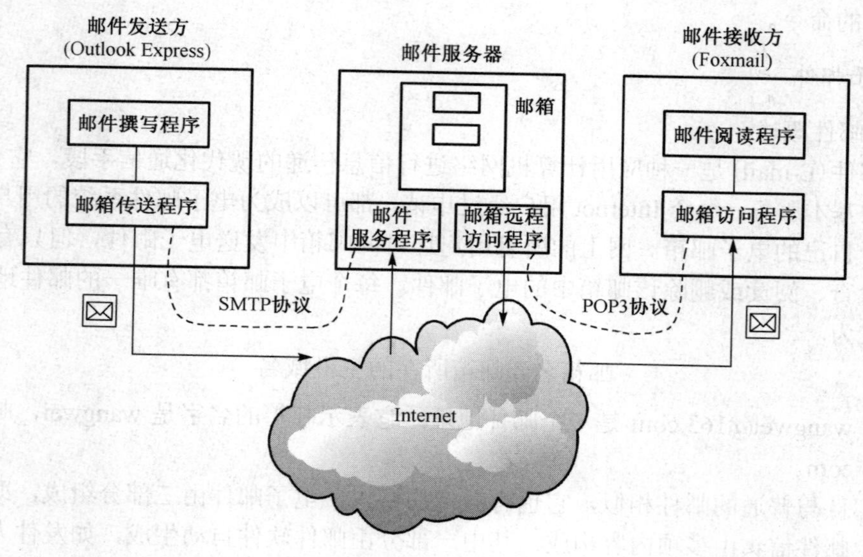

图 7-22　电子邮件收发示意

3. 文件传输

文件传输（FTP）是在不同的计算机系统之间传送文件，它与计算机所处的位置、连接方式及使用的操作系统无关。从远程计算机上复制文件到本地计算机称为下载（Download），将本地计算机上的文件复制到远程计算机上称为上传（Upload）。

需要指出的是，这里的远并不意味着物理距离的远近。通常把用户正在使用的计算机称为本地机，非本地系统的计算机系统称为远程系统。远程主机指要访问的另一系统的计算机，它可以与本地机在同一个房间内，或者同一大楼里，或者在同一地区，也可以在不同地区，或者不同国家。

FTP 采用客户机/服务器工作方式。它可在交互命令下实现，也可利用浏览器工具。Internet 上的文件传输功能是依靠 FTP 协议实现的。它的工作过程如图 7-23 所示。

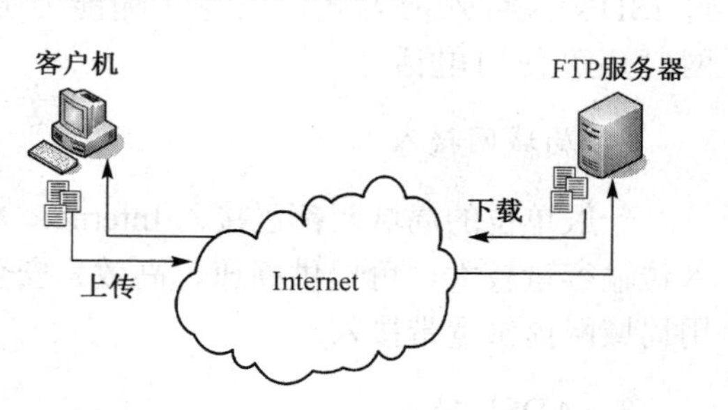

图 7-23 FTP 文件传输工作过程

用户计算机称为 FTP 客户机，远程提供 FTP 服务的计算机称为 FTP 服务器，它通常是信息服务提供者的计算机。FTP 服务是一种实时联机服务，用户在访问 FTP 服务器之前需要进行登录，登录时将验证用户账号和口令。若用户没有账号，则可使用公开的账号和口令登录，这种访问方式称为匿名 FTP 服务。当然，匿名 FTP 服务会有很大的限制，匿名用户一般只能获取文件，不能在远程计算机上建立文件或修改已存在的文件，对可以复制的文件也有严格的限制。匿名 FTP 通常以 anonymous 作为用户名，当用户以 anonymous 登录后，FTP 服务器可接受任何字符串作为口令，但一般要求用电子邮件地址作为口令，这样 FTP 服务器的管理员就能知道谁在登录，当需要时可及时联系。

在实现文件传输时，需要使用 FTP 程序。目前，常用的 FTP 程序有两种类型：浏览器与 FTP 下载工具。

在 Windows 系统中，浏览器都带有 FTP 程序模块，可在浏览器窗口的地址栏中直接输入 FTP 服务器的 IP 地址或域名，浏览器将自动调用 FTP 程序完成连接。例如，要访问域名为 ftp.lzcc.edu.cn 的 FTP 服务器，可在地址栏中输入 ftp://ftp.lzcc.edu.cn。当连接成功后，浏览器窗口显示出该服务器上的文件夹和文件名列表。

为提高从 FTP 服务器下载文件的速度，可使用 FTP 下载工具。FTP 下载工具可以在网络连接意外中断后，通过断点续传功能继续进行剩余部分的传输。FTP 下载工具中较有名的共享软件是 CuteFTP，可从很多提供共享软件的网站获得，它的功能强大，支持断点续传、上传、文件拖放等。对于文件上传操作，一般都有较大的限制，需要通过信息服务提供者指定的程序来实现。

7.2.4 接入 Internet 的方式

Internet 服务提供商(Internet service Provider，ISP)是接入 Internet 的桥梁。无论是个人还是单位的计算机都不是直接连到 Internet 上的，而是采用某种方式连接到 ISP 提供的某一台服务器上，通过它再接入 Internet。接入网(Access Network，AN)为用户提供接入服务，它包括骨干网络到用户终端之间的所有设备。其长度一般为几百米到几千米，因而被形象地称为“最后一公里”。目前 Internet 接入技术主要有电话拨号接入、局域网、ADSL(Asymmetrical Digital Subscriber Line，非对称数字用户线路)接入和 FTTx 接入(光纤接入)。这四种接入技术都可以将一台计算机接入 Internet。

1. 电话拨号接入

电话拨号入网可分为两种：一是个人计算机经过调制解调器和普通模拟电话线，与公用电话网连接。二是个人计算机经过专用终端设备和数字电话线，与综合业务数字网(ISDN，Integrated Service Digital Network)连接。通过普通模拟电话拨号入网方式，数据传输能力有限，传输速率较低(最高 56kb/s)，传输质量不稳，上网时不能使用电话。通过 ISDN 拨号入网方式，信息传输能力强，传输速率较高(128kb/s)，传输质量可靠，上网时还可使用电话。

2. 局域网接入

一般单位的局域网都已接入 Internet，局域网用户即可通过局域网接入 Internet。局域网接入传输容量较大，可提供高速、高效、安全、稳定的网络连接。现在许多住宅小区也可以利用局域网提供宽带接入。

3. ADSL 接入

ADSL 是一种新兴的高速通信技术。上行(指从用户电脑端向网络传送信息)速率最高可达 1Mb/s，下行(指浏览 www 网页、下载文件)速率最高可达 8Mb/s。上网同时可以打电话，互不影响，而且上网时不需要另交电话费。安装 ADSL 也极其方便快捷，只需在现有电话线上安装 ADSL Modem，而用户现有线路不需改动(改动只在交换机房内进行)即可使用。

4. FTTx 接入

FTTx 是光纤接入的统称。x 代表 ONU(Optical Network Unit，光网络单元)的位置，根据 x 的不同有如下几类接入办法。

(1) FTTN：Fiber To the Node 或 Fiber to the Neighborhood，意为光纤到节点或光纤到邻里。
(2) FTTE：Fiber to the Exchange，意为光纤到交换机。
(3) FTTR：Fiber To the Remote Terminal，意为光纤到远程节点。
(4) FTTC：Fiber To the Curb，意为光纤到街角。
(5) FTTB：Fiber To the Building，意为光纤到大楼。
(6) FTTZ：Fiber To the Zone，意为光纤到区域。
(7) FTTO：Fiber to the Office，意为光纤到办公室。
(8) FTTH：Fiber To the Home，意为光纤到户。
(9) FTTD：Fiber to the Desk，意为光纤到书桌。
(10) FTTP：Fiber to the premises，意为光纤到房屋。

在 FTTx 中，目前使用的主流技术是 PON(Passive Optical Network，无源光网络)，PON 指从局端设备到用户分配单元之间不含有任何电子器件及电子电源，全部由光分路器等无源器件连接而成的光网络。由于它初期投资少、维护简单、易于扩展、结构灵活，大量的费用将在宽带业务开展后支出，所以目前光纤接入网几乎都采用此结构，它也是光纤接入网的长远解决方案。PON 在局端的最终设备是 OLT(Optical Line Terminal，光线路终端)，在用户端的最终设备是 ONU。图 7-24 即一个典型的 FTTH 解决方案。

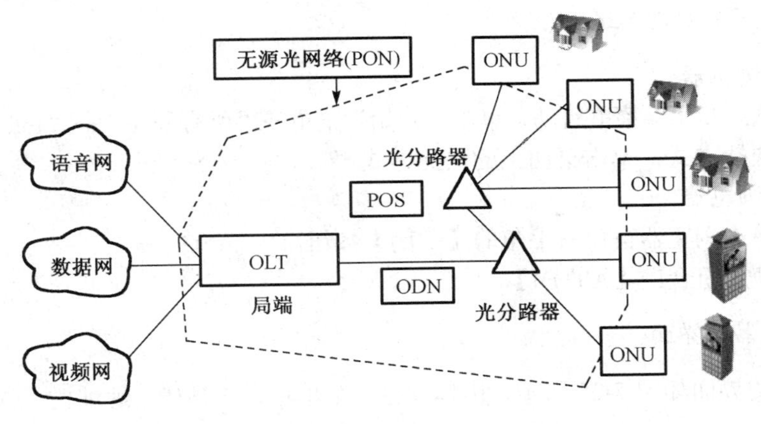

图 7-24　FTTH 的 PON 解决方案

7.2.5　移动互联网

随着宽带无线接入技术和移动终端技术的飞速发展，人们迫切希望能够随时随地乃至在移动过程中都能方便地从互联网获取信息和服务，移动互联网应运而生并迅猛发展。

移动互联网(Mobile Internet，MI)是一种通过智能移动终端，采用移动无线通信方式获取业务和服务的新兴业态，包含终端、软件和应用三个层面。终端层包括智能手机、平板电脑、电子书、MID 等；软件包括操作系统、中间件、数据库和安全软件等。应用层包括休闲娱乐类、工具媒体类、商务财经类等不同应用与服务。随着技术和产业的发展，未来 LTE(长期演进，4G 通信技术标准之一)和 NFC(近场通信，移动支付的支撑技术)等网络传输层关键技术也将被纳入移动互联网的范畴之内。

移动互联网将移动通信和互联网二者结合起来，成为一体。移动通信和互联网成为当今世界发展最快、市场潜力最大、前景最诱人的两大业务，它们的增长速度是任何预测家未曾预料到的，所以移动互联网将会创造经济神话。移动互联网的优势决定了其用户数量庞大，截至 2012 年 9 月底，全球移动互联网用户已达 15 亿人。中国移动通信用户总数超过 3.6 亿人，互联网用户总数则超过 1 亿人。这一历史上从来没有过的高速增长现象反映了随着时代与技术的进步，人类对移动性和信息的需求急剧上升。越来越多的人希望在移动的过程中高速地接入互联网，获取急需的信息，完成想做的事情。所以，出现移动与互联网相结合的趋势是历史的必然。移动互联网正逐渐渗透到人们生活、工作的各个领域，短信、铃图下载、移动音乐、手机游戏、视频应用、手机支付、位置服务等丰富多彩的移动互联网应用迅猛发展，正在深刻改变信息时代的社会生活，移动互联网经过几年的曲折前行，终于迎来了新的发展高潮。

7.3　Internet 的应用

7.3.1　IE 浏览器的使用

IE 浏览器即 Internet Explorer，是微软公司推出的一款网页浏览器，是网上冲浪最简单也是最重要的应用之一。

1. IE浏览器的启动和退出

1) 启动IE浏览器

方法一：从“开始”菜单启动，单击“开始”菜单→“所有程序”→“Internet Explorer”。

方法二：快捷方式，单击桌面上的快捷方式 。

2) 退出IE浏览器

方法一：单击浏览器窗口右上角的【关闭】按钮。

方法二：使用组合键【Alt+F4】。

2. IE浏览器的界面

IE浏览器的界面如图7-25所示，由标题栏、菜单栏、工具栏、地址栏、收藏夹栏、状态栏等组成。

图7-25 IE浏览器界面

(1) 标题栏：用于显示当前网页的标题，右边有三个窗口控制按钮：【最小化】按钮、【最大化/还原】按钮、【关闭】按钮。

(2) 菜单栏：包括文件、编辑、查看、收藏夹、工具、帮助6个菜单项，当鼠标单击某一菜单项时，该菜单项的内容出现，可以完成IE中几乎所有的操作。

(3) 工具栏：是一些常用工具的快捷按钮，单击按钮可以完成相应的操作。常用工具栏按钮的功能如下：①返回：返回到当前网页之前浏览过的上一个网页；②前进：使用“返回”按钮后再向下翻阅浏览过的网页；③停止：停止访问当前网页；④刷新：再次访问当前网页；⑤主页：打开默认的主页。

(4) 地址栏：显示当前网页的 URL 地址，在此输入新的 URL 网址即可访问该网页。

(5) 状态栏：显示当前 IE 的工作状态，从状态栏中可以了解网页的下载过程和下载进度。

3. 浏览网页

浏览网页是我们上网时最常用、最简单的应用。启动浏览器后，我们就可以输入相应的网址来浏览网页上的内容，浏览网页常用的几种方法如下。

1) 直接在地址栏中输入网址

对于我们已知的网页地址，我们在地址栏中直接输入网址，就可以浏览该网页的信息。例如，在地址栏种输入 http：//www.163.com，即可进入网易首页，如图 7-26 所示。

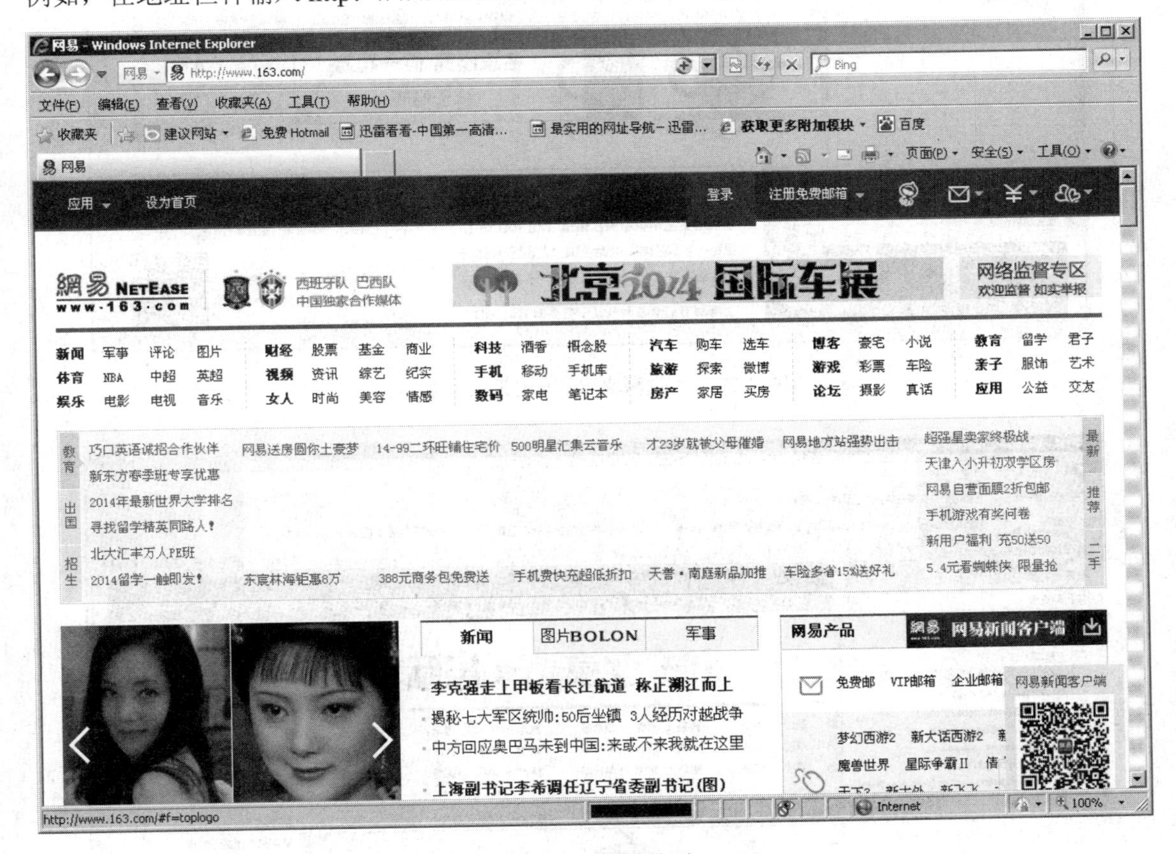

图 7-26　网易首页

2) 使用“历史”浏览网页

单击工具栏上的“收藏夹”按钮，打开“收藏夹/源/历史记录”窗口，如图 7-27 所示，在历史记录中列出了最近一段时间访问过的网页，如果要浏览其中的某一个网页，单击这个网页记录的链接即可。

4. 浏览器的设置

1) 收藏夹的设置

(1) 将当前网页添加到收藏夹。打开需要添加到收藏夹的网页，单击“收藏夹/源/历史记录”窗口里面的“添加到收藏夹”命令，如图 7-28 所示。

图 7-27　“收藏夹/源/历史记录”窗口

图 7-28　添加到收藏夹

(2)管理收藏夹。如图 7-28 所示，单击“添加到收藏夹”右边的黑色下三角，单击“整理收藏夹”，打开整理收藏夹的对话框，如图 7-29 所示。在对话框中，可以新建文件夹，移动网址名称或文件夹、重命名文件夹或网址名称、删除文件夹或网址。

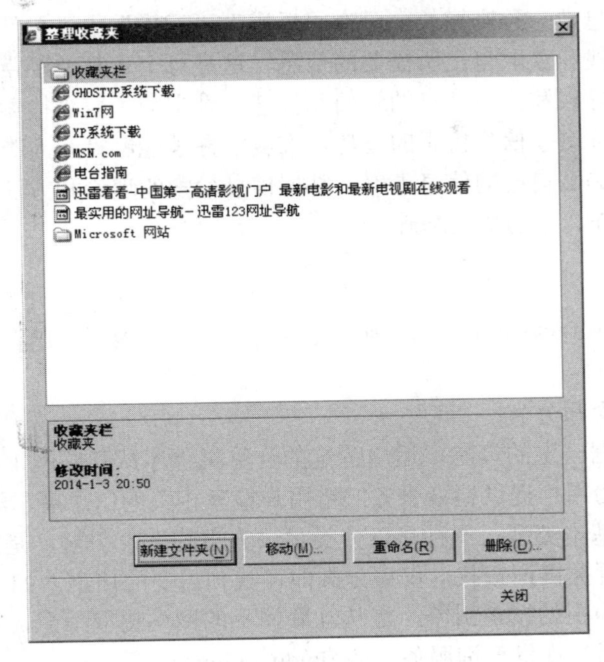

图 7-29　整理收藏夹对话框

2) 更改默认主页

打开 IE 浏览器时，系统会自动进入主页，如果要改变这个主页，可以通过修改“Internet 选项”实现。选择“工具”菜单→“Internet”选项，弹出如图 7-30 所示的对话框，在“常规”选项卡“主页”框“地址”栏中设置主页地址。

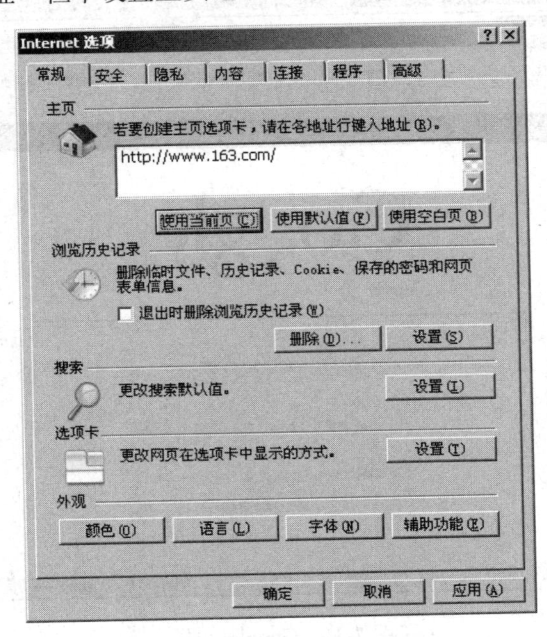

图 7-30　“Internet 选项”对话框

7.3.2 网络信息检索

在信息时代，信息数量急剧增长，已有“泛滥”、“污染”、“过剩”的趋势。如何从浩如烟海的信息海洋中寻找和获取自己所需要的信息，这是每个人都要经常面临的迫切任务。信息检索就是一门如何寻找和获取信息的学问和技艺。谁学会了信息检索的方法，谁就能够在信息海洋中遨游；谁拥有了信息检索的技巧，谁就掌握了能够打开人类知识宝库的钥匙。作为当代大学生，应该提高自己的信息素养，掌握信息检索的理论和方法，从而能够获取、利用信息，为今后的工作、学习奠定基础。

1. 搜索引擎

如何在数以百万个网站中快速、准确查找所需要的信息呢？使用搜索引擎可以很好解决这个问题。

1) 搜索引擎的概念和分类

搜索引擎是指根据一定的策略，运用特定的计算机程序从互联网上搜集信息，在对信息进行组织和处理后，为用户提供检索服务，将用户检索相关的信息展示给用户的系统。

搜索引擎有两种基本类型：一种是以分类目录为主的搜索引擎，是按目录分类的网站链接列表，用户不用进行关键词查找，仅靠分类即可找到需要的信息，如 Yahoo、hao123 等；另一种是以全文检索为主的搜索引擎，是从互联网上的网站提取信息，将这些信息组织建立自己的数据库，并向用户提供查询服务，如 Baidu、Google 等。

2) 常用的搜索引擎及搜索技巧

(1) Google 搜索引擎。Google 是一个集图像、新闻、网页等搜索于一体的中英文搜索引擎，它检索内容丰富、访问速度快，功能齐全，它的网址是 http://www.google.com.hk/，打开的中文版主页如图 7-31 所示。Google 可以搜索的信息包括网页、图片、视频、新闻、地图、

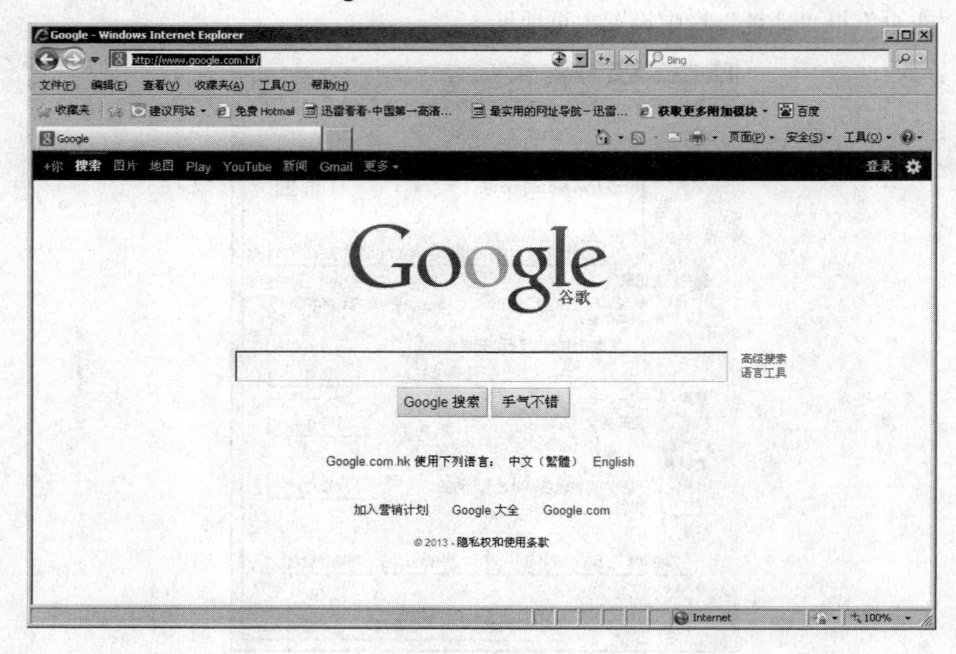

图 7-31　Google 主页

音乐、咨询、购物、翻译等多个链接，单击它们可以进入链接的网页。搜索网站：选择网页类型，在搜索框中直接输入关键字，如“计算机二级考试”，单击“Google 搜索”或【Enter】键，开始网页搜索，并显示出搜索结果。

(2) 百度搜索引擎。百度是国内最大的商业化全文搜索引擎，其功能完备，搜索精度高，是目前国内技术最高的搜索引擎，其网址为 http://www.baidu.com/，打开的主页如图 7-32 所示。

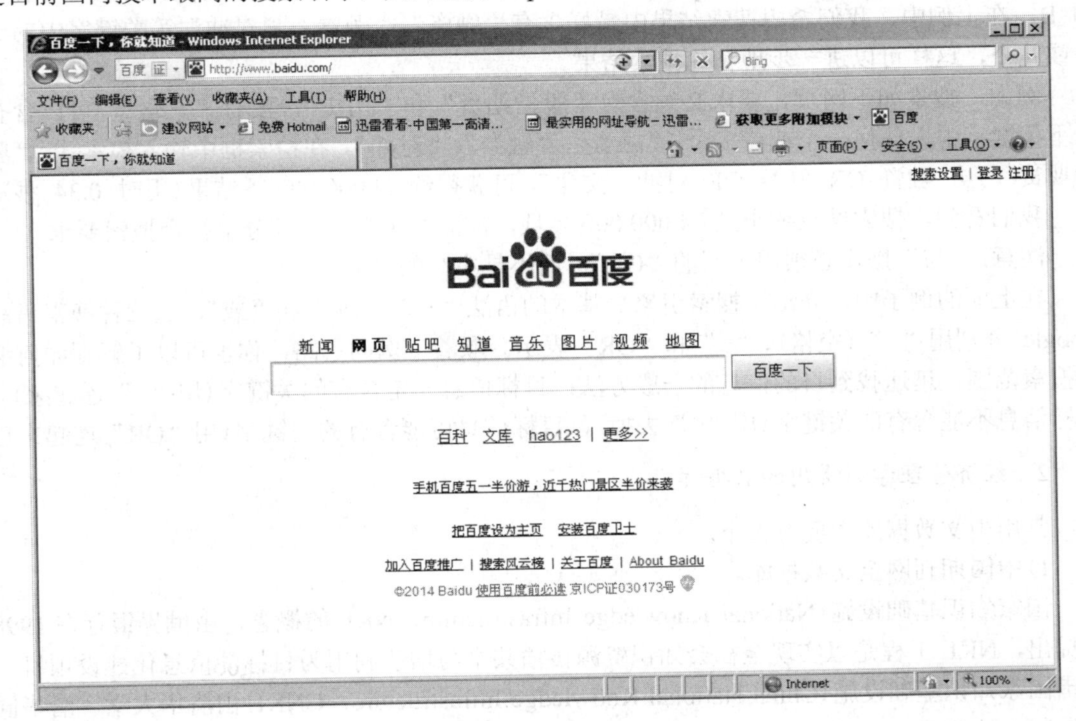

图 7-32　百度主页

搜索引擎可以帮助我们很方便地查询网上信息，但是当输入关键词后，出现了成百上千个查询结果，而且这些结果中并没有多少是想要的东西，这不是因为搜索引擎没有用，而是使用者没有用好搜索引擎而已。

接下来我们以 Google 为例，介绍搜索引擎的搜索技巧，其他搜索引擎的搜索技巧与其类似。

(1) 普通搜索。普通搜索只需要在检索框中输入检索的关键词就可以了。

(2) 搜索结果要求包含两个及两个以上关键字。有的搜索引擎需要在多个关键字之间加上“+”，而 Google 无须用“+”来表示逻辑“与”操作，只要空格就可以了。例如，我们需要了解一下股指期货的历史，因此期望搜得的网页上有“股指期货”和“历史”两个关键字。我们可以在搜索框内输入检索式:“股指期货 历史”,可获得约 37 100 000 条结果(用时 0.26 秒)。用了两个关键字，查询结果有 3710 万项。但在这么多的结果中有些并不是关于“股指期货的历史”的内容的，而仅仅是包含了“股指期货”和“历史”这两个词。

(3) 搜索结果要求不包含某些特定信息。Google 用减号“-”表示逻辑“非”操作。“A -B”表示搜索包含 A 但没有 B 的网页。例如，搜索所有包含“股指期货”和“历史”但不含“文化”、“中国历史”和“世界历史”的中文网页，在检索框输入检索式：“股指期货历史-文化-中国历史-世界历史”，可获得约 26 800 000 条结果(用时 0.22 秒)。我们看到，通过去掉不相关信息，搜索结果减少了许多。

注意：这里的“+”和“-”号，是英文字符，而不是中文字符的“＋”和“－”。此外，操作符与作用的关键字之间，不能有空格。比如“股指期货-文化”，搜索引擎将视为关键字为“股指期货”和“文化”的逻辑“与”操作，中间的“-”被忽略。

(4)搜索结果至少包含多个关键字中的任意一个。Google用大写的“OR”表示逻辑“或”操作。搜索“A OR B”，意思就是说，搜索的网页中，要么有A，要么有B，要么同时有A和B。在上例中，我们希望搜索结果中最好含有“融资”、“融券”、“对冲”等关键字中的一个或几个，这样可以进一步地精简搜索结果。

例如，搜索如下网页，要求必须含有“股指期货”和“历史”，没有“文化”，可以含有以下关键字中人任何一个或者多个：“融资”、“融券”、“对冲”。在检索框中输入检索式：“股指期货 历史 融资 OR 融券 OR 对冲 -文化”，可获得约24 000 000条结果(用时 0.34 秒)。

我们看到，搜索结果缩小到24 000 000多项，前面结果中，大部分都符合搜索要求。

注意：“与”操作必须用大写的“OR”，而不是小写的“or”。

在上面的例子中，介绍了搜索引擎最基本的语法“与”、“非”和“或”，这三种搜索语法Google分别用“ ”(空格)、“-”和“OR”表示。顺着上例的思路，你也可以了解到如何缩小搜索范围，迅速找到目的信息的一般方法：目标信息一定含有的关键字(用“ ”连起来)，目标信息不能含有的关键字(用“-”去掉)，目标信息可能含有的关键字(用“OR”连起来)。

2. 经济管理学科常用的数据库

常用中文数据库主要有五个。

1)中国期刊网全文数据库。

国家知识基础设施(National Knowledge Infrastructure，NKI)的概念，由世界银行在1998年提出，NKI 工程是以实现全社会知识资源传播共享与增值利用为目标的信息化建设项目。中国国家知识基础设施(China National Knowledge Infrastructure，CNKI)由清华大学、清华同方发起，始建于1999年6月，CNKI工程经过多年努力，采用自主开发并具有国际领先水平的数字图书馆技术，建成了世界上全文信息量规模最大的“CNKI数字图书馆”，并正式启动建设“中国知识资源总库”及CNKI网格资源共享平台，通过产业化运作，为全社会知识资源高效共享提供最丰富的知识信息资源和最有效的知识传播与数字化学习平台。

CNKI工程的具体目标：一是大规模集成整合知识信息资源，整体提高资源的综合利用价值；二是建设知识资源互联网传播扩散与增值服务平台，为全社会提供资源共享、数字化学习、知识创新信息化条件；三是建设知识资源的深度开发利用平台，为社会各方面提供知识管理与知识服务的信息化手段；四是为知识资源生产出版部门创造互联网出版发行的市场环境与商业机制，大力促进文化出版事业、产业的现代化建设与跨越式发展。

CNKI 通过向高校和公共图书馆等专业机构和个人出售数字出版资源来实现赢利。下载CNKI的全文需要权限，高校和公共图书馆可通过包年、本地镜像或流量计费的方式获得使用权限；不在高校或公共图书馆网络内部的个人用户则可以通过购买充值卡来使用。

CNKI 工程包含多个数据库，主要有中国期刊全文数据库(表 7-6)、中国博士学位论文全文数据库(表 7-7)、中国博士学位论文电子期刊、中国优秀硕士学位论文全文数据库(表 7-8)、中国优秀硕士学位论文电子期刊、中国重要会议论文全文数据库(表 7-9)、中国重要报纸全文数据库(表 7-10)、中国学术期刊网络出版总库、中国图书全文数据库、中国年鉴网络出版总库、中国年鉴全文数据库、中国统计年鉴全文数据库、中国工具书网络出版总库、中国专利数据库、国家科技成果数据库、中国标准数据库、国外标准数据库、中国引文数据库、中国高等教育期刊文献总库、中国精品科普期刊文献库、中国精品文化期刊文献库、中国精品文艺作品期刊文献库、中国党建期刊文献总库、中国经济信息期刊文献总库、中国政报公报期刊文献总库、中国基础教育期刊文献总库、外文期刊库、外文会议论文库、外文学位论文库等。

表 7-6　中国期刊全文数据库

简介	该库是连续动态更新的中国期刊全文数据库，收录国内 8200 多种重要期刊，以学术、技术、政策指导、高等科普及教育类为主，同时收录部分基础教育、大众科普、大众文化和文艺作品类刊物，内容覆盖自然科学、工程技术、农业、哲学、医学、人文社会科学等各个领域，文献总量 2200 多万篇
专辑专题	产品分为十大专辑：理工 A、理工 B、理工 C、农业、医药卫生、文史哲、政治军事与法律、教育与社会科学综合、电子技术与信息科学、经济与管理。十专辑下分为 168 个专题和近 3600 个子栏目
文献来源	中国国内 8200 多种综合期刊与专业特色期刊的全文
收录年限	1994 年至今(部分刊物回溯至创刊)
更新频率	每日更新

表 7-7　中国博士学位论文全文数据库

简介	该库连续收录高品质的中国博士学位论文全文
专辑专题	产品分为十大专辑：理工 A、理工 B、理工 C、农业、医药卫生、文史哲、政治军事与法律、教育与社会科学综合、电子技术与信息科学、经济与管理。十专辑下分为 168 个专题和近 3600 个子栏目
文献来源	全国 420 家博士培养单位的博士学位论文
收录年限	1999 年至今
更新频率	每日更新

表 7-8　中国优秀硕士学位论文全文数据库

简介	该库连续收录中国优秀硕士学位论文全文
专辑专题	产品分为十大专辑：理工 A、理工 B、理工 C、农业、医药卫生、文史哲、政治军事与法律、教育与社会科学综合、电子技术与信息科学、经济与管理。十专辑下分为 168 个专题文献数据库
文献来源	全国 652 家硕士培养单位的优秀硕士学位论文
收录年限	1999 年至今
更新频率	每日更新

表 7-9　中国重要会议论文全文数据库

简介	收录我国 2000 年以来国家二级以上学会、协会、高等院校、科研院所、学术机构等单位的论文集，年更新约 10 万篇论文。至 2007 年 12 月 31 日，累积会议论文全文文献近 70 万篇
专辑专题	产品分为十大专辑：理工 A、理工 B、理工 C、农业、医药卫生、文史哲、政治军事与法律、教育与社会科学综合、电子技术与信息科学、经济与管理。十专辑下分为 168 个专题和近 3600 个子栏目
文献来源	中国科协及国家二级以上学会、协会、研究会、科研院所、政府举办的重要学术会议、高校重要学术会议、在国内召开的国际会议上发表的文献
收录年限	2000 年至今(部分社科类会议论文回溯至 2000 年前)
更新频率	每日更新

表 7-10　中国重要报纸全文数据库

简介	收录 2000 年以来中国国内重要报纸刊载的学术性、资料性文献的连续动态更新的数据库
专辑专题	产品分为十大专辑：理工 A、理工 B、理工 C、农业、医药卫生、文史哲、政治军事与法律、教育与社会科学综合、电子技术与信息科学、经济与管理。十专辑下分为 168 个专题文献数据库
文献来源	国内公开发行的 500 多种重要报纸
收录年限	2000 年至今
更新频率	每日更新

CNKI 的系统平台提供的基本检索方式有初级检索、高级检索、专业检索、二次检索。分别体现在单库检索和跨库检索两种模式中。其中初级检索又包括了跨库快速检索。

各种检索方式的检索功能有所差异，基本上遵循由高向低兼容的原则，即高级检索中包含初级检索的全部功能，专业检索中包括高级检索的全部功能。

各种检索方式所支持的检索均需通过几部分实现：检索项、检索词、检索控制。系统所提供的检索项、检索控制均可任选。在同一种检索方式下，不同的数据库设置的检索项及检索控制可能会有差异。

完整的操作步骤：选择检索项—输入检索词—词频—扩展—起止年—更新—范围—匹配—排序—每页。

系统从单库和跨库两方面提供初级检索。登录后点击页面右上方的 »单库检索首页 »跨库检索首页 分别进入单库检索首页和跨库检索首页，在页面上可进行数据库选择、数据库跳转、文献导航、初级检索、高级检索、专业检索等项操作。

第一，初级检索。

初级检索是一种简单检索，本系统所设初级检索具有多种功能，如简单检索、多项单词逻辑组合检索、词频控制、最近词、词扩展。多项单词逻辑组合检索：多项是指可选择多个检索项，通过点击“逻辑”下方的⊞增加一逻辑检索行；单词是指每个检索项中只可输入一个词；逻辑是指每一检索项之间可使用逻辑与、逻辑或、逻辑非进行项间组合。单库初级检索界面如图 7-33 所示。跨库初级检索界面如图 7-34 所示。

最简单的检索只需输入检索词，点击检索按钮，则系统将在默认的“主题”(题名、关键词、摘要)项内进行检索，任一项中与检索条件匹配者均为命中记录。

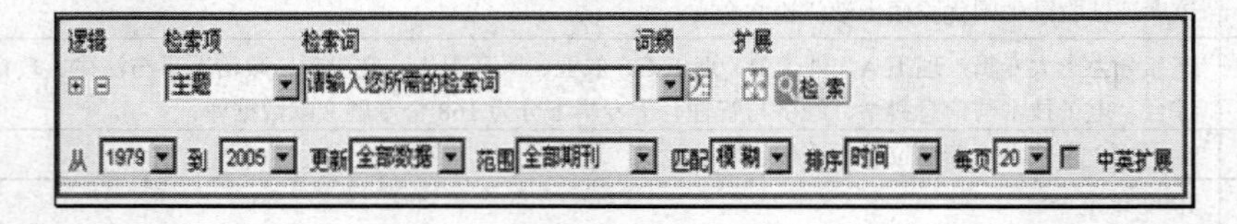

图 7-33　单库初级检索界面

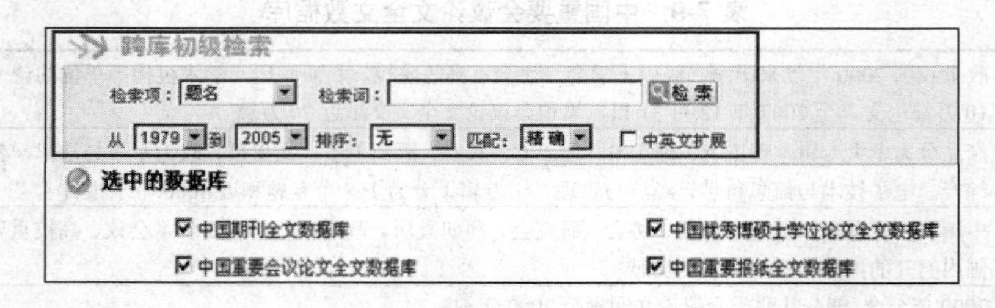

图 7-34　跨库初级检索界面

初级检索实例如图 7-35 所示。

检索有关“地理科学”的 2005 年期刊的全部文献。

第一步：选择“中国期刊全文数据库”；

第二步：选择检索项“主题”；

第三步：输入检索词“地理科学”；

第四步：选择从“2005”到“2005”；

第五步：选择“更新”中的“全部数据”；

第六步：选择“范围”中的“全部期刊”；

第七步：选择“匹配”中的“精确”；

第八步：选择“排序”中的“相关度”；

第九步：选择“每页”中的“50”；

第十步：点击“检索”。

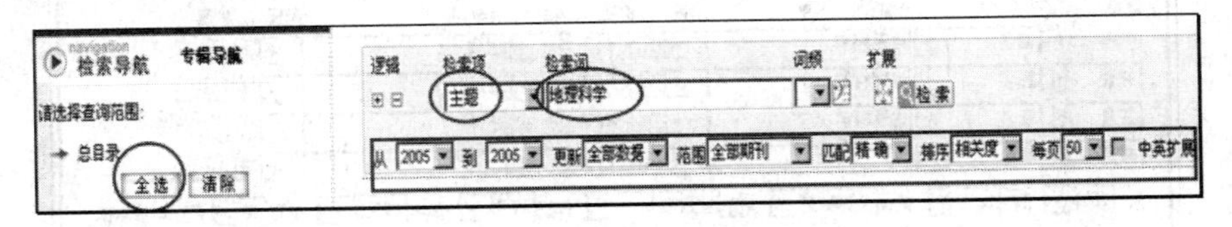

图 7-35　初级检索实例

第二，高级检索。

高级检索是一种比初级检索要复杂一些的检索方式，但也可以进行简单检索。高级检索特有功能如下：多项双词逻辑组合检索、双词频控制。

多项双词逻辑组合检索：多项是指可选择多个检索项；双词是指一个检索项中可输入两个检索词(在两个输入框中输入)，每个检索项中的两个词之间可进行五种组合：并且、或者、不包含、同句、同段， 每个检索项中的两个检索词可分别使用词频、最近词、扩展词；逻辑是指每一检索项之间可使用逻辑与、逻辑或、逻辑非进行项间组合。单库高级检索界面见图 7-36，跨库高级检索界面见图 7-37。

图 7-36　单库高级检索界面

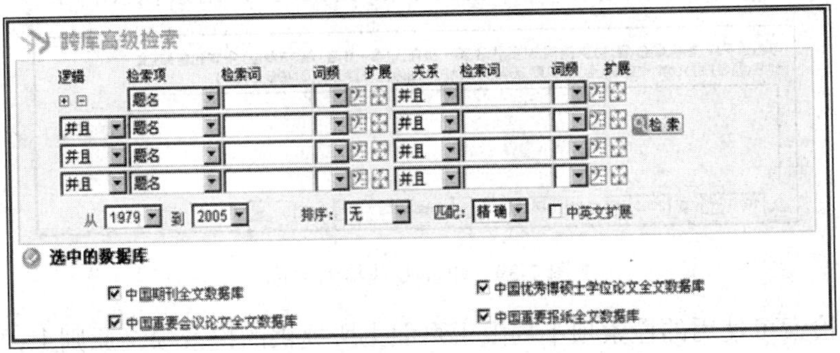

图 7-37　跨库高级检索界面

要求检索 2005 年发表的篇名中包含“地理科学”，不要篇名中包含“进展”、“综述”、“述评”的期刊文章。操作步骤如图 7-38 所示。

第一步：在专辑导航中点 全选 ；

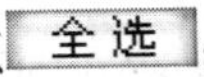

第二步：使用三行逻辑检索行，每行选择检索项“篇名”，输入检索词“地理科学”；

第三步：选择“关系”(同一检索项中另一检索词(项间检索词)的词间关系)下的“不包含”；

第四步：在三行中的第二检索词框中分别输入“进展”、“综述”、“述评”；

第五步：选择三行的项间逻辑关系(检索项之间的逻辑关系)“并且”；

第六步：选择检索控制条件：从 2005 到 2005；

第七步：点击检索。

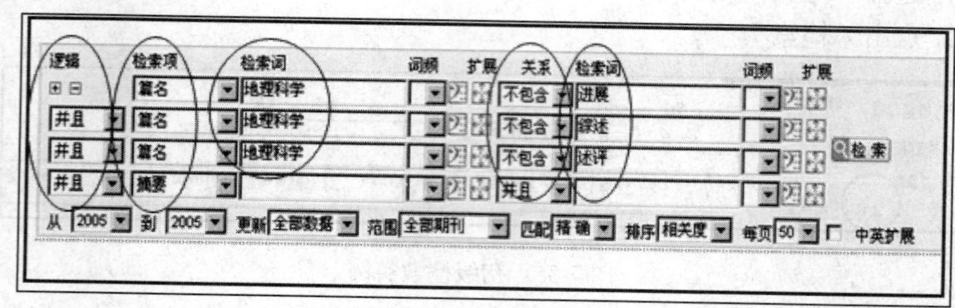

图 7-38　高级检索实例

第三，专业检索。

专业检索比高级检索功能更强大，但需要检索人员根据系统的检索语法编制检索式进行检索。适用于熟练掌握检索技术的专业检索人员。

本系统提供的专业检索分单库和跨库。单库专业检索执行各自的检索语法表，跨库专业检索原则上可执行所有跨库数据库的专业检索语法表，但各库设置不同会导致有些检索式不适用于所有选择的数据库。检索语法表在 CNKI 的帮助页面可以找到。

在各专业检索页面正下方，有关于专业检索的说明，使用时请仔细阅读。

单库专业检索表达式中可用检索项名称见检索框上方的“可检索字段”，构造检索式时请采用“()”前的检索项名称，而不要用“()”括起来的名称。“()”内的名称是在初级检索、高级检索的下拉检索框中出现的检索项名称。单库专业检索界面如图 7-39 所示。

例如，中文刊名&英文刊名(刊名)，代表含义：检索项“刊名”实际检索使用的检索字段为两个字段：“中文刊名”或“英文刊名”。读者使用初级检索“刊名”为“南京社会科学”，等同于使用专业检索“中文刊名=南京社会科学 or 英文刊名=南京社会科学”。

图 7-39　单库专业检索界面

跨库专业检索可使用的检索项不局限于页面上所提供的检索项。原则上，构造跨库检索式可使用所选数据库的全部检索项。但各库结构设置不同，同一检索项所支持的功能也有可能不同，因此，在使用超过所列检索项构造跨库检索式时，请仔细阅读各数据库专业检索语法表。跨库专业检索界面如图 7-40 所示。

专业检索实例如图 7-41 所示。

在“中国期刊全文数据库”中检索钱伟长在清华大学以外的机构工作期间所发表的，题名中包含“流体”、“力学”文章。

第一步：选择进入“中国期刊全文数据库”；

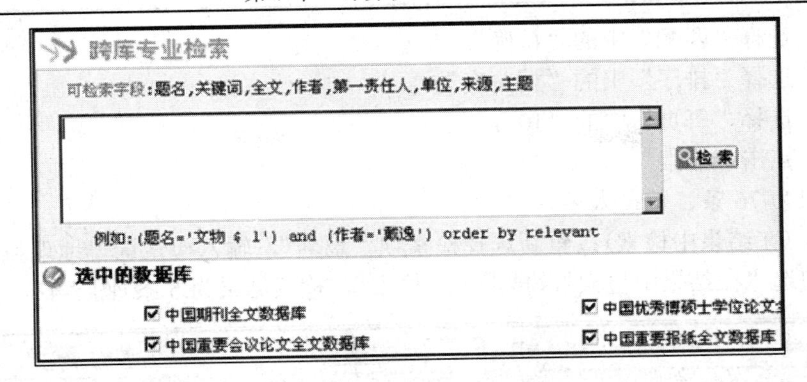

图 7-40　跨库专业检索界面

第二步：选择页面上方的专业检索；

第三步：在检索框中输入检索式：

题名=‘流体 # 力学’ and (作者=钱伟长 not 机构=清华大学)

第四步：点击“检索”。

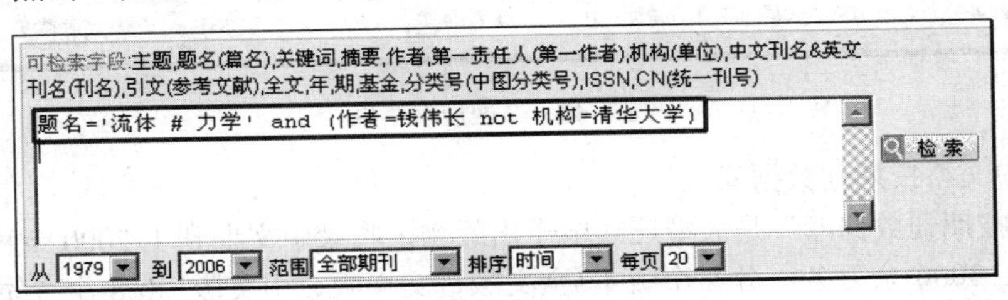

图 7-41　专业检索实例

第四，在结果中检索(二次检索)。

在结果中检索又称为二次检索，是在当前检索结果内进行的检索，主要作用是进一步精选文献。当检索结果太多，想从中精选出一部分时，可使用二次检索。

二次检索这一功能设在实施检索后的检索结果页面。

在结果中检索(二次检索)实例如图 7-42 所示。

图 7-42　在结果中检索

第一次检索：要求检索 2005 年有关地理科学的期刊文章。

第一步：选择“中国期刊全文数据库”；

第二步：选择检索项“主题”，在“篇名、摘要、关键词”中检索；

第三步：输入检索词“地理科学”；

第四步：选择从“2005”到“2005”；

第五步：选择“更新”中的“全部数据”；

第六步：选择“范围”中的“全部期刊”；

第七步：选择“匹配”中的“精确”；

第八步：选择“排序”中的“相关度”；

第九步：选择“每页”中的“10”；

第十步：点击“检索”。

检索结果为 76 条，数量太多。

二次检索(在结果中检索)：重新选择检索项“篇名”，输入检索词“地理科学”，在检索结果页面上勾选“在结果中检索”，再点击“检索”，检索结果为 5 条(图 7-43)。

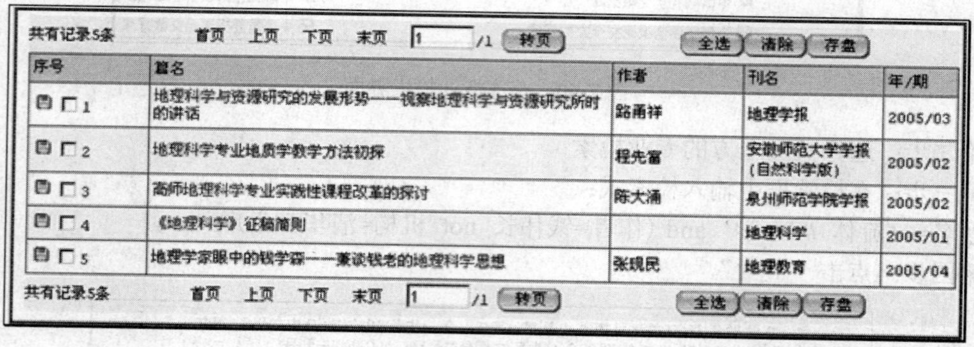

共有记录5条　首页　上页　下页　末页　1　/1　转页　全选　清除　存盘

序号	篇名	作者	刊名	年/期
1	地理科学与资源研究的发展形势——视察地理科学与资源研究所时的讲话	路甬祥	地理学报	2005/03
2	地理科学专业地质学教学方法初探	程先富	安徽师范大学学报(自然科学版)	2005/02
3	高师地理科学专业实践性课程改革的探讨	陈大涌	泉州师范学院学报	2005/02
4	《地理科学》征稿简则		地理科学	2005/01
5	地理学家眼中的钱学森——重读钱老的地理科学思想	张规民	地理教育	2005/04

共有记录5条　首页　上页　下页　末页　1　/1　转页　全选　清除　存盘

图 7-43　二次检索结果

2) 维普中文科技期刊数据库

“中文科技期刊数据库”是大型连续电子出版物，收录中文期刊 1 2000 余种，全文 2300 余万篇，引文 3000 余万条，分三个版本(全文版、文摘版、引文版)和 8 个专辑(社会科学、自然科学、工程技术、农业科学、医药卫生、经济管理、教育科学、图书情报)定期出版，拥有高等院校、中等学校、职业学校、公共图书馆、研究机构、政府部门、企业、医院等各类用户 5000 多家，覆盖海内外数千万用户。访问地址是 http://www.cqvip.com。

3) 万方数据资源系统

万方数据资源系统由“中国学位论文文摘数据库”、“中国数字化期刊群”、“中国学术会议论文全文数据库”、“西文学术会议论文全文数据库”、“标准数据库”、“中国法律法规全文库”、“中国专利全文数据库”、“科技信息子系统”、“商务信息子系统”、“外文文献数据库”、“中华医学会期刊人口”等项目组成，是中国首家网上期刊的出版联盟。万方数据由于信息丰富、服务专业、数据权威，目前已经成为核心期刊测评和论文统计分析的数据源基础。万方数据资源系统的访问地址是 http://wanfang.calis.edu.cn。

4) 国务院发展研究中心信息网

国务院发展研究中心信息网(简称国研网)由国务院发展研究中心主管、国务院发展研究中心信息中心主办、北京国研网信息有限公司承办，创建于 1998 年 3 月，并于 2002 年 7 月 31 日正式通过 ISO 9001：2000 质量管理体系认证，是中国著名的专业性经济信息服务平台。

国研网已建成了内容丰富、检索便捷、功能齐全的大型经济信息数据库集群：“国研视点”、“宏观经济”、“金融中国”、“行业经济”、“世经评论”、“国研数据”、“区域经济”、“企业胜经”、“高校参考”、“基础教育”等十个数据库，同时针对金融机构、高校用户、企业用户和政府用户的需求特点开发了“金融版”、“教育版”、“企业版”及“政府版”四个专版产品。国务院发展研究中心信息网的访问地址是：http://www.drcnet.com.cn。

5) 国家信息中心“中经专网”数据库

“中经专网”从宏观、行业、区域等角度，全方位监测和诠释经济运行态势，为政府、企事业、金融、学校等机构把握经济形势、实现科学决策，提供持续的信息服务。它是面向机构(内部网、局域网)开发的专业化信息平台，通过卫星或网络同步传输方式为用户提供服务，实现了内容、技术和通信手段有机结合的机构信息“一站式”解决方案。它的范围覆盖宏观、金融、行业、地区等领域，内容涉及监测、分析、研究、数据、政策、商情等方面，共 188 大类，1200 小类，30 万多篇文章，1 小时最新视频，每日动态更新 800～1000 篇文章及 120 万汉字，分党委版、政府版、银行版、企业版、教育版、医学院版等专版，还可根据用户要求设计各种定制版，用户遍及全国绝大部分银行总行、排名前 10 位的基金证券公司、大多数省部级及以上政府、70%以上的高校，以及 300 余家大型企业。兰州商学院的“中经专网”的访问地址是：http://219.246.145.10/。

常用英文数据库主要有两个。

1) EBSCO 商管财经类数据库

商管财经类全文数据库(Business Source Premier)，是美国 EBSCO 公司出版的 EBSCO 网络数据库的一部分，是目前世界上最大的商管财经全文数据库之一，收录 2300 余种全文期刊及 10 000 多种非刊全文出版物(如案例分析、专著、国家及产业报告等)；全文期刊中 1100 多种为专家评审刊(Peer-reviewed)，期刊最早回溯至 1922 年。覆盖有关商管财经的各个主题范围。兰州商学院的 EBSCO 商管财经类数据库的访问地址是 http://search.ebscohost.com/。

2) Web of Science

Web of Science 是美国科技信息研究所(ISI)出版的科学引文索引(SCIE)、社会科学引文索引(SSCI)、艺术人文引文索引(AHCI)三大引文索引的网络版。

三大引文索引是全球获取学术信息的重要数据库，由以下几个重要部分组成。

(1) 科学引文索引(science citation index-expanded,SCIE)，收录自 1900 年以来 7792 种期刊。

(2) 社会科学引文索引(social sciences citation index,SSCI)，收录自 1956 年以来 2405 种期刊。

(3) 艺术人文引文索引(arts & humanities citation index，A & HCI)，收录自 1975 年以来 1295 种期刊。

通过 Web of Science 可以检索到涵盖自然科学、社会科学、艺术与人文领域的最新研究成果和最权威的学术信息。

登录 http://www.thomsonscientific.com.cn 地址可以进行 ISI、SCIE、SSCI、AHCI 的中文页面检索。

7.3.3　电子邮件的使用

1. 电子邮件的概念

电子邮件(Electronic Mail)简称为 E-mail，又称电子邮箱，它是一种通过 Internet 与其他用户进行联系的快速、简便、廉价的现代化通信手段。电子邮件传送的内容可以是文字、图像、声音等形式。

用户使用电子邮件的首要条件是拥有一个电子邮箱，电子邮箱是通过电子邮件服务的机构(一般是 ISP)为用户建立的，当用户向 ISP 申请 E-mail 账号时，ISP 就会在它的 E-mail 服务器上建立该用户的 E-mail 账户。建立电子邮箱，实际上是在 ISP 的 E-mail 服务器磁盘上为用户开辟一块专用的存储空间，用来存放该用户的电子邮件，这样用户就拥有了自己的电子邮箱，用户的 E-mail 账户包括用户名和用户密码。通过用户的 E-mail 账户，用户就可以发送和接收电子邮件。属于某一用户的电子邮件，任何人可以将电子邮件发送到这个电子邮箱中，但只有电子邮箱的主人使用正确的用户名与用户密码时，才可以查看电子邮箱的信件内容，或者对其中的电子邮件作必要的处理。

每个电子邮箱都有一个邮箱地址，成为电子邮件地址，电子邮件地址可以是某个用户的通信地址，也可以是一组用户的地址，E-mail 地址的格式是固定的，并且在全球范围内是唯一的。邮件地址的形式为

邮箱名@邮箱所在的主机域名

例如，wangwei@163.com 是一个邮件地址，它表示邮箱的名字是 wangwei，邮箱所在的主机域名是 163.com。

2. 常用的电子邮箱

常用的电子邮箱有 Hotmail 邮箱（微软）、Gmail 邮箱（谷歌）、163 邮箱（网易）、126 邮箱（网易）、新浪邮箱、搜狐邮箱、139 邮箱（移动）等。用户可以根据自己的需要，在相应的网站中申请自己的邮箱。

3. 电子邮箱的申请

Internet 上提供电子邮件服务的网站很多，有免费的，也有收费的，下面我们以 163 邮箱为例，来介绍如何申请免费电子邮箱。

(1) 打开提供免费邮件服务的网站。打开 IE 浏览器，在地址栏中输入“mail.163.com”，按【Enter】键，打开 163 邮箱的页面，如图 7-44 所示。

图 7-44　网易邮箱的登录网页

若用户不知道提供免费邮箱的站点网址，可通过搜索引擎查找提供免费邮箱服务的网站。

(2)注册电子邮箱。在打开的主页中，单机页面右侧下部的“注册网易免费邮”，在弹出的注册页面中输入邮件地址、密码及验证码。邮件地址由申请者预先编定好，一般为 18 个字符，可使用字母、数字、下画线，有的免费电子邮件申请还支持以手机号码直接注册。输入邮件地址，单击下一项，系统会自动检测该地址是否已被申请，否则需要重新输入新的电子邮件地址，直到系统提示“恭喜，该邮件地址可以注册”方可输入密码，密码由申请者设置，用于下次进入邮箱时验证登录。注册页面，如图 7-45 所示。

图 7-45　网易邮箱的注册

(3)注册成功。输入完相应信息后，单击“立即注册”，系统提示“恭喜，您的网易邮箱注册成功！”用户即可使用自己的电子邮箱收发电子邮件。

4. 使用网页收发电子邮件

用户申请了电子邮箱之后，就可以使用自己申请的电子邮箱收发电子邮件。用户收发电子邮件的常用方式主要有两种：一种是使用网页，另一种是使用是收发电子邮件的客户端软件(如 Outlook)。前一种方式需要使用 IE 浏览器，后一种方式需要安装收发电子邮件的客户端软件(如 Outlook)。

下面我们主要介绍使用网页收发电子邮件的操作。

(1)登录邮箱。打开 IE 浏览器，输入网易邮箱的网址“http://mail.163.com”，按【Enter】键，打开网易邮箱登录的网页，如前面图 7-44 所示。在登录页面中，输入用户名，密码，点击登录。

(2)接收电子邮件。进入电子邮箱后，点击“收信”按钮，可以接收电子邮件，接收的电子邮件都会被放入收件箱中。点击收件箱，在右侧列出收件箱中的所有信件，点击某一封电子邮件即可打开查看邮件的内容，如图 7-46 所示。

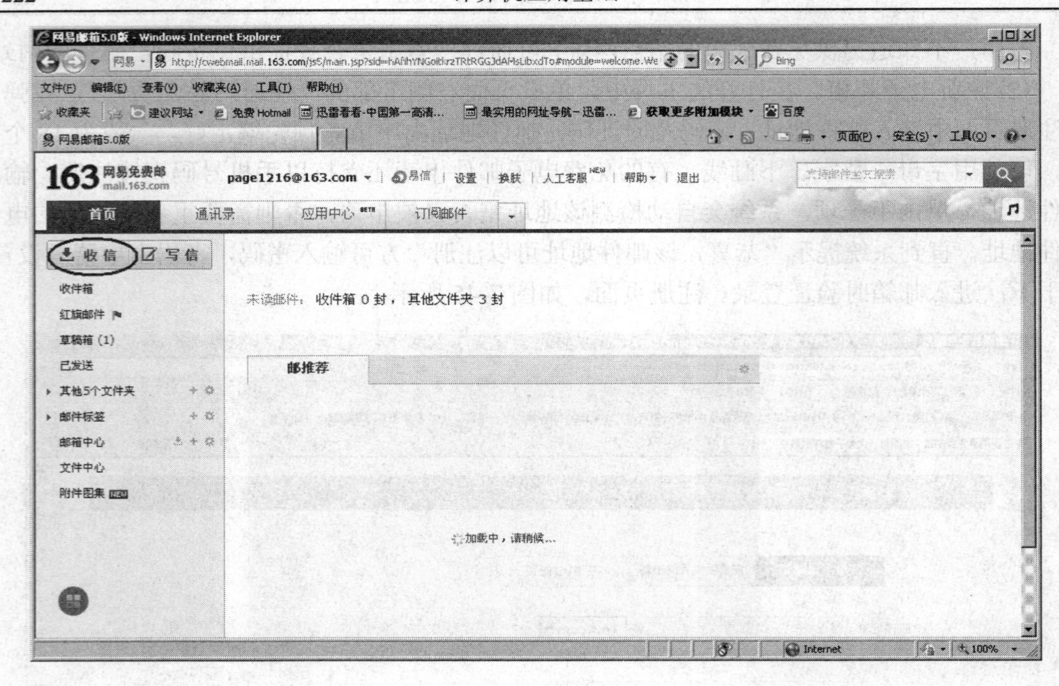

图 7-46 接收邮件

(3) 回复电子邮件。打开一个电子邮件，在上方的工具栏中选择“回复”，可对该邮件进行回复。

(4) 发送电子邮件。点击“收信”按钮旁边的“写信”按钮，即可撰写新电子邮件，如图 7-47 所示。在写信的页面中，输入收件人的 E-mail 地址、邮件的主题、邮件的内容，在发

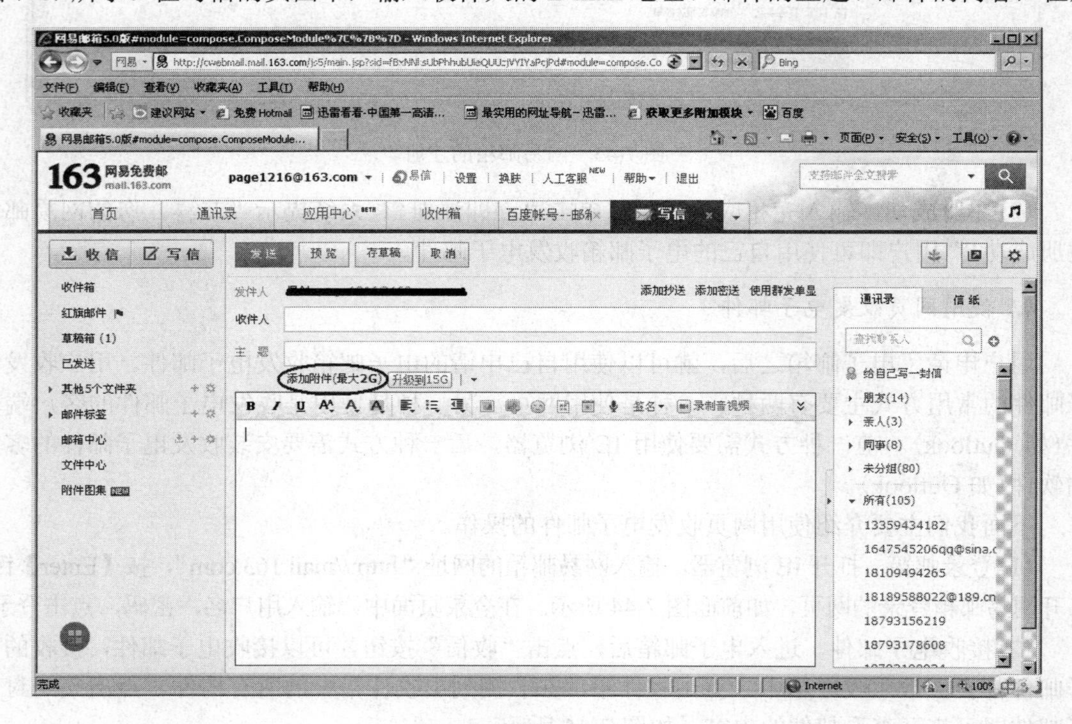

图 7-47 撰写电子邮件

送电子邮件的时候，我们还可以添加附件。我们可以将任何类型的文件，通过附件的方式随电子邮件一起发送给收件人。

(5) 通讯录管理。在电子邮箱中，我们可以创建通讯录。这样，在撰写电子邮件的时候，可以直接从通讯录中查找收件人的地址。在电子邮箱中，点击上方的“通讯录”，即可打开通讯录，如图 7-48 所示。

图 7-48　邮箱通讯录

在通讯录中，点击“新建联系人”可以输入新联系人信息，包括姓名、邮件地址、电话等信息。还可以对联系人进行分组，方便对联系人的管理。

7.4　计算机病毒及其防治

7.4.1　认识计算机病毒

1988 年 11 月，美国康奈尔大学的研究生罗伯特· 莫里斯利用 UNIX 操作系统的一个漏洞，制造出一种蠕虫病毒，造成连接美国国防部、美军军事基地、宇航局和研究机构的 6000 多台计算机瘫痪数日，整个经济损失达 9600 万美元。莫里斯于 1990 年 1 月 21 日被美联邦法庭宣判有罪，处以 5 年监禁和 25 万美元的罚款。

1991 年，海湾战争期间，美国特工得知伊拉克军队的防空指挥系统要从法国进口一批计算机，便将带有计算机病毒的芯片隐蔽地植入防空雷达的打印机中。美军在空袭巴格达之前，将芯片上的病毒遥控激活，使病毒通过打印机侵入伊拉克军事指挥中心的主计算机系统，导致伊军指挥系统失灵，整个防空系统随即瘫痪，完全陷入了被动挨打的境地。

计算机病毒在我们日常使用电脑时也经常碰到，它给我们带来了无尽的困扰和或大或小的损失。那么什么是计算机病毒？

概括来讲就计算机病毒是具有破坏作用的程序或一组计算机指令。在《中华人民共和国计算机信息系统安全保护条例》中的定义是：计算机病毒是指编制或在计算机程序中插入的破坏计算机功能或数据，影响计算机使用并且能够自我复制的一组计算机指令或程序代码。

7.4.2 计算机病毒的特点

计算机病毒虽然也是一种计算机程序，但它与一般的程序相比，具有以下几个主要的特点。

1. 隐蔽性

计算机病毒是一种具有很高编程技巧、短小精悍的可执行程序。进入系统后不是马上发作，而是隐藏在合法文件中，对其他系统进行秘密感染，一旦时机成熟，就四处繁殖、扩散。有的可以通过病毒软件查出，有的根本查不出来，有的时隐时现、变化无常，病毒想方设法隐藏自身，就是为了不被用户察觉。

2. 传染性

传染性是计算机病毒最重要的特征，病毒程序一旦侵入计算机系统就开始搜索可以传染的程序或磁介质，通过各种渠道(磁盘、共享目录、邮件等)从已被感染的计算机扩散到其他机器上，然后通过自我复制迅速传播，其速度之快令人难以预防。是否具有传染性是判断一个程序是否为病毒的基本标志。

3. 潜伏性

病毒传染合法的程序和系统后，不立即发作，而是悄悄隐藏起来，然后在用户没有察觉的情况下进行传染。有些病毒像定时炸弹一样，让它什么时间发作是预先设计好的。比如“黑色星期五”病毒，不到预定时间根本无法觉察，等到条件具备的时候一下子就爆炸开来，对系统进行破坏。这样，病毒的潜伏性越好，它在系统中存在的时间也就越长，病毒传染的范围也越广，其危害性也越大。

4. 破坏性

无论何种病毒程序一旦侵入系统都会对操作系统的运行造成不同程度的影响，可以说凡是软件技术能触及的资源均可能遭到破坏。比如，文件被删除，磁盘中的数据被加密，甚至摧毁整个系统和数据，使之无法恢复，造成无可挽回的损失。因此，病毒程序的副作用轻者降低系统工作效率，重者导致系统崩溃、数据丢失。病毒程序的表现性或破坏性体现了病毒设计者的真正意图。在网络时代则通过病毒阻塞网络，导致网络服务中断甚至整个网络系统瘫痪。

5. 可触发性

计算机病毒一般都有一个或几个预定的触发条件。可能是时间、日期、文件类型或某些特定数据等，一旦满足其触发条件，便启动感染或破坏工作，使病毒进行感染或攻击，如不满足，继续潜伏。

7.4.3 计算机病毒的分类

在 Internet 普及以前，病毒攻击的主要对象是单机环境下的计算机系统，一般通过 U 盘或光盘来传播，病毒程序大都寄生在文件内，这种传统的单机病毒现在仍然存在并威胁着计算机系统的安全，随着网络的发展和 Internet 的迅速普及，计算机病毒也呈现出新的特点。在网络环境下病毒主要通过计算机网络来传播，病毒程序一般利用了操作系统中存在的漏洞，通过电子邮件附件和恶意网页浏览等方式来传播。这里将病毒分为两大类。

1. 传统单机病毒

根据病毒寄生方式的不同，传统单机病毒又分为以下四种主要类型。

(1) 引导型病毒。引导型病毒感染软盘的引导扇区（0 面 0 磁道第 1 个扇区）和硬盘的主引导记录（0 柱面 0 磁道第 1 个扇区）或引导扇区，用病毒的全部或部分逻辑取代正常的引导记录，而将正常的引导记录隐藏在磁盘的其他地方，这样系统一启动，病毒就获得了控制权。例如，“埃尔科• 克隆者”（Elk Cloner）是诞生在 Apple 机上最早的引导型病毒，是 1982 年由 15 岁的高中生 Rich Skrenta 编写的一段恶作剧程序，该病毒发作时会使显示的文本闪烁或在屏幕上显示一段文字。“小球病毒”则是我国 1989 年 4 月首次报道的引导型病毒，病毒发作时屏幕上会出现一个上下来回跳动的小球。

(2) 文件型病毒。通过文件系统进行感染的病毒称作文件型病毒。文件型病毒一般感染可执行文件（EXE、COM、OVL、DLL、VXD 和 SYS 文件等），病毒寄生在可执行程序体内，只要程序被执行，病毒也就被激活。有一些文件型病毒可以感染高级语言程序的源代码、开发库和编译生成的中间代码。例如，“CIH 病毒”主要感染 Windows95/98 下的可执行文件，病毒会破坏计算机硬盘或改写某些型号主板上的基本输入/输出系统（BIOS），导致系统主板故障。

(3) 宏病毒。宏病毒其实也是一种文件型病毒，与一般的文件型病毒不同的是，宏病毒使用宏语言编写，一般存在于 Office 文档中，利用宏语言的功能将自己复制并且繁殖到其他 Office 文档里。例如，当用户打开带有宏病毒的 Word 文件时，病毒就会被执行并驻留在 Normal 模板上，这样当 Word 再次启动时就会自动装入宏病毒并执行。一旦用户打开或保存文件，病毒就会附加在新打开或新保存的文件中，宏病毒还可以搜索所有最近打开的文档，然后将它们全部感染。例如，“台湾 1 号宏病毒”（Taiwan No.1）就是一个感染 Word 文档的宏病毒，在每月 13 日，当用户打开一个带毒的 Word 文档或模板时，病毒就会发作，提示用户做一个心算题，如果做错，就会无限制地打开文件，直至内存不够出错为止。

(4) 混合型病毒。混合型病毒是指既感染可执行文件又感染磁盘引导记录的病毒，只要中毒，计算机一启动病毒就会发作，然后通过可执行程序来感染其他程序文件。

2. 现代网络病毒

根据网络病毒破坏性质的不同，一般将其分为以下两大类。

(1) 蠕虫病毒。蠕虫是一种通过网络进行传播的恶性病毒，具有一般病毒的传染性、隐蔽性和破坏性等特点。蠕虫实质上是一种计算机程序，能够通过网络连接不断传播自身的副本（或蠕虫的某些部分）到其他的计算机，这样不仅消耗了大量的本机资源，而且占用了大量的网络带宽，导致网络堵塞而使网络服务被拒绝，最终造成整个网络系统的瘫痪。蠕虫病毒主要通过系统漏洞、电子邮件、在线聊天和局域网中的文件夹共享等途径进行传播。例如，“冲击波病毒”（Worm．MSBlast）就是一个利用操作系统漏洞进行传播的蠕虫病毒，感染该病毒的计算机会莫名其妙地死机或重新启动，IE 浏览器不能正常地打开链接，不能进行复制、粘贴操作，有时还会出现应用程序异常，如 Word 无法正常使用，上网速度变慢。

(2) 木马病毒。特洛伊木马(Trojan Horse)原指古希腊士兵藏在木马内进入敌方城市从而攻占城市的故事。木马病毒实质上是一段计算机程序，木马程序由两部分组成，客户端(一般由黑客控制)和服务器端(隐藏在感染了木马的用户计算机上)，服务器端的木马程序会在用户计算机上打开一个或多个端口与客户端进行通信，这样黑客就可以窃取用户计算机上的账号和密码等机密信息，甚至可以远程控制用户的计算机，如删除文件、修改注册表、更改系统配置等。木马病毒一般是通过电子邮件、在线聊天工具(如 MSN 和 QQ 等)和恶意网页等方式进行传播，多数是利用了操作系统中存在的漏洞。例如，"安哥病毒(Backdoor. Agohot)"利用 Microsoft 系列产品的多个安全漏洞进行攻击，最初仅仅是一种木马病毒，其变种加入了蠕虫病毒的功能，病毒发作时会造成计算机无法进行复制、粘贴等操作，无法正常使用 Offioe 和 IE 浏览器等软件，并且占用大量系统资源，使系统速度变慢甚至死机，该病毒还利用在线聊天软件开启后门，盗取用户正版软件的序列号等重要信息。

7.4.4 计算机病毒的传播途径和破坏后果

1. 计算机病毒的传播途径

计算机病毒可以通过软盘、U 盘、硬盘、光盘及网络等多种途径进行传播。当计算机因使用带病毒的 U 盘而遭到感染后，又会感染以后被使用的 U 盘，如此循环往复使传播的范围越来越大。当硬盘带毒后，又可以感染所使用过的 U 盘，在用 U 盘交换程序和数据时又会感染其他计算机上的硬盘。通过计算机网络传播病毒已经成为感染计算机病毒的主要方式，这种方式传播病毒的速度快、范围广。在 Internet 中进行邮件收发、下载程序、文件传输等操作时，均有可能被隐藏在宿主文件中的计算机病毒感染。

2. 计算机病毒的破坏后果

计算机病毒的破坏行为体现了病毒的杀伤能力。病毒破坏行为的激烈程度取决于病毒作者的主观愿望和他所具有的技术能量。数以万计、不断发展的病毒，其破坏行为千奇百怪，不可穷举，难以进行全面的描述。根据已有的病毒资料可以把病毒的破坏目标和攻击部位归纳如下。

(1) 攻击系统数据区。病毒通过感染破坏电脑硬盘的主引导扇区、分区表，文件目录，造成整个系统瘫痪、数据丢失。

(2) 攻击系统资源。病毒激活时，额外地占用和消耗系统的内存资源及硬盘资源，其内部的时间延迟程序启动，耗费大量的 CPU 时间，使计算机系统的运行效率大幅度降低。还对用户的程序及其他各类文件进行一些非法操作，如删除、改名、替换内容、丢失部分程序代码、内容颠倒、假冒文件、丢失数据文件等。另外，也会引起计算机外部设备的不正常工作，如干扰键盘，出现封锁键盘、换字、抹掉缓存区字符、重复、输入紊乱等现象，扰乱屏幕显示的方式，如字符倒置、显示前一屏、光标下跌、滚屏、抖动等。

(3) 影响系统的正常功能。病毒会干扰系统的正常运行，如不执行命令、打不开文件、不能正常列出文件清单、时钟倒转、重启动、死机、强制游戏、封锁打印功能、计算机的喇叭莫名其妙地发出响声等。

7.4.5 计算机病毒的防治

1. 计算机病毒的预防

计算机病毒已经泛滥成灾，几乎无孔不入。随着 Internet 的广泛应用，病毒在网络中的传播速度越来越快，其破坏性也越来越强，所以必须了解必要的病毒防治方法和技术手段，尽可能做到防患于未然。计算机病毒防治的关键是做好预防工作，首先在思想上予以足够的重视，采取“预防为主，防治结合”的办法。

(1) 打补丁。由于计算机病毒的传播大多利用了操作系统或软件中存在的安全漏洞，所以应该定期更新操作系统，安装相应的补丁程序。

(2) 安装杀毒软件。一般可以利用杀毒软件清除计算机中已有的病毒程序，还可以利用杀毒软件的实时监控功能监控所有打开的磁盘文件、从网络上下载的文件及收发的邮件等，一旦检测到计算机病毒，就能立即给出警报并采取相应的防护措施。

(3) 安装防火墙。防火墙可以监控进出计算机的信息，保护计算机的信息不被非授权用户访问、非法窃取或破坏等。

(4) 想办法切断病毒入侵的途径。下面是常见的病毒入侵途径及相应的预防措施。①通过运行程序(主要是执行 EXE 文件)：执行被病毒感染了的程序文件就会使病毒代码被执行，病毒就会伺机传染与破坏，所以不要运行来历不明的程序。②通过安装插件程序：安装插件程序可以实现程序功能上的扩展，在用户浏览网页的过程中经常会被提示安装某个插件程序，有些木马病毒就隐藏在这些插件程序中，如果用户不清楚插件程序的来源就应该禁止其安装。③通过浏览恶意网页：由于恶意网页中嵌入了恶意代码或病毒，用户在不知情的情况下点击这样的恶意网页就会感染上病毒，所以不要随便点击那些具有诱惑性的恶意网页。另外，可以安装 360 安全卫士和 Windows 清理助手等工具软件来清除那些恶意软件，修复被更改的浏览器地址。④通过在线聊天：如“MSN 病毒”就是利用 MSN 向所有在线好友发送病毒文件，一旦中毒就有可能导致用户数据泄密。对于通过聊天软件发送来的任何文件，都要经过确认后再运行，不要随意点击聊天软件发送来的超级链接。⑤通过 U 盘等移动存储介质：U 盘病毒是指通过 U 盘进行传播的病毒，病毒程序一般会更改 autorun.inf 文件，导致用户双击盘符或自动打开 U 盘时病毒被激活，并将病毒传染到硬盘，所以打开 U 盘前最好先对其进行查杀毒，或者通过资源管理器来打开 U 盘，尽量不要使用 U 盘的自动打开功能。⑥通过邮件附件：通常是利用各种欺骗手段诱惑用户点击以达到传播病毒的目的，如“爱虫病毒”，邮件主题为“I LOVE YOU”，并包含一个附件，一旦在 Microsoft Outlook 里打开这个邮件，系统就会自动向通讯簿中的所有联系人发送这个病毒的副本，造成网络系统严重拥塞甚至瘫痪。防范此类病毒首先要提高自己的安全意识，不要轻易打开带有附件的电子邮件。其次是安装杀毒软件并启用“邮件发送监控”和“邮件接收监控”功能，提高对邮件类病毒的防护能力。⑦通过局域网：有些病毒通过局域网进行传播，如冲击波病毒和振荡波病毒等。最好的预防措施是定期更新操作系统、打补丁和安装防火墙，其次是关闭局域网下不必要的文件夹共享功能，防止病毒通过局域网进行传播。

2. 计算机病毒的检测

计算机病毒的检测有很多方法。很多病毒感染后都伴随有异常情况出现，因此可通过系统的异常表现来辨别，技术程度较高的病毒靠直接辨别很难发现，这时候必须采用分析注册表、分析系统进程文件等手段分析辨别，或者使用病毒扫描软件来识别。

当计算机工作出现异常现象，首先应该怀疑是否感染病毒。常见的病毒导致的异常现象如下。

(1) 磁盘上的文件或数据无故丢失。

(2) 磁盘读写文件明显变慢，硬盘指示灯常亮，文件访问时间加长。

(3) 硬盘不能引导系统。

(4) 系统引导(启动)变慢或屡次出现“蓝屏”(Windows 系统)问题。

(5) 系统频繁死机或频繁重新启动。

(6) 屏幕出现异常显示内容或扬声器异常发出与正常操作无关的声音等。

(7) 磁盘可用空间无故迅速减少，甚至全部被占满。

(8) 正常运行的程序突然不能运行，总是出现出错提示，如内存不足等。

(9) 看似正常的文件夹或可执行程序不能打开、运行，或者打开运行的程序与名称不符。

(10) 网络异常阻塞，网速明显变慢。

(11) 文件夹无故被共享。

(12) 查看用户管理，发现无故增加了系统用户。

(13) 自动链接或无故自动打开很多不健康网站。

(14) 收到陌生人发来的奇怪电子邮件等。

3. 计算机病毒的清除

如果怀疑计算机感染了病毒，就应该利用一些反病毒公司提供的“免费在线查毒”功能或杀毒软件尽快确认计算机系统是否感染了病毒，或者在电脑上安装杀毒软件，来进行扫描、杀毒。一般有以下几种清除病毒的方法。

(1) 使用杀毒软件。使用杀毒软件来检测和清除病毒，用户只需按照提示来操作即可完成，简单方便，常用的杀毒软件如下：①金山毒霸(http://www.duba.net)。②瑞星杀毒软件(http://www.rising.com.cn)。③诺顿防毒软件(http://www.symantec.com)。④江民杀毒软件(http://www.jiangmin.com.cn)。⑤卡巴斯基杀毒软件(http://www.kaspershy.com.cn)。⑥ESET NOD32 杀毒软件(http://www.eset.com.cn)。⑦360 免费杀毒软件(http://www.360.cn)。这些杀毒软件一般都具有实时监控功能，能够监控所有打开的磁盘文件、从网络上下载的文件及收发的邮件等，一旦检测到计算机病毒，就能立即给出警报。如果内存中已经存在病毒进程，杀毒软件一般无法清除这样的病毒。由于这些病毒是在计算机启动时就自动被执行了，所以应该打开任务管理器的进程页，首先终止病毒进程(前提是用户必须了解该病毒的相关知识)，然后再进行杀毒。但是有些病毒进程即使被终止了，它还会不断地自动创建，这种情况下就必须通过其他工具软件或手工将病毒进程从系统启动项中彻底去掉，然后重启电脑才能将病毒彻底清除。使用杀毒软件最重要的一点是，一定要及时更新病毒库，否则杀毒软件不能检测出最新产生的病毒，从而起不到病毒防治的效果。由于病毒的防治技术总是滞后于病毒的制作，所以即使每天更新病毒库并不是所有病毒都能得以马上清除，如果杀毒软件暂时还不能清除该病毒，一般会将该病毒文件隔离起来，以后升级病毒库时将提醒用户是否继续该病毒的清除。

(2) 使用专杀工具。现在一些反病毒公司的网站上提供了许多病毒专杀工具，用户可以免费下载这些专杀工具对某个特定病毒进行清除。

(3) 手动清除病毒。这种清除病毒的方法要求操作者对计算机的操作相当熟练，具有一定的计算机专业知识，利用一些工具软件找到感染病毒的文件，手动清除病毒代码。一般用户不适合采用此方法。

7.5 网络安全

除了计算机病毒对网络系统的安全造成威胁外，另外一个网络系统的不安全因素则是来自于网络黑客的攻击。为了尽可能减少计算机病毒和网络黑客对网络系统的破坏，一般局域网系统和个人计算机上都应该安装防火墙。下面主要介绍防止黑客攻击的策略和防火墙的应用。

7.5.1 黑客攻防

黑客一般指的是计算机网络的非法入侵者，他们大都是程序员，对计算机技术和网络技术非常精通，了解系统的漏洞及其原因所在，喜欢非法闯入并以此作为一种智力挑战而沉醉其中。有些黑客仅仅是为了验证自己的能力而非法闯入，并不会对信息系统或网络系统产生破坏作用，但也有很多黑客非法闯入是为了窃取机密的信息、盗用系统资源或出于报复心理而恶意毁坏某个信息系统等。为了尽可能地避免受到黑客的攻击，有必要先了解黑客常用的攻击手段和方法，然后才能有针对性地进行预防。

1. 黑客的攻击步骤

一般黑客的攻击分为以下三个步骤。

(1) 信息收集。通常黑客会利用相关的网络协议或实用程序来收集欲攻击目标的详细信息，如用 SNMP 协议查看路由器的路由表，用 TraceRoute 程序获得到达目标主机的路径，用 Ping 程序检测一个指定主机的位置并确定是否可到达等。

(2) 探测分析系统的安全弱点。黑客一般会使用 Telnet、FTP 等软件向目标主机申请服务，如果目标主机有应答就说明它开放了这些端口的服务。其次是使用一些公开的工具软件，如 Internet 安全扫描程序 155 (Internet security scanner)、网络安全分析工具 SATAN 等对整个网络或子网进行扫描，寻找系统的安全漏洞，获取攻击目标系统的非法访问权。

(3) 实施攻击。①首先试图毁掉入侵的痕迹，并在受到攻击的目标系统中建立新的安全漏洞或后门。②然后在目标系统中安装探测器软件，如特洛伊木马程序，用来窥探目标系统的活动，继续收集黑客感兴趣的一切信息，如账号与口令等敏感数据。③进一步发现目标系统的信任等级，以展开对整个系统的攻击。如果黑客在被攻击的目标系统上获得了特许访问权，那么他就可以读取邮件，搜索和盗取私人文件，毁坏重要数据以至破坏整个网络系统。

2. 防止黑客攻击的策略

(1) 数据加密对重要的数据和文件进行加密传输，即使被黑客截获了一般也无法得到正确的信息。

(2) 身份认证通过密码、指纹、面部特征 (照片) 或视网膜图案等特征信息来确认用户身份的真实性，只对确认了的用户给予相应的访问权限。

(3) 访问控制系统应当设置人网访问权限、网络共享资源的访问权限、目录安全等级控制、防火墙的安全控制等，只有通过各种安全控制机制的相互配合，才能最大限度地保护系统免遭黑客的攻击。

(4) 端口保护只有真正需要的时候才打开端口，不为未识别的程序打开端口，端口不需要时立即将其关闭，不需要上网时最好断开网络连接。

(5) 审计记录网络上用户的注册信息，如注册来源、注册失败的次数等，记录用户访问的网络资源等相关信息，当遭到黑客攻击时，这些数据可以用来帮助调查黑客的来源，并作为证据来追踪黑客，也可以通过对这些数据的分析来了解黑客攻击的手段以找出应对的策略。

(6) 保护 IP 地址。一是通过代理服务器访问，这样其他用户只能探测到代理服务器的 IP 地址而不是用户的 IP 地址，可以实现隐藏用户 IP 地址的目的，保障用户上网安全。二是通过路由器可以监视局域网内数据包的 IP 地址，只将带有外部 IP 地址的数据包路由到 Internet 中，其余数据包被限制在局域网内，这样可以保护局域网内部数据的安全。路由器还可以对外屏蔽局域网内部计算机的 IP 地址，保护内部网络的计算机免遭黑客的攻击。

(7) 其他安全防护措施。①不随便从 Internet 上下载软件，不运行来历不明的软件，不随便打开陌生人发来的邮件附件，不随意点击具有欺骗诱惑性的网页超级链接。②经常运行专门的反黑客软件，可以在系统中安装具有实时检测、拦截和查找黑客攻击程序用的工具软件。③经常检查用户的系统注册表和系统自启动程序项是否有异常，做好系统的数据备份工作，及时安装系统的补丁程序和更新系统软件等。

7.5.2　防火墙的应用

防火墙原指古人在房屋之间修建的一道墙，这道墙可以防止火灾发生时蔓延到别的房屋。网络安全系统中的防火墙则是位于计算机与外部网络之间或内部网络与外部网络之间的一道安全屏障，其实质就是一个软件或是软件与硬件设备的组合。用户通过设置防火墙提供的应用程序和服务，以及端口访问规则，过滤进出内部网络或计算机的不安全访问，从而提高网络和计算机系统的安全性和可靠性。

1. 防火墙的功能

防火墙的主要功能包括：监控进出内部网络或计算机的信息，保护内部网络或计算机的信息不被非授权访问、非法窃取或破坏，过滤不安全的服务，提高企业内部网的安全，并记录了内部网络或计算机与外部网络进行通信的安全日志，如通信发生的时间、允许通过的数据包和被过滤掉的数据包信息等，还可以限制内部网络用户访问某些特殊站点，防止内部网络的重要数据外泄等。例如，用 Internet Explorer 浏览网页、用 Outlook Express 收发电子邮件、用 MSN 进行即时通信时，如果没有启用防火墙，那么所有通信数据就能畅通无阻地进出内部网络或用户的计算机。启用防火墙以后，通信数据就会受到防火墙设置的访问规则的限制，只有被允许的网络连接和信息才能与内部网络或用户计算机进行通信。防火墙可以分为个人防火墙或企业级防火墙，其中企业级防火墙功能较为复杂，这里只简单介绍个人防火墙的应用。

2. 个人防火墙

个人防火墙一般就是一个软件，用户安装好防火墙软件以后，再进行一些简单的访问规则设置即可实现对计算机的实时监控，只允许正常的网络通信数据进出计算机，而将非授权访问拒绝在外，如图 7-49 所示。有些防火墙产品中嵌入了病毒的实时监控和查杀病毒的功能，这样的防火墙又称病毒防火墙。个人防火墙产品主要有天网个人防火墙、瑞星个人防火墙、Windows 防火墙等。

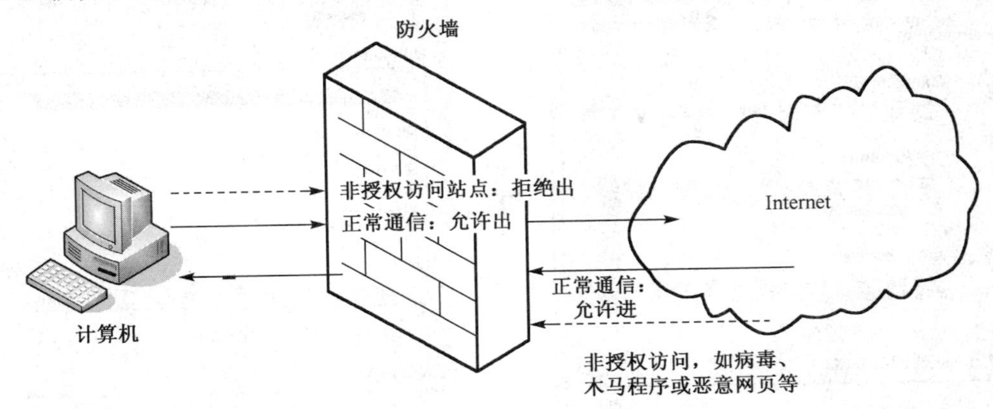

图 7-49　个人防火墙示意图

3. Windows 防火墙

在 Windows XP 操作系统中自带了一个 Windows 防火墙，用于阻止未授权用户通过 Internet 或网络访问用户计算机，从而帮助保护用户的计算机。

(1) Windows 防火墙的功能。Windows 防火墙能阻止从 Internet 或网络传入的“未经允许”的尝试连接。当用户运行的程序(如即时消息程序或多人网络游戏)需要从 Internet 或网络接收信息时，防火墙会询问用户是否取消“阻止连接”，若取消“阻止连接”，Windows 防火墙将创建一个“例外”，即允许该程序访问网络，以后该程序需要从 Internet 或网络接收信息时，防火墙就不会再询问用户了。

在 Windows XP 中，Windows 防火墙默认处于启用状态，时刻监控计算机的通信信息。虽然防火墙可以保护用户计算机不被非授权访问，但是防火墙的功能还是有限的，表 7-11 列出了 Windows 防火墙能做到的防范和不能做到的防范。为了更全面地保护用户的计算机，除了启用防火墙，还应该采取其他一些防范措施，如安装防病毒软件，定期更新操作系统，安装系统补丁以堵住系统漏洞等。

表 7-11　Windows 防火墙的功能

能做到	不能做到
阻止计算机病毒和蠕虫到达用户的计算机	检测计算机是否感染了病毒或清除已有病毒
请求用户的允许，以阻止或取消阻止某些连接请求	阻止用户打开带有危险附件的电子邮件
创建安全日志，记录对计算机的成功连接尝试和不成功的连接尝试	阻止垃圾邮件或未经请求的电子邮件

(2) Windows 防火墙的设置。Windows 防火墙能否允许某个程序与网络进行通信或限制其通信范围，是否开放某个端口地址，都必须对防火墙进行必要的设置。打开控制面板中的“Windows 防火墙”，在其对话框中可以启用或关闭防火墙，如图 7-50 所示。在“例外”选项卡中列出了当前系统允许进行网络连接访问的应用程序，单击“编辑”按钮可以对该应用程序允许网络访问的地址范围进行修改，单击“添加程序”和“添加端口”按钮则可以设置其他应用程序和端口的限制访问规则，如图 7-51 所示。

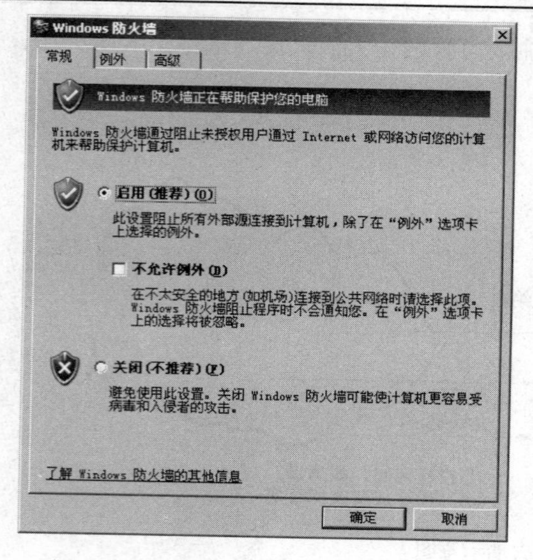

图 7-50　Windows 防火墙

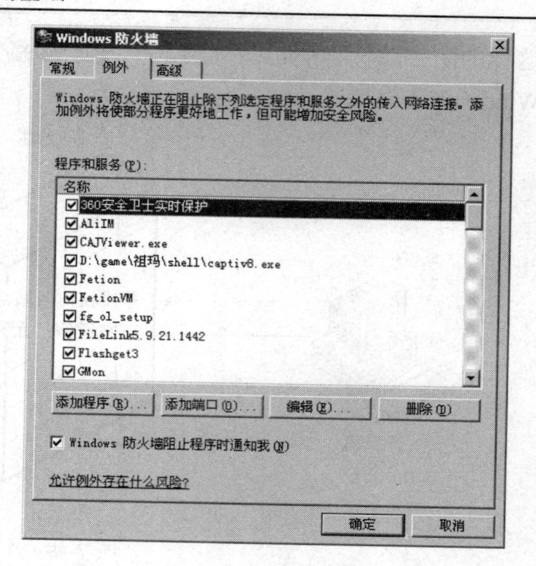

图 7-51　允许访问网络的程序和服务

7.6　信息安全技术

计算机网络系统中信息的传输比传统的信息传输更加方便、快捷，但是每当我们提交自己的敏感数据(如银行账号和密码)时，心里难免会很不踏实，担心自己的机密资料被他人截取并利用。电子商务的应用已经越来越普及，保证网上交易的安全和可靠则是电子商务成功的关键，所以必须保证在网络中传输信息的保密性、完整性及不可抵赖性。现阶段较为成熟的信息安全技术有数据加密/解密技术、数字签名技术和身份认证技术等。

7.6.1　数据加密技术

数据加密就是将被传输的数据转换成表面上杂乱无章的数据，合法的接收者通过逆变换可以恢复成原来的数据，而非法窃取得到的则是毫无意义的数据。没有加密的原始数据称为明文，加密以后的数据称为密文。把明文变换成密文的过程称为加密，而把密文还原成明文的过程称为解密。加密和解密都需要有密钥和相应的算法，密钥可以是单词、短语或一串数字，而加密/解密算法则是作用于明文或密文，以及对应密钥的一个数学函数。

1) 替换加密法

这种加密法就是用新的字符按照一定的规律来替换原来的字符。例如，把上面一行的字母用下面一行相对应的字母进行替换，即每个字符的 ASCII 码值加 5 并做模 26 的求余运算，这里密钥为 5。

a b c d e f g h i j k l m n o p q r s t u v w x y z

f g h i j k l m n o p q r s t u v w x y z a b c d e

明文：secret

密文：xjhwjy

解密时只需用相同的方法进行反向替换即可，每个字符的 ASCII 码值减 5 并做模 26 的求余运算，如图 7-52 所示。

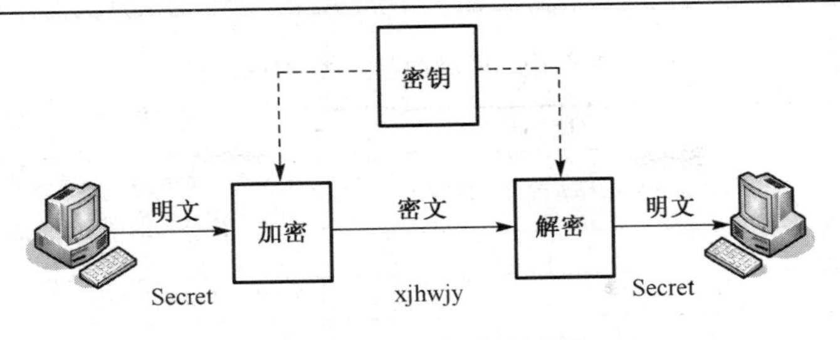

图 7-52　对称加密示意图

2) 移位加密法

这种加密法就是按某一规则重新排列明文中的字符顺序。如设密钥为数字 24531，那么加密时将密钥写成一行，然后将明文“计算机应用”写在该数字下，按 12345 的顺序抄写下来“用计应算机”就是加密后的密文。

密钥：2 4 5 3 1

明文：计算机应用

密文：用计应算机

解密时只需按照密钥 24531 指示的顺序重新抄写一遍密文就可以了。

以上两个加密方法中加密和解密使用的密钥是相同的，这种加密、解密使用同一密钥的方式称为对称加密方式，此外还有一种非对称加密方式，加密和解密使用的是不同的密钥。在密码学中根据密钥使用方式的不同一般分为“对称密钥密码体系”和“非对称密钥密码体系”，下面分别介绍这两种加密体系的特点。

1. 对称密钥密码体系

对称密钥密码体系又称密钥密码体系，要求加密方和解密方使用相同的密钥，如图 7-28 所示。

2. 非对称密钥密码体系

非对称密钥密码体系又称公钥密码体系，使用两个密钥：公钥和私钥，其中公钥可以公开发布，而私钥必须保密。一般用公钥进行加密，用对应的私钥进行解密，如图 7-53 所示。

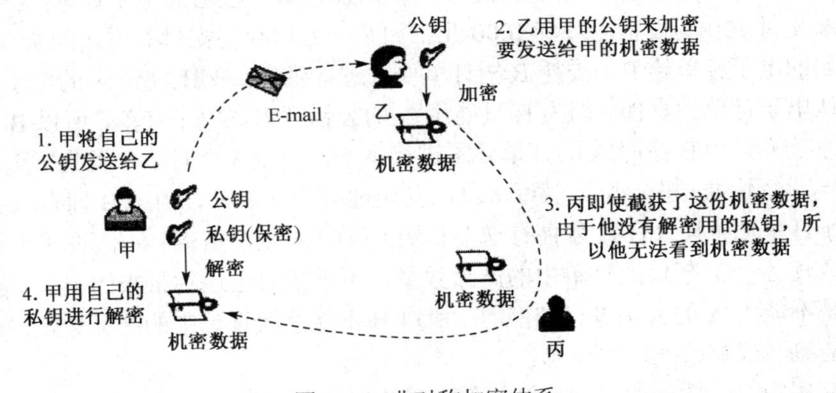

图 7-53　非对称加密体系

3. 丙即使截获了这份机密数据

由于他没有解密用的私钥，所以他无法看到机密数据。以上两种加密方式的比较如表 7-12 所示。

表 7-12　两种加密方式的比较

比较项目	对称加密	非对称加密
应用	用来加密数据量大的文件内容	用来加密数据量小的核心机密数据 用来实现数字签名
加密速度	快	慢
密钥安全性	密钥必须保密	私钥必须保密，公钥可以公开发布
密钥的分布与管理	复杂、代价高	简单
n 个用户的网络需要的密钥数	$n(n-1)/2$ 个	$2n$ 个
常见的算法	DES(美国数据加密标准) AES(高级加密标准) IDEA(欧洲数据加密标准)	RSA

在实际应用中可利用两种加密方式的优点，采用对称加密方式来加密文件的内容，而采用非对称加密方式来加密密钥，这就是混合加密系统，它较好地解决了运算速度问题和密钥分配管理问题。

7.6.2　数字签名技术

数字签名(Digital Signature)就是通过密码技术对电子文档形成的签名，它类似现实生活中的手写签名，但数字签名并不就是手写签名的数字图像化，而是加密后得到的一串数据，如十六进制形式的一串字符“A00117EFF3132 …… 3CBZ”。数字签名的目的是为了保证发送信息的真实性和完整性，解决网络通信中双方身份的确认，防止欺骗和抵赖行为的发生。数字签名要能够实现网上身份的认证，必须满足以下三个要求。

(1)接收方可以确认发送方的真实身份。

(2)发送方不能抵赖自己的数字签名。

(3)接收方不能伪造签名或篡改发送的信息。

为了满足上述要求，数字签名采用了非对称加密方式，就是发送方用自己的私钥来加密，接收方则利用发送方的公钥来解密，下面举例说明。

假设客户 A 在网上给生产厂家 B 发送了一个添加了数字签名的电子订单，双方约定 B 在 3 个月后给 A 交付 100 套设备，每套 1000 元，如某一方违约将支付对方违约金 3 万元。①A 发送一份签名的电子订单给 B，委托 B 按订单要求进行生产。②B 收到 A 的电子订单以后，必须首先确认电子订单的真伪。因为 B 只能用 A 的公钥解密该电子订单，所以 B 可以确认发送方 A 的真实身份。③B 按照 A 的订单要求进行生产。假设 3 个月后，发生了金融危机，经济不景气，产品卖不动，那么 A 可以否认自己发送过电子订单吗？由于 B 拥有 A 用自己的私钥签名的电子订单，而且只有 A 才拥有这个私钥，所以 A 无法抵赖。④假设 3 个月后 B 没能按照要求完成任务，B 想修改订单中的产品数量，不承担自己违约带来的损失。由于篡改后的电子订单是不能用 A 的公钥进行解密的，所以 B 不能修改订单中的产品数量。也就是说接收方不能伪造签名或篡改发送的信息。

在实际应用中，一般把签名数据和被签名的电子文档一起发送，为了确保信息传输的安全和保密，通常采取加密传输的方式，即发送方采用接收方的公钥对签名数据和被签名的电子文档进行加密，接收方收到以后就可以用自己的私钥解密。

要能够添加数字签名，必须首先拥有一个公钥和相对应的私钥，而且还要能够证明公钥持有者的合法身份，这就需要引入数字证书技术。

7.6.3　数字证书

数字证书就是包含了用户的身份信息，由权威认证中心(Certificate Authority，CA)签发，主要用于数字签名的一个数据文件，相当于一个网上身份证，能够帮助网络上各终端用户表明自己的身份和识别对方的身份。

1. 数字证书的内容

在国际电信联盟(International Telecommunication Union，ITU)制定的标准中，数字证书中包含了申请者和颁发者的信息，如表 7-13 所示。

表 7-13　数字证书的内容

申请者的信息	调发者的信息
证书序列号(类似身份证号码)	颁发者的名称
证书主题(即证书所有人的名称)	颁发者的数字签名(类似于身份证上公安机关的公章)
证书的有限期限	签名所使用的算法
证书所有人的公开密钥	

图 7-54 和图 7-55 所示分别为从“阿里巴巴网”上申请的用于应用程序保护的数字证书的详细信息。

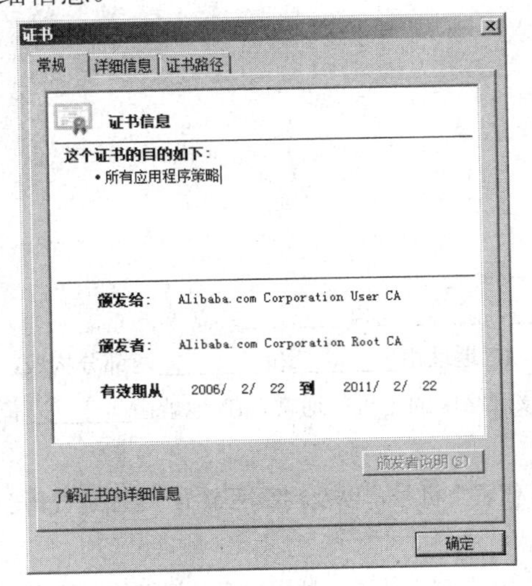

图 7-54　证书信息

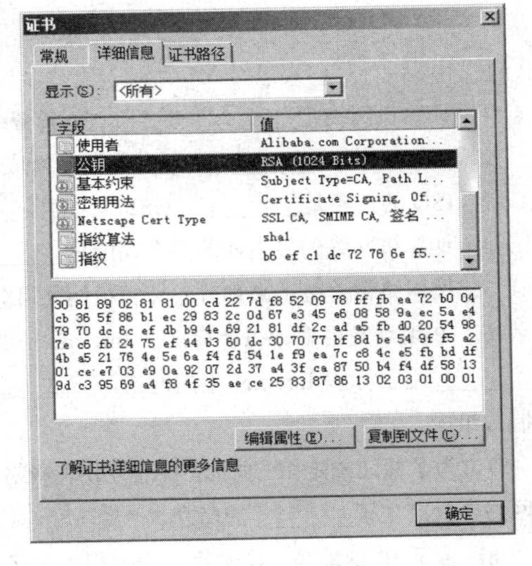

图 7-55　证书详细信息

2. 数字证书的作用

数字证书生要用于实现数字签名和信息的保密传输。

(1) 用于数字签名发送方 A 用自己的私钥加密添加数字签名，而接收方 B 则利用 A 的数字证书中的公钥解密并验证签名。

(2) 用于保密传输发送方 B 用接收方 A 的数字证书中的公钥来加密明文，形成密文发送，接收方 A 收到密文后就可以用自己的私钥解密获得明文。

3. 数字证书的管理

数字证书是由 CA 来颁发和管理的，数字证书一般分为个人数字证书和单位数字证书，申请的证书类别则有电子邮件保护证书、代码签名数字证书、服务器身份验证和客户身份验证证书等。

4. 数字证书应用举例

银行客户数字证书的申领与使用。如果用户需要通过网上银行进行资金划转，当转账金额比较大时，采用数字证书签名认证比密码输入方式更加安全可靠。用户可以带上自己的有效身份证件和银行卡到相关银行申请一个数字证书，银行一般提供给用户一个USB接口的数字证书介质和客户证书密码，用户需要登录银行指定网站下载数字证书。这样以后每次在网上银行进行交易时只要插入自己的数字证书介质就可以实现数字签名认证。

本 章 小 结

本章主要介绍计算机网络的基本知识、Internet的基本知识和服务应用、计算机病毒基本知识及防治，以及网络信息安全基本知识。通过本章的学习，读者要对计算机网络及Internet有一个总体的认识，能够使用Internet提供的应用服务，能够提高自己的信息安全意识。

习　题

一、填空题

1. 计算机网络是________与________紧密结合的产物。

2. Internet是由________不断发展演变而成的。

3. ISO的全称是________，OSI的全称是________。

4. 计算机网络的最主要的两个功能是________和________。

5. 按网络覆盖范围来划分，计算机网络可分为________、________和________。

6. IP地址是用来标识计算机在Internet上的________；IP地址由________和________两部分构成，其中________用于标识Internet中的网络，________用于识别该网络中的主机；通常，IP地址由________位二进制数组成。

7. 为了快速确定IP地址的哪部分代表网络号，哪部分代表主机号，以及判断两个IP地址是否属于同一网络，就产生了________的概念。

8. 由于IP地址是一串数字，用户很难记忆，所以TCP/IP专门设计了一种用户容易记忆的字符型的主机识别机制，这就是________机制。

9. 电子邮件地址格式为________。

10. Internet所采用的通信协议是________。TCP/IP协议是一个________，它包含了100多个协议，其中最重要的两个协议是________和________。

11. 计算机病毒特点有________、________、________、________和________。

12. 计算机病毒的防治包括________、________和________。其中以________为主。

二、选择题

1. 计算机网络的最主要的功能是________。

A. 数据通信　　　　B. 提高可靠性和可用性

C．分布式处理　　D．数据通信和资源共享

2．计算机网络的目标是实现________。

A．数据处理　　B．信息传输与数据处理

C．文献查询　　D．资源共享与信息传输

3．大部分的广域网都采用________拓扑结构。

A．树型　　B．环型　　C．总线型　　D．网状型

4．当个人计算机以拨号方式接入 Internet 时，必须使用的设备是________。

A．网卡　　B．调制解调器　　C．电话机　　D．浏览器软件

5．在计算机网络中，表征数据传输可靠性的指标是________。

A．传输率　　B．误码率　　C．信息容量　　D．频带利用率

6．下面是某单位的主页的 Web 地址 URL，其中正确的 URL 格式是________。

A．http//www.lzcc.edu.cn　　B．http:www.lzcc.edu.cn

C．http://www.lzcc.edu.cn　　D．http:/www.lzcc.edu.cn

7．IP 地址是由________组成。

A．三个黑点分隔主机名、单位名、地区名和国家名 4 个部分

B．三个黑点分隔 4 个 0～255 的数字

C．三个黑点分隔 4 个部分，前两部分是国家名和地区名，后两部分是数字

D．三个黑点分隔 4 个部分，前两部分是国家名和地区名代码，后两部分是网络和主机码

8．用 WWW 浏览器浏览某一网页时，希望在新窗口显示另一页，正确的操作方法是________。

A．单击“地址栏”文字框的内部，输入 URL，再击【Enter】键

B．选择“文件”菜单的“创建快捷方式”项，在其对话框中输入 URL，再击【Enter】键

C．选择“文件”菜单的”新窗口”的“文件 / 打开”项、在打开对话框中地址栏输入地址，并确认复选“在新窗口中打开”，单击“确认”

D．选择“文件”菜单的“打开”项，在打开对话框中地址栏输入地址，单击“确认”

9．用 WWW 浏览器浏览网页时，用户对某些关系密切的网页想做到随时都可方便访问，不必每次都输入网页地址，该采用的正确操作方法是________。

A．将该网页作为.url 文件添加到“最喜爱的地方”

B．将该网页的地址添加到“最喜爱的地方”

C．选择“文件”菜单的“另存”项，输入文件名，单击“保存”

D．选择“转到”菜单的“搜索 Internet”

10．URL 的含义是________。

A．信息资源在网上什么位置和如何访问的统一的描述方法

B．信息资源在刚上什么位置及如何定位寻找的统一的描述方法

C．信息资源在网上的业务类型和如何访问的统一的描述方法

D．信息资源的网络地址的统一的描述方法

11．电子邮件地址的一般格式为________。

A．用户名@域名　　B．域名@用户名

C．IP 地址@域名　　D．域名@IP 地址

12．域名地址是由________组成。

A．用黑点分隔的主机名、单位名、地区名和国家名

B．用黑点分隔若干域名字符串

C．用黑点分隔 4 个部分，前两部分是国家名和地区名，后两部分是数字

D．用黑点分隔 4 个部分，前两部分是国家名和地区名代码，后两部分是网络和主机代码

13．计算机病毒是________。

A．人为编制的一种特殊程序　　B．一种生物病毒

C．应用程序　　D．一种软件

14．下列________不属于计算机病毒的特点。

A．破坏性　　B．潜伏性　　C．感染性　　D．免疫性

15．域名是 Internet 提供服务的计算机的名称，域名中的后缀.org 表示机构所属类型为________。

A．教育机构　　B．商业公司　　C．网络服务　　D．组织、协会

16．Internet 最基础和核心的协议是________。

A．HTML　　B．TCP/IP　　C．FTP　　D．HTTP

17．OSI(开放系统互联)参考模型的最底层是________。

A．传输层　　B．网络层　　C．物理层　　D．应用层

18．Internet Explorer 是一个________。

A．Internet 上的开发工具　　B．Internet 上的 WWW 浏览器

C．Internet 上的自学软件　　D．Internet 上的文件管理器

19．下面是关于计算机病毒的说法，________是正确的？

A．计算机病毒也是一种程序，它在某些条件下激活，起干扰破坏作用，并能传染到其他程序中去

B．病毒产生的主要原因是环境不卫生

C．若发现某片软盘已经感染上病毒，则可将该软盘报废

D．计算机病毒只会破坏磁盘上的数据

三、简答题

1．什么是计算机网络？

2．试分析计算机网络在不同阶段的特点。

3．简述计算机网络的功能。

4．简述 Internet 的发展过程。

5．试说出 A、B、C、D、E 五类 IP 地址应用于哪些方面。

6．为什么要采用域名系统？简述它的格式组成。

7．计算机病毒有哪几类，计算机病毒的特点是什么？

8．常用的反病毒软件有哪些？

9．计算机感染病毒后有哪些症状？

10．计算机的网络安全的防范主要包括哪两个方面？